JN141392

NOKIA

Transforming Nokia

The Power of Paranoid Optimism to Lead Through Colossal Change

復活の軌跡

ノキア会長
リスト・シラスマ
Risto Siilasmaa
渡部典子 訳

早川書房

TRANSFORMING NOKIA

The Power of Paranoid Optimism to Lead Through Colossal Change

by

Risto Siilasmaa

with Catherine Fredman

Translated by

Noriko Watanabe

First published 2019 in Japan by

Hayakawa Publishing, Inc.

This book is published in Japan by

arrangement with

Risto Siilasmaa

c/o Aevitas Creative Management

through The English Agency (Japan) Ltd.

装幀／小口翔平＋岩永香穂（tobufune）

目次

序章　絶体絶命の危機　007

第I部　凋落　成功という名の猛毒

第一章　ノキア・マジック　一九八八〜二〇〇八年　019
第二章　まばゆさに目がくらむ　二〇〇八年　031
第三章　錯綜するシグナル　二〇〇九年一月〜七月　054
第四章　賭けに出る　二〇〇九年九月〜一二月　079

第五章　厳しい現実　二〇一〇年一月〜八月　094
第六章　新たな舵取り役　二〇一〇年九月〜二〇一一年一月　122
第七章　厳しい選択　二〇一一年一月〜二月　143
第八章　燃え盛るプラットフォームから飛び降りよ　二〇一一年二月〜一二月　157

第Ⅱ部 再起

再び勝つための変革

第九章　危機の中で責任を担う　二〇一二年一月〜四月　183
第一〇章　黄金律　二〇一二年五月〜六月　209
第一一章　プランB、そしてプランC、プランDもある　二〇一二年六月〜一二月　228
第一二章　この結婚を維持できるか　二〇一三年一月〜四月　248

第一三章　何度でも「再起動」する　二〇一三年四月～六月　268
第一四章　最善策は大胆に動くことだ　二〇一三年四月～七月　290
第一五章　M&A取引の実施　二〇一三年七月～一一月　311
第一六章　改革の処方箋　二〇一三年九月～一二月　336
第一七章　二つの世界に足を踏み入れる　二〇一四年一月～四月　357
第一八章　未来のための基盤　二〇一三年一〇月～二〇一六年一月　377
結　論　運は自ら切り開くもの　405
謝　辞　411
解　説／田中道昭　415
原　注　430

訳者による注は文中に小さめの（　）で示した。

序章　絶体絶命の危機

携帯電話の売上はとめどなく落ち込み続けた。投資家はノキアを投資不適格銘柄とみなし始め、マスコミの間ではノキアの倒産時期について憶測が飛び交っていた。

二〇一二年五月三日開催の年次株主総会で、私はノキアの会長に就任することになった。これまでのキャリアを通じて、多数の記者会見をこなし、何百回もメディアの取材を受けてきたが、このときの記者会見は違った。つつがなく終えられる、と頭では理性的に考えていたが、身体はそうではなかった。総会が開かれる会場に向かうときに、なんと膝がガクガクと震えていたのだ。

四年前にノキアの年次株主総会に初参加したときのことを思い出さずにはいられなかった。当時の会場も、フィンランド最大のコンベンションセンター「メッスケスクス・ヘルシンキ」だった。あのときは運転手つきリムジンで取締役たちが次々と会場入りすると、テレビや雑誌のカメラマンたちが群がり、激しくフラッシュが焚かれた。まるで私たち個人がアイスホッケーのワールドカップでロシア人を打ち負かした後、ノーベル賞にでも輝いたかのように。会場には何千人もの人々が詰めかけていた。

二〇〇八年当時、ノキアは世界トップの座にあった。一九九〇年代後半、ノキアは当時最もホットな新産業だった携帯電話業界の中で、名もなき企業から大手企業へと躍進していった。最先端技術と艶（あで）やかなデザインが用いられたノキアの携帯電話に、世界中の人々が飛びついたのだ。二〇〇〇年には、ノキアはフィンランドの国内総生産（ＧＤＰ）の四％、輸出高の約五分の一を占めるまでになる。[1]ノキアが生み出す利益は、他のフィンランド企業の利益をすべて足し合わせた金額に匹敵した。[2]名物ＣＥＯ（最高経営責任者）のヨルマ・オッリラ率いるノキアは、トヨタ自動車、ウォルト・ディズニー、マクドナルドを凌（しの）ぐ世界ブランドとして認知されていた。[3]あるアナリストは「ティッシュといえばクリネックスであるように、携帯といえばノキアである」と語った。[4]二〇〇一年には《タイム》誌が「フィンランド人がつくったものの中で、サウナからこのかた最も人気を博したのが、ノキアの携帯電話だ」と大々的に報じている。[5]

年を追うごとに、新聞や雑誌は判で押したように「フィンランドの奇跡」の原動力となった「技術の神童」としてノキアを語り、ビジネス通は同社の理念「ノキア・ウェイ」をほめそやした。[6,7,8]ノキアは止まるところを知らないようだった。私は二〇〇八年五月に初めてノキア年次株主総会に出席したが、その頃にはノキアは世界のスマートフォン市場シェアの過半数を占めていた。[9]

それ以上に重要だったのが、フィンランドのグローバル・アイデンティティやフィンランド人の自己認識にノキアが与える影響力である。私たちフィンランド人が賢くて格好いいことを、ノキアは世界に示してくれたのだ。私はノキア取締役会への参加を打診されたとき、この輝かしいサークルの一員になれることに胸を躍らせた。

　ところが二〇一二年、メッスケスクスの空気は暗く沈んでいたのである。

　アップルが二〇〇七年六月に「iPhone」を発売し、かつてのノキアのように成功していったのに対し、ノキアはアップルのタッチスクリーン式スマートフォンと競い合える体制になかった。技術力に問題があったわけではない。ノキア製スマートフォンはiPhoneよりも機能が豊富で、ピカピカのケースに収められ、シャツのポケットにすっと差し込める。車をバックさせているときにうっかりひいたとしても、問題なく使えるくらいだと、持ち主が自慢するほど頑丈なのだ。アップルがiPhoneを改良し、グーグルが二〇〇八年にオペレーティングシステム（OS）「アンドロイド」を導入し、リサーチ・イン・モーション（RIM）がスマートフォン「ブラックベリー」で急躍進したとはいえ、技術的な課題であれば、ノキアは苦もなく解決できたはずだった。

　ところが、そうはならなかったのだ。数カ月が過ぎ、好機が次々と見逃された。業界内ではノキアの名は依然として轟いていたが、新しい競争状況にどうもうまく対応できていないことが徐々に明らかになっていった。

　取締役会に出るうちに私自身も進化し、当初に抱いていた憧れのまなざしが疑問や困惑、そして疑念へと変わった。アップルとグーグルが市場シェアを伸ばし、最も優秀な人材を引きつけ、将来に向けて投資を行なっているのに、ノキアのシェアは縮小し、従業員をレイオフ（一時解雇）し、投資を減らしている。だが、取締役会が協力して、失敗続きの状況の根本原因を体系的に探究して挽回しようと動くことはなかった。新しい進路を探すための議論はほとんどなく、リーダーたちが勇気をもってそれに臨むこともない。ノキアの戦略に憂慮すべき点があっても真摯に受け止められず、少なくとも取締役会では代替案の分析や議論すらされない。私は自らそうした議論を切り出そうと試みたが、ことごとく無視された。

これが、業界トップ企業の取締役会の取り組み方なのだろうか。これが自分たちにできる最善策だとは到底思えなかった。

しかし、危機が深刻化するにつれて、業績予測はますます信じられなくなり、結果がさらにはっきりしてくると、私の疑問は幻滅へと変わり、不安が膨らんだ。

ノキアはなぜ対応できなかったのだろうか。何か根本的なことが間違っていると示す証拠が積み上がっても、ノキアのリーダーたちは受け入れられなかったのか。声を上げたり、耳を傾けたりできなかったのか。

取締役会の中で最も若輩メンバーの一人にすぎない私には、事実に基づく体系的な詳細調査をするよう仕向けるだけのアクセス手段も権限もない。それがつらくて、身体まで悲鳴を上げそうだった。然るべき調査をしていれば、何が起こっているか、そして何よりもなぜそうなったのかが理解できていただろう。取締役会には見えないことばかりで、本当の意味で理解していなかった。しかし、それを変えようともしなかったのだ。

私は取締役を務めた四年の間に、ノキアの時価総額が九〇％以上失われていくのを目の当たりにした。二〇一二年春には、２四半期連続で業績の下方修正を実施した。二〇一二年上半期の営業損失は二〇億ユーロを超え、携帯電話の売上減少に歯止めがかからない。一万人の労働者をレイオフしてからわずか一年後に、再び痛みを伴うレイオフを計画したが、これはノキア史上で最大規模となった。株価は見るも無残な有様だ。私が取締役に就任したときの約二八ユーロから、たったの三ユーロになってしまった[10]。

二〇〇八年には称賛の嵐だった年次株主総会は、二〇一二年には見るからに殺伐とした雰囲気に包まれていた。ノキア社内のあらゆる階層の人々が不満を募らせ、不安に苛（さいな）まれ、おびえていた。主だった投資家はノキアを投資不適格銘柄とみなし始め、マスコミの間ではノキアの倒産時期について憶測が飛び交った[11]。

私は取締役会の一員として、少なくとも部分的には、ノキアの失敗に対して責任があると考えていた。そして、新たに取締役会長に選任された今、私はこれから起こることすべての説明責任を完全に負わなくてはならない。

不意に、その責任の重さを痛感した。これからは、あらゆる人々――特に同胞であるフィンランド国民に対して、フィンランドの顔であるノキアを代表することになる。状況が悪化すれば、私は永遠に母国から非難されるだろう。

どうして私はこんな厄介事に巻き込まれたのか。どうすれば、私たちは抜け出せるのか。

この本では、ノキアが死に体となった後に劇的に甦（よみがえ）り、V字回復を果たしたストーリーを明らかにしていく。モトローラやブラックベリーなど、かつては優れた技術を誇ったものの、忘れ去られていったスター列伝に、ノキアも加わるだろうと思っていた人々はみんな間違っていたのだ。ノキアは今日、高価値のグローバル・デジタル通信インフラ市場でトップ二社に入る。二〇一二年半ばから一七年半ばにかけて、ノキアの時価総額は二〇倍以上と、飛ぶ鳥を落とす勢いのスタートアップ企業の多くよりも急速に伸びてきた。

ノキアの企業文化もまた大きく変わった。今日では、約一〇万人の従業員のうち、二〇一二年から所属してきた人は一％未満。ほぼ完全に新生ノキアとなっている。

私は生涯を通じて起業家であり続けてきた。組織の大小に関係なく、今日の複雑で動的な世界にうまく適応する唯一の方法は、起業家的なマインドセットを身につけることだと、私は信じている。ノキアの取締役に就任する前に、私はエフセキュアのＣＥＯとして一八年間を過ごす中で、「起業家的リーダーシップ」と私が呼ぶもの、すなわち、起業家的リーダーであるとはどういうことか、大勢を率いる立場であれ、個人事業主であれ、すべての人々がこうした資質をどう発揮すればいいかについて、私なりの考え方を磨いてきた。

ノキアでは、起業家的リーダーシップという教えは、混乱の最中で私たちの羅針盤となってきた。パニックに陥りそうなときに冷静に対応する助けとなり、今も引き続きノキアを導いてくれている。この教えのおかげで私たち経営陣は前進を続け、ノキアを救済すべく取引交渉を行ない、ボロボロの組織を主導しながら、新たに将来のビジョンを考え、その実現に向けて戦略を策定し、戦略の実行に適した組織構造を選び、組織を率いるＣＥＯと経営執行メンバーを選任し、目標とするバランスシート（貸借対照表）を構築してきたのだ。

それと同時に、こうした教えがあったからこそ、既存のやり方では行き詰まってしまうときにも絶えず変化に適応するだけの柔軟性を持ち続けられた。起業家的リーダーシップとは、会社の業績と競争力を極力高めるような形で、利用可能なリソースを評価し活用することを意味する。大規模な組織再編を行なう八カ月間、私はノキアのＣＥＯを務めた。おそらくその座に留まることは可能だったが、自分は新生ノキアにとって最適なＣＥＯではないとわきまえていたので、潔く身を引いた。現職ＣＥＯは私よりもはるかに適任である。

起業家的リーダーシップで重要なのは、学習することだ。あらゆる課題、あらゆる問題、あらゆる悪いニュースを、学習と改善の機会として捉えるのだ。

私は実際に多くを学んできた。大成功しているグローバル企業の輝きの本質を見抜き、それを打ち消しかねない兆候を突き止めること。最悪のシナリオに対して常に十分な計画を持つようこだわり抜けば、実は機会に対して楽観的になれること。特に複雑な状況下では、信頼こそが、ギアを動かす潤滑剤にも、すべてをまとめ上げる接着剤にもなること。説明責任は信頼と同じく、常に強化していかなくてはならないこと。そして、起業家的リーダーシップの教訓に基づいて、しっかりとした基盤を構築すれば、大きな夢、それも想像をはるかに超えるほど大きな夢を見られるだけの勇気が持てるようになることを学んだ。

こうした教訓を実践するための実用的なスキルと戦術についても習得した。

それから、運についても学んだ。私たちが非常に幸運に恵まれていたことは、常に肝に銘じておかないといけない。ビジネスリーダーとしてこのように重要な意思決定を続けざまに、また非常に重大な取引を三つも行なったのはこの時期だけである。その取引とは、中核事業の携帯電話をマイクロソフトに売却し、ノキア・シーメンス・ネットワークス（NSN）の一〇〇％所有権を獲得し、フランスのアルカテル・ルーセント（ALU）を買収したことだ。後から振り返ってみても、あのときに行なった意思決定のどれ一つとして大きく変えるつもりはない。そう言い切れるのは稀なことで、おそらく二度とこんな経験はできないだろう。

だからこそ、私は以前にもましてパラノイア（妄想症）のように疑い深くなっている。私たちが疑い深くなればなるほど、確率曲線を良い方向にシフトさせるために、懸命に努力を続けやすくなり、それだけ楽観的にもなれるのだ。

あらゆる組織が、私たちがノキアで直面したような存亡に関わる複雑な状況に遭遇するわけではないかもしれないが、どのリーダーも数多(あまた)の複雑かつ予測不能な課題に遭遇することは、絶対に間違いないだろう。マネジメントの対象がチームであれ、社内の部門であれ、経営するのが零細企業であれ、多国籍企業であれ、舵取りするのがスタートアップ企業であれ、単独の業務であれ、さらには、危機的な状況であれ、順調に推移している中であれ、私がこれから紹介する教訓は、皆さんの先見性を研ぎ澄まし、選択肢を広げ、必要に応じて自分自身や組織を作り替える一助となる。そして、明日どんな変化が起ころうとも、力強く生きていけるだろう。

この本で学べること

　この本は二部構成となっている。第一部（第一章〜第八章）は、私がソフトウエア・サプライヤーとしてノキアと関わるようになり、その後、取締役会に参画した期間を取り上げている。取締役や経営執行チームが過去に起こっていたことをどう見ていたのか、また、ノキアが道を誤らないようにするために、ほかにどのようなやり方があったかを説明していく。第二部（第九章〜第一八章）では、私が会長に就任してからの期間を取り上げる。危機対応、再起力（レジリエンス）と企業再建に向けた種まき、変革の舵取りについて、実体験をふまえた教訓を紹介したい。

第 I 部

凋落

成功という名の猛毒

第一章 ノキア・マジック 一九八八〜二〇〇八年

ノキアは世界を未来へと導いていく業界の巨人だ。私はノキアの事例から学ぶ必要があった。ノキアの秘密を学び取りたかったのだ。

私が育った一九七〇年代のフィンランドは、おおよそハイテク技術のイノベーションが生まれる源泉とは、程遠い場所のように感じられた。フィンランドの大手企業は木材やパルプ事業を手掛けていた。国内には木材が豊富で、伐採する人手も十分あったので、テクノロジーの天才になろうとは誰も考えなかったのだ。このため一九八八年に、私がヘルシンキ工科大学の同級生と一緒にＩＴコンサルティング会社を立ち上げたとき、この大胆な試みによって自分たちがどうなるのか、さっぱり見当もつかなかった。

私は産業経済学を専攻した二二歳の学生にすぎなかった。チャレンジ好きの私は、受験の最難関だからという単純な理由で、この専門分野を選んだ。そして、蓋(ふた)を開けてみると、それは起業家のキャリアを進むための絶好の準備になった。

私はすぐにコンピュータに熱中した。初めて買ったコンピュータは「コモドール64」だ。当時はまだティーンエイジャーだったので、ヘルシンキのアパートの郵便受けにチラシ広告を配るアルバイトで、その代金を稼いだ。初期のアドベンチャーゲームには、特に入れ込んだ。当時最高のゲーム「ゾーク（Zork）」を打ち負かすようなプログラムを作ろうと燃えたが、あえなく失敗した。私のプログラムはディスク五枚分にもなり、手持ちのハードウエアでは野望が満たせないことが判明したのだ。そこで、アドベンチャーゲームの作成方法を説明した記事を書いてコンピュータ専門誌に送ったところ、シリーズ化することが決まった。そのうちＭａｃ専門誌、パソコン雑誌、コンピュータゲーム雑誌向けに記事を書くようになった。

後日にエフセキュアとなった会社の立ち上げは、大学の起業短期コースがきっかけとなった。学生同士でペアを組み、会社設立に必要な登記書類を作成するという課題が出されたのだ。私は依然として、世界中で利用されるプログラムを組むという目標を持ち続けていた。そして、一緒に組んだ相手は何年も、大企業向けコンサルティングなどでコンピュータ関連の仕事を経験していた。私たちは実際に会社を立ち上げてみるのも面白そうだと思い、教師だけでなく、フィンランド商業登記所にも書類を提出した。起業である！　数カ月後、その友人はある企業の正社員となり、働きながら論文を完成させ、その後もそこに留まった。私一人で新会社をやっていくことになったのだ。

理想の会社を創る

何もかもが苦労の連続だと、私は思い知らされた。最初の五年間は、ほぼすべての社内業務を自分でこなした。帳簿もつけたが、これは後々になって非常に役立った。ＣＦＯ（最高財務責任者）と経理責任者を兼務したことで、違う角度から企業財務を理解できるようになったのだ。採用活動、請求書の処理や給与の支払い、販売契約書の作成、パートナーとの販売契約交渉、アプリケーションのコーディング、ソフトウエア・マニュアルの作成、英語への翻訳。最初に売り出した製品のパッケージ・デザインも自分で手掛けた。テクニカル・サポートの担当者も兼ねていたので、海外のパートナーが技術面で問い合わせする際の電話対応窓口も私だった。清掃サービスを頼む余裕がなく、自分で掃除機をかけ、時にはトイレ掃除もした。当時やらなかった仕事はないと思う。私は社内の隅から隅まで知り尽くしていた。

一九九〇年代初めは、エフセキュアとフィンランドにとって苦しい時期だった。一九八九年にベルリンの壁が崩壊すると、対ソ貿易に大きく依存していたフィンランド経済は、ソ連の崩壊とともに急激に悪化していく。その結果、景気後退局面に入ったが、それは一九三〇年代の大恐慌よりもひどいもので、フィンランド史上、最悪レベルの経済危機を招いた。

エフセキュアの生き残りをかけて、私は全精力を注いだ。連日一六時間労働で、他の人に支払いをした後に残ったお金があれば、それが私の取り分となった。フィンランドにはベンチャーキャピタリストが存在しなかったうえ、銀行は実質的に破綻していたので、投資はすべてキャッシュフローで賄（まかな）わなくてはならない。研究開発費に充てようと、コンピュータ雑誌向けに記事を書き、オフィス用ソフトウエアの利用法を教える研修を開き、カスタム・ソフトウエアを開発し、カンファレンスで講演した。キャッシュが得られるなら、どれほど風変わりな顧客でも拒まず、中核事業とかけ離れた仕事でも引き受けたのである。

雇用する際には人材こそが肝で、従業員の扱い方が自社の成長の推進力になると、私は信じていた。社内で働くすべての人が、自分の部下ではなく同僚だと思っていたのだ。

トップ人材をも引きつける環境にするために、「実験できないものは何もない」とみんなが感じるような、非常に柔軟で意欲的な文化をつくりたかった。当時のフィンランド企業は従業員に無料のカプチーノやコーヒーを提供することはなかったが、私たちは違った。ロビーにビリヤード台を置き、マッサージ師を常駐させ、その週によく頑張った従業員にはご褒美としてＢＭＷのスポーツカーを貸し出した。

リーダーシップと戦略に関する私の考え方が固まったのも、この時期である。私には上司がいなかったので、優れたリーダーシップの構成要素に関する理論や、良い戦略の背後にあるサイエンスは、独学で習得するしかない。独立独歩で実験しながら、理論を実践していった。エフセキュアは何とか生き残り、急成長を遂げた（現在はサイバーセキュリティ製品やサービスを手掛けている）。こうして学んだリーダーシップと戦略に関する貴重な教訓が後に、私と動乱期のノキアを導いてくれたのである。

システムの問題

一九九〇年代初め、フィンランドに多国籍企業は少なかった。エフセキュアが海外展開を始めたとき、私はフィンランド企業であることを隠そうとした。その当時は紙媒体の会社案内パンフレットを使っていたが、シリコンバレーの企業だと思ってもらえるように、カリフォルニア州サンノゼの営業所の住所を一番前に載せて、フィンランドの住所は目立たない下のほうに記載した。

しかし一九九〇年代の半ば以降には、ノキアのおかげで、私たちはフィンランド人であることに誇りを持つようになっていた。エフセキュアもこの頃には、本社がヘルシンキにあることをはっきり示していた。

二〇〇〇年、ノキアのスマートフォン専用ＯＳ「シンビアン（Symbian）」の「Ｓ６０」のアンチウィルス・アプリ開発の契約にこぎつけたときには胸が躍った。この提携を通じて、私の起こした無名の会社が、ノキアの威光にちょっぴりあやかれるのだ。それは良い気分だった。株式公開したばかりの若手起業家として、大規模なグローバル企業がどのように運営されているかを是が非でも学びたかった。

アプリ開発がどのようなものか感触をつかんでもらうためには、コンピュータの仕組みを説明しなくてはならない。皆さんが使っているアプリはＯＳ上で動くようにプログラミングされ、それによってハードウエアに対応した細かい重要な処理が行なわれる。このＯＳをどう設計するかで、特定のプラットフォーム用アプリ開発の生産性がほぼ決まってくる。

複雑なソフトウエアの寿命を木に喩(たと)えるならば、健全なシステムは太い幹を持ち、枝は極力ないほうがいい。というのは、コード内の枝ごとに別バージョンのシステムで作業する開発者グループが必要となり、メインのコードからエネルギーやリソースを少しずつ奪っていくからだ。木の幹は常に将来のリリースに向けた基礎となり、枝は短期目的用の単発の取り組みと言える。

デバイス・メーカーにとって、自分たちの世界の中心にOSを置くことが望ましいのは、このような理由による。優先すべきはソフトウエアの開発と強化であり、OSと並行してハードウエアに革新をもたらす動きがあったとしても、それで自動的にOSを支配することにはならない。

マイクロソフトの「ウィンドウズ」も、アップルの「iOS」も、リナックス・コミュニティが「リナックス」（携帯OSアンドロイドの基礎になった）を開発したときも、こうした考え方がとられていた。開発者たちにとって、OSがそれぞれの世界観の中心にあり、今でもそれは変わらない。この考え方に立つと、まずソフトウエアが登場し、ハードウエア（OSを実行するデバイス）がその後に続く。このため、特定デバイス用に基本OSをカスタマイズするのは避けたほうがいい。カスタマイズした変更箇所が他のデバイスでうまく機能しない場合は、特にそうだ。コードを枝分かれさせると、ある種の袋小路に陥ってしまうのだ。

奇妙なことに、ノキアはシンビアンに対して、そういう考え方をとらなかった。幹を強くするために枝を切り落とすよりも、シンビアンの木から四方八方に芽が出ている状態を容認していたのだ。ノキアが携帯電話業界を席巻する基盤を築いていた一九九〇年代初頭には、このやり方でも問題はなかった。当時は、どのデバイスでもソフトウエアの割合は非常に小さく、ハードウエアが主戦場となっていた。コードベースが小さければ、特定デバイス用にカスタマイズしても管理しやすく、たいして手間もかからない。

二〇〇六年までに、ノキアは年間一二種類のシンビアン搭載デバイスを導入したが、その多くが新モデルごとに独自のソフトウエアを使ってカスタマイズされていた。その結果、イライラするほど重複だらけで、どこに独自性があるかも曖昧で、全体的に混乱をきたしていたのだ。シンビアンは明確に定義された木というよりも、複雑で、人を寄せ付けない生垣であり、エフセキュアをはじめとして、接点を持ったあらゆる人々をがんじがらめにしていた。

エフセキュアでは、ウィンドウズ、リナックス、ユニックス系、アップルのパソコン「マッキントッシュ」向けにセキュリティ・プログラムもつくっていたが、こうした仕事はノキアと比べて夜と昼ほどの違いがあった。ノキアと仕事するときは、とにかく厄介で、シンビアンはその氷山の一角にすぎなかったのだ。

ノキアの法的手続きは（多くのグローバル企業と同じく）スピードが遅くて官僚的だった。ノキアの調達は、製品の機能性を高めるために長続きするパートナーシップをつくることよりも、ソフトウエア・プロバイダから最低コストを絞り出すことだけに関心があるように見えた。ソフトウエアのように革新的な製品が自社の最終製品においてきわめて重要な要素となる場合に、そういう行動は間違っているのではないか。私はそんな印象を持っていた。

それでよく自分に言い聞かせたものだ。ノキアはフィンランド、そして全世界から最も優れた人材を何千人も雇用しているのだ、と。ノキアは確かに、私よりもはるかに状況をよく理解している。結局、エフセキュアなど無名の小さなスタートアップ企業の一つにすぎない。ノキアは世界を未来へと導いていく業界の巨人だ。私はノキアの事例から学ぶ必要があった。ノキアの秘密を学び取りたかったのだ。

スタートアップにとってワースト二位のパートナー

二〇〇五年に、私はノキアCFOのオッリペッカ・カッラスオヴォから、同社が最も重視している次世代シニア・リーダー向けの社内研修プログラム「パノラマ」で講演してほしいと頼まれた（カッラスオヴォは二〇〇一〜〇四年までエフセキュアの会長も兼任していた。新規株式公開に向けてエフセキュアの信用を高めるために、会長になってほしいと私が頼んだのだ）。これは非常に名誉なことだった。特にフィンランド人にとって、ノキアの経営幹部は他のビジネスパーソンよりもはるかに抜きん出た存在であるとみなされていたからである。

私は常々抱いてきた懸念点を伝えて、どんな反応が返ってくるかを見てみることにした。

自分の発言に信頼性を持たせるために、ベンチャーキャピタルで働く友人の助けを借りて、世界有数のベンチャーキャピタルを対象に調査を行なった。自分たちのポートフォリオ企業の観点から、IBM、ヒューレット・パッカード（HP）、マイクロソフト、サン・マイクロシステムズ、ノキアなど大手テクノロジー企業を評価してもらったのだ。たとえば、こんな質問を用いた。「出資しているスタートアップ企業が、仮にノキアではなくIBMとの提携を検討している場合、それが評価にどう影響するか」「スタートアップ企業がノキアと提携することになった場合、プラスの評価か、マイナスの評価か」

調査結果は私の実体験を裏付けていた。全体的な評価は、スタートアップ企業の提携相手として、ノキアは大手テクノロジー会社の中で下から二番目で、その下にはオラクルしかいない。他の企業との間にも、かなり大きな隔たりがあった。

こんなことを伝えて退出しろと言われないか心配だったが、驚いたことに、私の講演は高く評価された。率直なフィードバックの重要性を理解する、賢明で心の広い人たちがいたのだ。私は大いに安堵しながら、エフセキュアのオフィスに戻った。ノキアがエコシステムのパートナーたちへの対応を改めるべきだと、受講した管理職ははっきりと理解していた――私は同僚にそう報告した。これで間違いなく私たちの仕事上の関係は改善されるだろう。

ところが、何も起こらなかったのである。

取締役への誘い

その後三年にわたって私たちの協力関係は続き、ノキアは携帯電話業界でリーダーの地位をがっちりと固めた。ノキアの市場シェアに近づける企業はない。ノキアの利益を生み出す能力は、まるで神話のエピソードのようだった。私は不満を抱きながらも、フィンランド企業がこれほど前例のない形で世界的な優位性を獲得する一助となっていることを、非常に誇らしく思っていた。

二〇〇七年の終わりにオッリラから電話がかかってきて、二〇〇八年五月八日に開かれる年次株主総会でノキアの取締役に就任しないかと誘われたときには感激した。四二歳の若さで私が世界のトップ企業の一つに参画する機会に恵まれたのだ。二〇〇六年、私はエフセキュアのCEOを辞任していた。一八年間CEOを務めてきたが、もはや自分が学んでいないと感じたのだ。そして、スタートアップへの投資と公開会社の取締役会の仕事に、より多くの時間をかけることにした。私にも何か価値ある貢献ができ、ノキアがソフトウエア開発コミュニティをもっとよく理解できるように手を貸せるだろう。おそらく、ノキアがソフトウエア開発者にとって好ましいパートナーになるための支援さえもできるかもしれないと思ったのだ。

ワクワクして最初の取締役会の開催が待ちきれなかった。考え事をしていても、すぐに気が散ってしまう。耳元でささやき声がするのだ。「私はノキアの取締役会に参加するんだぞ！」と。

取締役会では何が行なわれているか？

取締役会という企業の仕組みをよく知らない人のために、ここで簡単に紹介しておこう。第一〇章で取締役会の機能について私なりの考えを示すつもりだが、ここではあくまでも一般論に留めたい。

取締役会は現役の取締役で構成され、前任者から引き継いだ仕事に従事する。当然ながら、取締役会ごとに違いがあるが、取締役会が受け持つ普遍的な職務もある。

取締役会はその企業の株主を代表する（例外として、取締役会が従業員など他のステークホルダーを代表する国もある）ため、取締役会のメンバーは通常、株主総会で選出される。

株主の代表としての取締役会の最も重要な務めは一般的に、CEOの選解任だと考えられている。独立した会長職を置く最大の理由もここにある。CEOが会長を兼任する場合は、筆頭取締役を任命して、二つの役割を兼務することのデメリットを極力抑えなくてはならない。ただし、取締役会にとっては、CEO兼会長を継続的に評価し、場合によっては解雇する仕事が若干やりにくくなる。

取締役会の第二の務めは、その企業の戦略を承認することだ。戦略の「策定」ではなく、「承認」である。そのやり方は一様ではなく、取締役会によって、経営執行チームと一緒に戦略立案に積極的に関与することもあれば、承認する時点でのみ関与することもある。

第三の重要な務めは、しっかりとした企業経営が行なわれるようにすることだ。多くの場合、監査役と協力しながら、社内の帳簿が正確であり、財務、法務、人事、経理など管理機能に関するプロセスに十分な品質レベルを確保する。

第四の務めは、その企業の報酬慣行、特に役員報酬の決定だ。

取締役会は通常、月一回以上集まることはなく、平均すると年六回程度開催されている。毎回の会議は、中小企業では三時間、大企業になると二日がかりということもある。一回の会議で扱うテーマは膨大で、数百ページにわたる資料が事前に配布されることもざらにある。

新しい取締役がその企業の事業を十分に理解したと感じるようになるまでには、八～一二カ月かかることが多い。

ところで、私たちは取締役会についてネガティブな話を聞くことが多い（頭に浮かんでくるのは、エンロン、タイコ、ＨＰなどの企業の取締役会だろう）。あるいは、私たちの受ける印象は、悪徳ＣＥＯの悪意に満ちた提案に、大勢の狡猾なイエスマンがろくに考えもせずに承認印を押すといった映画のシーンから来ているかもしれない。

真実はというと、大多数の取締役会はまったくそういうものではない。ひどい取締役会が一つあるとすれば、まともな取締役会はもっと多く、株主のために一生懸命に仕事をしている。なかには、多大な株主価値を構築しても、それを自分たちの功績にしない、素晴らしい取締役会もある。たとえ取締役会の発案で成功したときでも、すべて経営執行チームの手柄にすることを厭わないのだ。

取締会のメンバーはたいてい特定分野の深い知識や企業経営の経験を買われて選任される。取締役会全体として、ある特定の企業とその事業領域に関係する全分野の専門知識を持てるといい。ただし、専門知識があったとしても、取締役会は人間の集まりであり、人間としての感情やあらゆる領域での言動から影響を受けることになる。

第二章　まばゆさに目がくらむ　二〇〇八年

これは私が今までに出席してきた会議の議題とはまったく違っていた。しかし、あることには少し驚いた。というか、ある話題にほとんど触れなかったことにだが。アップルに関する話はほんの二、三分だったのだ。

二〇〇八年五月の年次株主総会の直後から、私はノキアの取締役会に出席したが、まるで別世界に足を踏み入れた感があった。実業界で最高に輝くスターたちの世界だ。彼らのリーダーシップから学べることをとにかく吸収したかった。

ノキア取締役会に出席するにあたって私が大感激したのが、オッリラの存在だ。オッリラがCEOに就任したのは一九九二年で、まだ四二歳のときである。当時のノキアは肥大化したコングロマリット（複合企業）で存亡の危機に瀕していたが、新興のモバイル通信産業に集中すれば立て直すことが可能で、自己変革できるということに、オッリラは賭けたのだ。そして五八歳になった今、彼はノキア会長として権力と人気の絶頂期にあった。大統領選への出馬を薦める声もあったほどだ。

ガラスと鉄骨のカーブが特徴的な本社ビル、ノキアハウスはフィンランド湾を見下ろす場所にある。その建物の一歩外に出ると、オッツリラは会社の顔だった。ノキアの奇跡はそのリーダーシップあってのことだ。オッツリラに関するさまざまな記事を読んできた私は、その業績を大いに尊敬し、できる限り彼から学びたい、いつか友と呼べればいいと思っていた。

社内では、オッツリラは神話的人物で、畏敬と恐怖の念をもって見られていた。彼はたいてい控えめなダークスーツを着て、スタイリッシュだが目立たないネクタイに、学者のようなべっ甲の眼鏡をかけている。いつも厳粛な態度で、めったに笑わず、冗談も飛ばさない。会議室では、磨き込まれた木製テーブルの上座につく。その席には小槌と銀製のネームプレートが置かれ、オッツリラ王国の絶対的支配者であることがわかる。

オッツリラの左に座るのは、イギリスのメディア・コングロマリット、ピアソン・グループのCEOでもある副会長のマージョリー・スカルディーノだ。彼女はイギリスのFTSE100種総合株価指数の組入れ企業の中で初めて女性トップとなった人物で、大英帝国勲章第二位を受勲している。温かな笑顔、無意味なことを許さない態度、鋭い知性を備えていた。

オッツリラの右には、世界一流のエコノミストであるベント・ホルムストロームが座る。彼はマサチューセッツ工科大学教授で、当時はノーベル賞に近いとしきりに噂されていたものだ（二〇一六年、実際にノーベル経済学賞を受賞した）。優しい心と強力な知性の持ち主で、その性格や態度には非の打ちどころがない。

エンタープライズ・ソフトウエア大手ＳＡＰの元ＣＥＯ、ヘニング・カガーマンもまた、私の尊敬する人物だった。私のほかに生粋の技術畑出身は、カガーマンだけだった。経歴を見ると教授とあり、企業のＣＥＯとしては異色で新鮮味がある。

席順も年功序列で、各自の前にネームプレートが置かれていた。最も若輩者の私は末席だ。四二歳という年齢は、ほかの人よりもゆうに一〇歳は若かった。私はすべてのことを吸収しようと、目を大きく見開きながら着席した。

ノキアの取締役会に加わった時点で、私はすでにエフセキュアとフィンランド最大手の通信事業者であるエリサの会長を兼務し、過去一〇年にわたって他にも多くの企業で社外取締役を務めた経験があった。エフセキュアを育てあげて一九九九年に株式公開を果たし、テクノロジーバブルの波に乗ったが、その後のバブル崩壊で苦しみ、自ら採用した人たちを解雇し、再建のために新たな戦略を練り直さなくてはならなかった。エリサでは、敵対的買収を阻止すべく力を尽くした。その過程では、取締役の裏切り、記者会見で繰り広げられた丁々発止の舌戦、一一時間にも及んだ瀬戸際戦術、土壇場の解決策（驚くほど見事で、納得感があり、長続きもする案だった）など、いろいろなことがあった。

私は多くのことを見てきたが、ノキアの取締役会はこれまでの経験とは違っていた。

その一部はすぐに気づく違いだ。たとえば、ドレスコードがある。くだけた服装を良しとするシリコンバレーとは対照的に、ノキアの男性役員は常にしわ一つないビジネススーツとネクタイ姿で現れた。ノキアの取締役会にノーネクタイで出席したのは、私が初めてだったかもしれない。これは少々波紋を呼び、ノキアの慣習になじまないことをオッリラから知らされた（それでもしばらくの間、リラックスした服装で粘ったが、それは反抗心からではなく、そのほうが落ち着けたからだ。実際に、もう少しカジュアルなドレスコードにしたほうが、よりオープンで生産的な議論の場になると、私は信じている)。

それから、会議の運営方法も違っていた。私は激しい議論や細かな質問に慣れていたが、それとは対照的に、ノキアの重役会議室の雰囲気は古い映画に出てくる伝統的なイギリスの上流階級の紳士クラブを髣髴(ほうふつ)とさせた。議題項目が提起され、簡潔に要約されると、水を打ったような静けさが広がる。その後は静かに、リストに終了印がつけられるのだ。

そして、そのリストもすごい! 年次株主総会の翌日に開かれた二〇〇八年五月の取締役会の議題項目を挙げてみよう。マイクロソフトが四四六億ドルのヤフー買収に失敗! 競合の携帯電話メーカーのモトローラが斜陽のデバイス事業の売却先を検討することを決定。デバイス事業の強化を目指して立ち上げられた合弁会社ソニー・エリクソンで発生している問題。企業の社会的責任と環境戦略のセッション。ノキアの三カ年戦略書類の簡単なレビュー。グローバル・デバイス事業(携帯電話とスマートフォンの両方を含む)の業績予想(今後三年間で四〇〇億ユーロから四九〇億ユーロへと二二%伸びる)。ノキア・シーメンス・ネットワーク(NSN)の簡単な戦略概要。そして、ヴィンヤード・プロジェクト(これはNSNの新しい投資家を探そうという提案だ)。

数百ページにのぼる資料は数字だらけで、よく理解しようとすると一ページに三〇分もかかることもあった。新参者にとっては、消防ホースから出てくる水を飲もうとするようなものだ。

(NSNについて補足説明すると、これは二〇〇七年に通信機器およびサービス市場を狙ってドイツのシーメンスのネットワーク事業とノキア・ネットワークスが一緒につくった合弁会社だ。第三世代

〔3G〕と第四世代〔4G〕の無線通信システムへの投資規模が一社単独で取り組むには大きすぎたことが背景になっている。NSNは二〇一一年までに最も収益性の高いインフラ・ベンダーになるという戦略目標を掲げていた。発足後まだ一年だったが、利益目標の達成は絶対不可能とは言わないまでも、きわめて難しいことがわかり始めていた。エリクソン、アルカテル・ルーセント、ファーウェイといった競合他社が先行する中で、NSNに必要なのは、他社を買収できるようになるか、巨額の研究開発費を投入するか、その両方である。シーメンスはこれ以上の出資には消極的だった。NSN株式の二〇%、つまり、シーメンスとノキアから一〇%ずつ買い取る意向のある第三者の投資家が見つかれば、この手詰まり感が打破できる可能性があった。)

これは私が今までに出席してきた会議の議題とはまったく違っていた。リストの項目数だけでも度肝を抜かれた。私はそこに座って、誰もが知っている競争相手の話、巨大事業の一部を売買する話、新しい投資家に一〇億ユーロ以上を出資してもらう話などを聞いていた。どれもこれまで一度も扱ったことのない規模感だ。私の手には余ると感じたが、とにかく議論の流れについていこうと努めた。

しかし、あることには少し驚いた。というか、ある話題にほとんど触れなかったことにだが。アップルに関する話はほんの二、三分だったのだ。

アップルは一時的ブームか、既存製品を脅かす脅威か?

二〇〇七年六月、アップルはマックワールド(アップル製品の発表や展示が行なわれるイベント)で、例のごとく鳴り物入りでｉＰｈｏｎｅを紹介した。アップルの創業者であるスティーブ・ジョブズは大観衆を前に、キーボードやタッチペンを使った競合品をばっさりと切り捨て、「こんなボタンはすべて取り除き、指を使うつもりだ」と発表したのだ。[✢1]私は少し離れた場所の小さなスクリーンでその様子を見ていたが、過去、現在、未来において世界最高の製品がリリースされるのを、まさに目撃しているのだと感じた。

ノキアの取締役たちは心配していない様子だった。携帯電話の売上は成長著しい。一部の新興国市場では、顧客は「携帯電話」という用語を使おうともせず、「ノキア」をひたすら欲しがっていた。利益は着実に増え、売上もコンスタントに伸びている。ノキアの収益は堅調なままだったので、他のハイテク企業が四半期予想を下回って株式市場が変動したときにも、ノキアの業績発表を聞いて投資家が落ち着きを取り戻し、市場の安定化につながったほどなのだ。後から聞いた話だが、このようにノキア効果の反響があまりにも大きすぎるせいで、ＣＥＯとなったカッラスヴォはノキアの業績だけでなく、株式市場全体にも責任を感じていたそうだ。

スマートフォンは新しい世界だったが、ノキアの人々はすでに手中に収めたと思っていた。事実、数年前にスマートフォンを発明したのはノキアであり、スマートフォン市場の半分以上のシェアを占めていたので、どちらかというとその資格があるとさえ感じていた。[✢2]

（スマートフォンと携帯電話の違いについて簡単に説明しよう。安価なコンポーネント〔電子部品やソフトウエア部品〕を用いて、機能が限定されている携帯電話やフィーチャーフォンと違って、スマートフォンにはＯＳが搭載され、サードパーティがアプリを提供することができる。つまり、スマートフォンのOSは、他社がイノベーションを打ち出せるプラットフォームとなるのだ。ノキアはこうしたプラットフォームとして「シンビアンS60」というOSを保有していた。スマートフォンは基本的に、無線接続が組み込まれ、手頃なサイズになった本格的なコンピュータと言える。）

ノキアのスマートフォンには、QWERTY配列のキーボードと数字のキーボードが装備されていた。音楽のダウンロードと再生、音声や動画の再生ができ、FMラジオのチューナーが内蔵され、電子メールの送受信やMMS（マルチメディア・メッセージング・サービス）を利用できる。カメラや動画撮影の機能もある。スケジュール機能などのビジネスユーザー向け機能とともに、ノキア・マップ上で道案内するGPS（全地球測位システム）ナビゲーション機能もついていた。[3]《ポピュラーサイエンス》誌や《フォーチュン》誌はいずれも、二カ月前に発売されたiPhoneとノキアの「N95」を比較し、ノキアのモデルが楽勝すると太鼓判を押していた。[4]

消費者、投資家、報道関係者までをも含む誰もが、ノキアをこよなく愛していた。彼らの目には、ノキアのやることはすべて正しく、失策などありえないと映っていたのだ。

それが五月の取締役会でのメッセージだった。アップルの市場シェアは微々たるものだ。二〇〇八年第1四半期の出荷台数はアップルの一七〇万台に対し、ノキアは一億一五〇〇万台にのぼる。ノキアは世界のモバイル機器市場シェアの四〇％を占め、二番手のサムスンはわずか一五％にすぎない[5]（「市場シェア」という用語を見て、大多数の人が思い浮かべるのは数量ベースのシェアだ。これは地域別、国別、あるいは、世界市場を販売台数で捉え、全体の販売数量を比例配分して算出する）。

かつての巨大企業、モトローラは急速に衰退しつつあった。ブラックベリーは法人顧客に人気があつたが、全体で見れば小さな点でしかない。アップルは「その他」として一緒くたに扱われていた。

つまるところ、ｉＰｈｏｎｅを一時的な流行にすぎないとみなす理由はたくさんあった。容量はきわめて小さく、フィーチャーフォン以下だ。頻繁に通話が途切れるので、多くの人が二台持ちしていると噂されていた（電子メール用にｉＰｈｏｎｅ、音声通話用に通常の携帯電話を持つのだ）。コピー・アンド・ペースト機能や、写真を添付できるＭＭＳはサポートされていない。頑丈なノキア製デバイスと違って、ｉＰｈｏｎｅはノキアの「落下テスト」に合格しなかった（これは、約一・五メートルの高さからコンクリートの地面に向かって、電話機をさまざまな角度で落とすというテストだ）。ｉＰｈｏｎｅは大々的に売り出されたが、そのターゲット顧客は、法人ユーザーというごく小さな市場しか持たないブラックベリーと比べても、それほど大きくは見えなかった。

とはいえ、その五月の会議の時点で、ノキアの時価総額が一一一〇億ドルだったのに対し、アップルは一五一〇億ドルと、将来の成長が織り込まれた数字になっていた。ほんの五カ月前、両社の時価総額は約一五〇〇億ドルでほぼ並んでいたが、市場はノキアに反対票を投じていたのだ。[6] ノキアの経営陣が考えている以上に、アップルは大きな脅威になりうるのだろうか。

おそらく、それ以前に開かれた取締役会でアップルの話をしていたのかもしれない。あるいは、会長は今後の会議でこのテーマを詳しく調べるために時間をとろうと計画しているのかもしれない。それでも、私は困惑していた。このテーマにもっと時間をとるだろうと予想していたからだ。

シンビアンの罠

七月の取締役会はロンドンの五つ星ホテル、バークレーで開かれた。後からわかったことだが、オッツリラが会長に就任して以来、ずっとルーチンとなってきたやり方で会議は進行していった。オッツリラはまず、世界経済の現状についてまとめた。自分のすぐ隣に世界有数のエコノミストが座っているときに、このテーマを取り上げるのかと、私は少し驚いた。しかし私が記憶している限り、オッツリラはホルムストロームにまったく意見を求めなかった。そして、ホルムストロームも大いに自制心を働かせ、一言も発しなかったのだ。

このときの会議の主要な議題は、シンビアンだった。

スマートフォン開発に着手したとき、ノキアはエリクソンとモトローラと提携して、イギリスの携帯情報端末メーカーのサイオンが開発したＯＳを取得し、三社共同でシンビアンと呼ばれる会社をつくった。この会社ではシンビアンをなるべく幅広く使われる標準プラットフォームにするために、多くの企業を集めたいと考えていた。そこで、アップルのｉＯＳやグーグルのアンドロイドのように自社でＯＳを保有する代わりに、携帯電話市場の主な競合他社もひっくるめて業界全体でシンビアンを共同開発する道を選んだ。

スマートフォンＯＳの世界標準をつくれば、プレイヤー間でパイを分け合うことになるが、そのパイ自体の成長が急加速するので、個々の取り分は誰もが当初思い描いていたよりも大きかった。さらに、シンビアンの全パートナーに同じルールを強要できることは、特にノキアにとって好都合でもある。パートナーたちは競合関係にあり、ＯＳの開発方法について独自の考えを持っていた。すると当然ながら、ＯＳは枝分かれし、時にはライバルごとにサブプラットフォームやユーザー・インターフェース（ＵＩ）が異なることもあった。それでも、みんなが同じルールに則っている限り、誰もゲームを壊すことはない。

ノキアが熟知する範囲内に競争を制限することで、競争上の力関係はその枠内で最も大きなプレイヤー（すなわちノキア）に有利に働いた。ノキアは二〇〇〇年に他社に先駆けて本格的なシンビアンＯＳ搭載スマートフォンを発売し、それに続けて「シリーズ６０」（その後、「Ｓ６０」に名称変更された）と呼ばれる新しいシンビアンＯＳ用ＵＩを発表した。他のメーカーにライセンスを供与してこのプラットフォームを利用できるようにしたことで、ノキアのリーチはさらに広がったのだ。[✤7]

短期的には、シンビアンの戦略は見事だった！

しかし数年後、ノキアがあまりにも市場を席巻しすぎて、合弁会社の他のパートナー企業を脅かすようになった。他のパートナー企業からすれば、たとえ全関係者にとって納得のいくことでも、ノキアの意のままにさせるのは危険だ。ノキアをシンビアン開発で大きく先行させないほうが賢明な場合もある。彼らから見れば、ノキアを痛めつけることが、自分たちの競争上の助けとなったのだ。

二〇〇八年七月になると、ノキアは市場内で圧倒的な巨大企業となっていた。しかし今や、マイクロソフトのウィンドウズ・モバイル、アップルのｉＯＳ、アンドロイド（その年の秋にリリースされた）など、ほかにも代替可能な競合ＯＳが登場していた。これらはいずれも単独企業が保有しているので、可能な限り迅速に技術進歩を遂げられたのだ。

これに対して、シンビアンＯＳはイノベーションを加速するどころか、邪魔してしまうという残念な状態にあった。シンビアン搭載デバイスは、訳のわからないメニュー、多数のオプションや環境設定、デバイス上で何か新しい操作をするたびに繰り返し確認を求められることなど、使い勝手の悪さで知られていた。ユーザーはノキアのデバイスを買ってはいたものの、不満も感じていたのだ。

パートナーシップはノキアにとって、既存の競合他社に対抗する優れたソリューションとなってきたが、迅速でかつ劇的なアクションが必要な破壊的状況の中では、大きな障害に転じた。さらに言うと、パートナーシップは実は破壊を招き寄せていたのだ。後年、私が読んだある記事の中で、ジョブズはこう語っていた。「現状のスマートフォンのユーザビリティと本来可能なこととの乖離が大きすぎたので、この市場に参入するという誘惑に勝てなかった」と。

ノキアはいわゆる「キャッチ＝22」（逃れようのないジレンマ。元々は、ジョーゼフ・ヘラーの小説『キャッチ＝22』に描かれた不条理な軍規の名称）に陥っていた。ノキアが開発を加速させるにはシンビアンを一〇〇%保有する必要があったが、他のパートナー企業にとってそれは最大の利益につながらなかった。彼らにとってノキアは最大の競合だったからである。支配権を放棄するように彼らを説得すべく、ノキアはシンビアン財団をつくる案を思いついた。シンビアンのコードをオープンソース化し、誰でも同じようにアクセスできることを保証する。ノキアは他のパートナーの持ち株を買い取り、それを財団に寄付する形で、財団の資金調達を行なう。財団の目的は、ロイヤリティフリーのソフトウエアを提供し、イノベーションを加速させることだ。

このやり方は改善につながったが、理想的とは言えなかった。すでにあまりにも多くの時間が失われ、財団がうまく機能するまでにさらに多くのものが失われていくからだ。合弁会社が発足した時点で、そのダメージは生じていた。この世界ではスピードがすべてだが、競合企業が集まった委員会では、どの企業が提案しようとも簡単に同意には至らない。そのうえ、ノキアは依然としてOSをモバイル世界の主ではなく、デバイスの奴隷だと考えていた。

ノキアが間違ったことをしていたわけではない。正しかったが、長くやりすぎたのだ。ソフトウエアの上位にハードウエアを位置づけることは、シンプルな携帯電話であれば適切なアプローチだ。しかし、スマートフォン時代になって、状況は変わった。今や、ソフトウエア、特にOSというプラットフォームが競争力を規定するようになっていたのだ。

ハードウエアからソフトウエアへの移行

事実上、ノキアはすでにソフトウエアへと視点を移行し始めていた。取締役会での発表では、二〇〇七年の二九億ユーロから二〇〇九年には三五億ユーロへと研究開発投資を増やし、その大部分をソフトウエア開発に充てるとの説明があった。新しいスマートフォンにはリナックスベースのOSを用いる計画も進行中だ。これはノキアでは最先端のOSで、今後一〇年間でシンビアンに置き換えていく予定だという。パワーポイントのスライドは、ユーザー体験を充実させるべく特別に最適化されたソフトウエアと、広く認められているノキアのハードウエアの専門知識を組み合わせれば、市場のスイートスポットを捉えられると約束していた。

これを実現させるには、経営執行チームが全力を傾けて、完璧に遂行しなくてはならない。だが、その点にかけてはノキアには定評があった。

スマートフォン市場での競争は激しさを増していった。アップルは3GのiPhoneを投入したばかりだった。[8] 3Gの携帯電話はかなり前から市場に出回っていて、アップルは出遅れたうえに、依然としていろいろな機能が欠けていた。背面に搭載されたカメラは一つのみで、品質が悪い。ビデオ録画機能やメモリーカードスロットがなく、バッテリーの交換ができない。そしてノキアの考えでいくと、最大の欠陥はキーパッドを利用できるモデルがないことだ。タッチ機能は多数あるフォームファクタ（主要な部品やデバイスの物理的形状や大きさ）のほんの一つにすぎず、市場で勝つためには主要なフォームファクタをフルサポートすべきだと、ノキアはいまだに信じていた。

さらに、第4四半期にはアンドロイド搭載スマートフォンも市場に初投入されることが見込まれていた。TモバイルのTG1」はフルタッチスクリーン機能とQWERTYキーボードを組み合わせたものになるだろう。[9] 私たちはアンドロイドをどれだけ深刻に受け止めるべきだろうか。

北京での目のくらむような体験

二〇〇八年九月一五日、リーマン・ブラザーズが破産法の適用を申請すると、アメリカはたちまち金融危機に突入した。しかし、欧州やアジアのビジネスはいつもとほぼ変わらず、大混乱は大西洋の対岸で収まるだろうと、欧州の政治家や中央銀行は自信にあふれていた。とはいえ、私たちは経済的影響が及ぶだろうと身構えていたので、奇妙な息切れ感のようなものがあった。

ノキアでは年一回、注目市場で取締役会を開き、取締役会メンバーの配偶者も招待するのが恒例となっていた。オッリラは二〇〇八年一〇月の開催場所として中国を選んだ。

私はそれを心待ちにしていた。実は、新参者の取締役にとって、ノキアについて学ぶ機会がごく限られていることがわかってきたからだ。五月の会議は一日、ロンドンで開かれた七月の会議は五時間半、九月の電話会議は一時間と、五カ月間で他の取締役たちと一緒に過ごしたのは合わせて二営業日にすぎない。私はぜひとも同僚たちと数日を一緒に過ごしてみたかった。おまけに、ノキアにとって最重要市場である中国のこともさらに学べるだろう。

ノキアがフィンランドで大事な存在であることは重々承知していたが、北京で開かれた取締役会に参加してみて、ノキアの世界的地位にはっきりと気づかされた。ノキアが中国に投資を開始した一九八〇年代初め、ほとんどの欧米のハイテク企業は単なる低コストの製造拠点として中国を活用し、貴重な知的財産が盗まれないように高度な研究開発は他の地域で行なっていた。ノキアのアプローチはそれとは異なり、研究開発から製造までの全機能が備わった中国拠点で全製品ラインを作っていた。ノキアは中国の外資系ハイテク企業にとって最重要地域である北京で最大の輸出業者となっていたのだ。

中国はすでに世界最大のインターネット市場となっており、インターネット利用者数はアメリカを上回っていた。[10] ノキアはその波にうまく乗り、中国において携帯電話では四〇％以上、スマートフォンでは実に七〇％もの巨大な市場シェアを獲得していた。[11] 中国市場の成長は速すぎて、ノキアの工場は生産が追いつかない状況だったのだ。ノキアは単なる大手モバイルデバイスのブランドではなく、競合他社を圧倒していた。ノキア製品を買いたがる消費者は五〇％以上にのぼったのに対し、二番手のサムスンやモトローラの製品を欲しがる消費者は一〇％にすぎなかった。

中国滞在中、私たち取締役はまるで国賓級の扱いで、全取締役とその配偶者のために最高級ホテルのリッツ・カールトン北京のスイートルームが用意されていた。どこかへ移動するたびに、中国ではステータスカーの「アウディＡ８」がホテルの正面にずらりと並び、手袋をはめた運転手が直立不動の姿勢で待っている。[12] 車で工場に行くにしても、車列を組んで北京のだだっ広い道を走っていく。唯一欠けているとすれば、ボンネットからノキアの社旗がはためいていないことだが、実際にそこまでになると、やりすぎだっただろう。屋外広告、店舗のショーウィンドウ、街の売店など、いたるところでノキアのロゴが目についた。どの方向を見ても、おなじみのダークブルーのロゴがあったのではないだろうか。

すべての訪問が終わると、私たちを乗せた車列はパトカーに護衛されて空港へと向かった。あらゆる種類の権力を味わう体験は、フィンランドに戻るまで続いた。オッリラはプライベート・ジェットを手配し、私たち全員を乗せてくれたのだ。オッリラのガルフストリーム製プライベート・ジェット機もまた、私が今や新世界の一員になったことを示すサインとなった。それは、まさに湯水のごとくお金が使える企業の世界である。プライベート・ジェット、警察官の護衛、アウディの隊列、配偶者の同伴、リッツ・カールトンのスイートルーム、どこに行っても敬意と注目の的になるというその旅のすべてが、ノキアの富と影響力のまばゆさを見せつけた。

私にとっては、紛れもなく目のくらむような体験だった。

問題はＨｏｗとＷｈｙである

ただ一つ、どうしても拭いきれない疑問があった。

ノキアの取締役会に参加したとき、世界最高のビジネスパーソンから学べるだろうと、私が心待ちにしていたことがたくさんあった。私のリストの一番上にあったのが戦略の立て方だ。勝てる戦略の策定方法を完成させた人は誰もいない。それはサイエンスであるとともに、アートでもある。取締役会では戦略に多くの時間を費やすものだろう。ノキアは大成功していたので、ある分野でどのように勝つのか、なぜ勝てるのか、なぜ他の分野で勝とうとしないのかを説明する、明確でかつ、ほぼ因果関係までふまえたプロセスがあるに違いない。私にとって、それは探し求めていた聖杯のようなもので、それが明かされるのが待ちきれなかった。

五カ月が過ぎても、私はまだ待ち続けていた。

ノキアの三カ年の戦略目標の概説については、五月の取締役会で聞いていた。将来のビジョンは、「すべての人とすべてのものがつながった世界」である。この世界で主導的な役割を維持するためにノキアが掲げたのが、次の七つの戦略目標だった。

○最高のモバイルデバイスをつくって、

・市場シェアを獲得し、価値を推進する。

・新興国市場の成長を増進させ取り込む（それは私たちがすでに実施していることだ）。

○多様な背景や状況に合わせて処理されるコンテキストリッチなサービスを強調して、

・マッピングやコンテンツなど、人や場所に関するあらゆる機能を強化することで差別化する。
・素晴らしいユーザー体験を提供する。
・法人向けモバイル市場のシェアを拡大し、ブラックベリーが持つ最大シェアを奪う。
・広告活動により収益化の可能性を最大にする。

○消費者との信頼関係を強化するべく、

・ノキアに対する消費者の生涯価値（ライフタイムバリュー）を最大にする。

いずれもごもっともだが、表面的でかなり曖昧に思われた。目標をどう達成するか、なぜそのやり方がいいのかはもとより、なぜそれで勝てるのかについての明快な説明がなく、ただ目標が並んでいるだけだ。「素晴らしいユーザー体験を提供する」にしても、なぜこれまでできなかったのか、どのように路線変更するのか、なぜ将来的に別のやり方ができるのかという説明がなければ、単なる願望リストのお題目にすぎない。

みんなが「これをやりたい」と言うとき、それは「Ｗｈａｔ」である。「この三ステップでこれを行なう」と言うときは「Ｈｏｗ」を語っている。だが、その次に問うべきなのが「なぜそれで十分なのか」「なぜこれまでやってこなかったのか」「なぜ今回はそれができるのか」である。Ｗｈｙを問うことで、私たちはより深いレベルの論理に向き合わざるをえなくなり、もっと突っ込んだ議論をする必要が出てくるのだ。私の基準では、ＷｈｙはＷｈａｔやＨｏｗよりも常に優先される。

月日が経過し、取締役会はまるで別世界のような落ち着いた雰囲気で進んでいったが、Ｗｈｙを問わない状況が続いていた。

私としては、意思決定の背後にある推論を深く掘り下げることにもっと時間をかけたかった。しかし、議題はすでに盛り沢山で、毎回、大量の資料が用意されている。私は自分にこう言い聞かせた。世界最高のプロフェッショナルが議題を作り、事業経営を行なっているのだ。おそらく、私の見方はあまりにも起業家的で深入りしすぎている。私はまだ完全にルーキーで、これから学んでいくのだろう、と。

気づくと、状況は一変していた

二〇〇八年一一月二六日に取締役会が開かれる頃には、世界中に金融危機が広がり、世の中が危機的状況に瀕していることが明白だった。携帯電話市場はなんと一一％も落ち込み、誰もが苦戦していた。ソニー・エリクソンは過去五年間で初めて四半期に損失を計上した。かつて強勢を誇ったモトローラは巨額の損失に苦しみ、シンビアン・プラットフォームを断念し、やむなくアンドロイドに乗りかえた。ノキアの時価総額はわずか数週間で六七〇億ドルから五三〇億ドルへと下落したのである。

私が取締役会に参加した半年前とは、だいぶ状況が変わってきている事実は無視しようがなかった。金融危機の不確実性に加えて、競合他社は変化していく。カッラスオヴォは、九月の月報でこう書いている。「モトローラが私たちの最大の関心事だったのはつい昨日のことのようですが、その後、ＲＩＭが登場し、次にアップル、そして今はグーグルが出てきました」

第３四半期末の時点で、世界のスマートフォン市場におけるノキアのシェアは相変わらず四〇%超を誇り、その後にＲＩＭが約一六%で続いていた。しかし、アップルは前年比で三倍の一三%に迫り、さまざまな国で積極的にｉＰｈｏｎｅを展開していた。[13] 未来の勝者はタッチスクリーンか、ＱＷＥＲＴＹキーボードか、あるいは、二つを組み合わせたものか。何もかもが不確実だ。

ノキアは、金融危機と新たな競合他社という両方の嵐を乗り切るうえで好位置につけていた。きわめて収益性が高く、巨大な規模の経済が働き、世界中の隅々までリーチする流通チャネルで競合他社を凌駕し、他社には持てない規模の調査部門を擁(よう)し、経営執行チームは毎年増益を続けている。たとえｉＰｈｏｎｅが新しいタイプの競合品だったとしても、依然として多くの重要な機能を欠いているので、叩き潰せるかもしれない。最初のアンドロイド搭載スマートフォンは出荷されたばかりで、大コケする可能性がある。ノキアはただ適切に実行するだけでいい。それで引き続きうまくいくはずだ。

取締役の間には、「波風を立ててはいけない」という雰囲気があった。金融危機でどこもかしこも危険にさらされ、経営執行チームは荒れ狂う海を航行するだけで手一杯になっているのだ。取締役会から見て、唯一の問題は、危機管理に対してどれだけ最高の支援をするかにあった。

パラノイア楽観主義でリードする方法を学ぶ

私は上司を持ったことがない。だから、偉大なリーダーのために働くという贅沢を味わったことも、本当に悪質なリーダーにこき使われた経験もない。優れたリーダーシップとは何か、それはどう実践すればいいか、また、優れた戦略とは何か、それをどう策定するかについては独学するしかなかった。私は長い時間をかけて、うまくいったこと、失敗したこと、正しそうに見えるもの、心地よく感じられるものについて観察し、「こんなふうにリーダーシップを発揮したい」と思うやり方について包括的な枠組みをつくっていった。

ある時点で、「わかったぞ!」と思える瞬間が訪れた。うまくいくとわかったことの中には、きわめて根本的なものがあることを悟ったのだ。それを凝縮させたのが、「パラノイア楽観主義」という概念だ。

パラノイア楽観主義とは、用心深さと健全なレベルの現実的な恐怖心と、シナリオベースの思考で表される前向きで先見性のある展望とが組み合わさったものだ（その詳細は第一一章で取り上げる）。パラノイアのように疑い深くなることは、自分のアンテナと、自分がリードする人々のアンテナを研ぎ澄ます良い方法だ。しかし、代替シナリオの見極めや探索の中に備わっている楽観主義とのバランスがとれていない状態で、パラノイアが習慣化すると、やる気が失われ、不健全になってしまう。

逆説的だが、楽観主義はパラノイアの直接的な結果と言える。極度の心配性だからこそ、最悪の場合にどんな結果になるかを予見し、それらを防ぐ方法を考える傾向が強くなる。周囲の人々は、怖いシナリオを考えろと言われることを承知している。そのため、新たな状況を緩和するために何をすべきかは検討済みなので、悪いニュースを聞いても動揺しなくなるのだ。

リーダーシップの観点に立つと、楽観主義者でなければ、人々に元気を与えられない。しかし、みんなが不都合なシナリオを先取りできるように手助けしなければ、企業が真の再起力(レジリエンス)を構築することはないだろう。

突き詰めると、パラノイアだからこそ、楽観的になる余地が生まれる。そして現実に根ざした楽観主義は、特に危機の最中に人々がリーダーに求めるものなのだ。

二〇〇八年に、ノキアの危機を予見する人はほとんどいなかった。しかし、私がよく思うのは、ビジネスでは、誰もがフロントガラスが巨大なバックミラーになっている車を運転しているということだ。そのミラーには小さな穴があって、そこから前方を見ることができるが、私たちは総じて過去の測定基準を重視し、この先にあるものについて直接的な情報を探し出す能力も意思もほとんど持ち合わせていない。過去のデータから推定される間接的な情報に満足してしまうのだ。この巨大な財務的なバックミラーで見るものがすべて素晴らしい場合、実際には根本的な競争力がここ数年ですでに大きく失われていることを、どうしても理解できなくなってしまう。

正気であれば、そんな車を運転したいとは絶対に思わないだろう。しかし、私たちはまさにそういうやり方で巨大ビジネスを運営している。

どの企業も前方を見るための指標に注目したほうがいい。将来的に起こることと最も相関性の高い過去データを探すべきなのだ。ただし、財務データは最悪の指標の一つだ。顧客満足度などのほうがはるかにいいだろう。競争力の向上に関して自社と他社のスピード感の違いを顧客がどう認識しているかを見たほうが、今後を考える際にもっと参考になるかもしれない。

パラノイア楽観主義はシナリオベース思考に直結する。自分のシナリオを常にテストして検証するために必要な、リアルタイムの情報を大量に収集するのはひどく難しいことかもしれない。しかし、人工知能（AI）がこうした分析を自動化し探索するための強力なツールとなる。今日のデータ分析の威力をもってすれば、可能な過去のデータをすべて収集し、過去をふまえて将来の市場シェアを最も的確に予測する指標を自動的に割り出せるだろう。機械学習を使えば、最新データに基づいて将来の市場シェアを継続的に予測する自己学習システムをつくることができる。場合によっては、データサイエンスを用いて、新しいシナリオを作成したり特定したりすることも可能だ。これをやってみない理由はない。

要するに、現実を本当に見るためには、ミラーを突破する方法を見つけなければならないのだ。そして、現状がうまくいっていればいるほど、その努力をしたほうがいい。成功には毒性があり、過去の測定基準を使うことで満足するようそそのかす。

何度も、何度も、何度もこれを繰り返していけば、バックミラーに映るよりも前に、大災害の可能性を示唆する道路標識を見つけられるようになる。その方法となるのが、パラノイア楽観主義だ。

当時のノキアの見通しは楽観的なだけだった。一部の問題に気づいている人は多かったが、悪いニュースは組織的にもみ消されていたため、誰もすべての点をつなげられなかった。パラノイアの兆候がフロントガラスを突き抜けて見えてくることもない。私たちは何も見えない状態で運転していたのだ。

第三章　錯綜するシグナル　二〇〇九年一月～七月

危機の際には、数々の異なる出来事や失敗がすべて一つの原因で起こっていると見誤ることもある。左脚にギプスをはめて、安易に白血病の治療を終わらせてしまうのだ。

ひとたびアップルのタッチスクリーン式スマートフォンが手強い競合品だと認識されると、ノキアは早急に自前のタッチスクリーン式デバイスの第一号を世に出すプロジェクトを立ち上げ、最優先で取り組んだ。二〇〇九年一月にノキア5800が発売され、メディアは「iPhoneキラー」と仰々しく騒ぎ立てた。[1]

ノキア5800は中価格帯のデバイスで、iPhoneよりはるかに安く、抵抗膜方式の技術を使っていたため、デバイスをかなり強く押さないと触っても感知されなかった。アップルの静電容量式タッチスクリーンをさっとスワイプするのとは対照的だ。ディスプレイを除けば、ノキアにできる最高のデバイスだったが、iPhoneを打ち負かす出来ではない。そして、それはすぐに顧客の知るところとなった。

二〇〇九年初め、ニューヨークを訪れた私は、五番街にあるノキアの旗艦店に足を運んでみた。製品ディスプレイは魅力的で、店員は商品知識を持っていて親切だったが、その場は私でほぼ貸し切りの状態だった。次に立ち寄ったのは、通りのすぐ先にあるアップルストアである。通路は大勢の人でひしめき、身動きもとれないほどだ。何カ月も私の頭の中で鳴り響いてきた警鐘がひときわ大きな音を立て始めた。

二〇〇九年一月末に開かれた取締役会では、良い話がなかった。二〇〇八年第4四半期のデバイス&サービス（D&S）事業の売上は重要なホリデーシーズンの上昇分を含めても、予測を二九%下回り、大きく落ち込んでいた。前年同期比でも、同じく二七%減というショッキングな状況だ。D&S事業には、格安携帯電話からハイエンド（最高級）のスマートフォンまで全デバイスと、メッセージング、電子メール、音楽、ナビゲーションなどの付随サービスが含まれているので、この二桁の減少はノキアの中核事業を直撃した。

だが、この第4四半期の低迷ぶりも、次の年初に比べればかすんでしまう。カッラスオヴォは数年後に当時のことを話してくれたが、二〇〇九年初めにCFOから「驚くほど厳しい数字だ」と電話で報告を受けたという。D&S事業の一月の売上は前年同期比で五三%減少したのである。[2]

この業績不振はひとえに金融危機のせいだと言い逃れするのは簡単だった。確かにどの産業も痛手を被っていた。だがそれだけでは、一部の競合他社、特に新規参入組がノキアよりも順調だった理由の説明としては苦しい。彼らの市場シェアが小さいことと、何らかの関係があるのか。金融危機は急成長中の小さな新規参入者よりも、市場リーダーに容赦なく襲いかかったのだろうか。

どのような解釈にせよ、私たちは非常に厄介な状況に立たされていた。前年比を下回るだけでも良くないのに、下落の大きさにすっかり驚き、心構えもなかったのだから、衝撃的とさえ言える。その影響は流通チャネルに至るまですべてに波及した。ノキアの工場は、需要を見込んでデバイスを量産し、製品を渇望する人たちが大量消費するとの予測に立って出荷していた。これだけ売上の読みが外れると、小売店の在庫置き場から、地元の流通業者の倉庫、一次流通業者の巨大な出荷センターに至るまで、流通チャネルは在庫品で目詰まりする。余剰品が意味するのは、古いデバイスが動き出すまで、誰も新しいデバイスを注文せず、製造現場がストップするということだ。さらに悪いことに、売れ残ったときに返品する権利のないチャネルがあり、こうしたチャネルにはデバイスを出荷した時点でノキアの売上が計上される仕組みになっていた。出荷がなければ、二〇〇九年上半期の売上はガタ落ちとなる。これはダブルパンチとなった。

カッラスオヴォが提出した取締役向け報告書には、「現状の見通しは明らかに数週間前よりも悪化している。短期的にも長期的にも事業運営費の削減を加速させる必要がある」と書かれていた。

事業運営費の削減は必然的に、プロジェクトの打ち切りや八工場の閉鎖につながった。こうした工場やプロジェクトで働く人数は多かったため、これは大勢の人に影響を及ぼし、組織全体に混乱をもたらす大きな動きとなった。

しかも、お金は節約できても、それで重要な問題に手を打ったことにはならない。消費者はノキアのデバイスを買い続けていたが、十分な数量ではなかったのだ。

地平線を追いかける

ノキアの年間計画サイクルは秋に始まる。二〇〇八年九月の予測では、二〇〇九年上半期の販売数量は緩やかに伸びるはずだった。一一月の売上データが出てくると、それをふまえて同時期の予想は八％の伸びに留まることになり、一二月の売上データが出てくると、前年比一五％減に修正された。毎月、残念な結果が続き、経営幹部はさらなる削減策を打つことになった。

このときノキアがやっていたのは、私の言う「地平線を追いかける」ことだ。市場が変化すると、たいていその変化は過小評価される。最終的にいくつかの手を打つのだが、その都度、以前よりも厳しい状況になっていく。それでもなお、まだ足りていないという感覚が残る。どれほど速く走っても地平線は常にはるかかなたにあり、手が届きそうで届かないのだ。

しかし、当時の取締役会における私の立場からは、竜巻に巻き込まれて飛ばされんばかりに見えた。周囲には膨大な量の瓦礫（がれき）が渦巻き、見通しがきかず、経営執行チームのとった措置が十分かどうかも満足に判断できない。非常に多くの問題に同時に目を光らせる必要がある。アップルストアのアプリはノキアの二倍の一万を突破したが、それに追いつけるだろうか。シンビアン財団は三月一日に発足する予定だが、この業界で設立決定から九カ月後というのは永遠にも思われるほど長い。このシンビアンの合弁会社はノキアが競争力をつけるために始まったのだが、コストがかさみ続けていた。D＆S事業では五つの事業ラインで大きな再編が進行中だが、予定されていた事業運営費の削減がどう影響し、誰の予算や物事が停止に追い込まれるか、誰も把握していなかった。
これらは大きな問題のごく一部にすぎず、小さな問題も山積していた。

どのような行動方針であれば適切なのだろうか。このような状況下では、みんなが慌てふためき、最も顕著な問題に反応することで自分の身を本能的に守ろうとする。この場合の反応は、株主とアナリストをなだめるためのコスト削減だった。コスト削減が常に間違いだと言っているのではない。多くの場合、それは絶対的に必要なことだ。しかし、経営陣がほかに何をすればいいかわからず、すべてを把握して活動していると認識してもらいたいがために、コスト削減に出る場合、その企業の先行きには危ういものがある。

この時に学んだのは、竜巻で身動きがとれないときに、目先の危機だけを考えるのは最悪だということだ。大惨事が迫り、先を見通すのがいかに困難だとしても、危機の背後にある根本原因を理解することに集中しなくてはならない。根本原因（金融危機）が明白で、完全に外部要因に見えたとしても、突っ込んで分析すれば、自社領域における弱みや失策（シンビアンの課題、顧客には真に差別化された代替手段があること、文化的な弱みなど）が明らかになるかもしれないのだ。危機の際には、数々の異なる出来事や失敗がすべて一つの原因で起こっていると見誤ることもある。左脚にギプスをはめて、安易に白血病の治療を終わらせてしまうのだ。問題は、脚を骨折したのではない可能性があることではなく（それはそれで問題だが）、明らかにここが悪いとわかると、誰一人として、より長期的で深刻な病を探そうとしなくなることである（第九章で、幅広い視点を持つ方法について、私の考えをいくつか紹介したい）。

ノキアの場合、起こりうるシナリオを検討すべきだった。タッチ式電話がスマートフォンの主要なプラットフォームになる可能性はどのくらいあるのか。再構成された経営環境の中で競争をしていくには、現時点で何をしないといけないのか。将来的に拡大できるような適切な製品や技術プラットフォームに投資しているか。そうした開発プログラムの実情はどうなっているか。

ノキアが赤字だったならば、将来の進路は一目瞭然だっただろう。存続のために必要な手をすべて打つまでだ。しかし、私たちはまだ潤沢なキャッシュが入ってくる中で、危機に突入していた。

金融危機の波をかぶって苦戦していたのはノキアだけではない。サムスン、ＲＩＭ、ＬＧ、パームもこぞって業績予想を下方修正すると発表していた。だが、ノキアは競合他社よりもましだ。二〇〇九年上半期の売上予測が前年同期比で一二％減少したとはいえ、営業利益は二二億ユーロとまだ堅調で、市場コンセンサス（証券アナリストたちの業績予想の平均値）を上回ることが見込まれていた。私たちには、代替シナリオを探索し、異なる進路に投資する時間とリソースがあったのだ。

ただし、これは一月の取締役会の議題に挙がっていなかった。その代わりに重点的に取り上げられたのが、短期の問題である。まさに危機の最中にありがちなことだ。

場違いなパーティーに招かれる

毎年一月にラスベガスで開催される巨大な家電見本市、ＣＥＳ（コンシューマー・エレクトロニクス・ショー）では、シンビアンが依然としてＬＧ、サムスン、ソニー・エリクソンのデバイスを動かすOSだった。もちろんアップルも出展していた。アンドロイド搭載デバイスの展示はごく少数だった。

数週間後に開かれた一月の取締役会では、営業、マーケティング、製造、物流を任されているマーケット部門が二〇〇九年と二〇一〇年の戦略について発表した。格好いいスライドに、威勢のいいスローガンが並び、「ノキアは次の分野で勝たないといけない」と宣言し、「究極のコンバージェンス・サービス」と「コミュニティ・サービス」を売り込んでいた。ただ、実際にそれが何を指しているのか。何をすべきなのか。どのような手順でそれを実現すればいいのか。私は理解に苦しんだ。

明らかなのは、ノキアの主力デバイスには相変わらず物理的なキーボードが装備されていることだ。CESで目立っていた競合品の発表は、すべてフルタッチ式を謳い文句にしていたが、ノキア5800ですら、その仲間入りを果たしていなかった。

二〇〇九年三月一九日の取締役会で、D&S事業の売上予測が前年比でさらに二五%減少することがわかった。過去一年間で時価総額の七〇%が失われたことになる。

この分野の報告書には、「アップルは失速しつつある」と、アップルの発展がたいしたことではなさそうに書かれていた。私たちはそのことに慰めを見出した。ノキアのスマートフォンの金額ベースのシェア（同様の競合品との売上金額で比較）は二七%に下がったが、これは二番手のサムスン（一七%）の二倍近くで、アップルのはるかに上を行く。ノキアは依然としてモバイルデバイス市場では誰もが認める王者だった。

シンビアンの終わりなきトンネル

ほどなくして、ノキアはiPhoneと同等の機構を持つデバイスを発表した。だが、ノキアのスマートフォンは物理的な設計部分では無駄がそぎ落とされていたものの、OS（シンビアン）はそうではなかった。

シンビアンには、ユーザーに好まれない領域がたくさんあった。最もイライラさせられるのが、基本的なことをやろうとすると、「これでいいですか」と何度も聞かれることだ。たとえば、シンビアンのアプリをインストールすると、「このアプリを本当にインストールしても構いませんか」「データ料金が発生することに気づいていますか」「追加コストがかかる可能性があるのをご存知ですか」「それでも本当にお求めになりますか」などなど、何段階にもわたって「はい」や「いいえ」のやり取りをしなくてはならない。これは一つには、AT&T、ベライゾン、テレフォニカなど電話会社の顧客向けに、このような腹立たしいプロンプト（コマンド入力表示）を使わざるをえないという事情があった。電話会社は追加請求に対するエンドユーザーからの苦情に悩まされていたので、ユーザーの許諾をとるよう関連業者（つまりノキア）に要求したのだ。しかし、ほとんどのユーザーにとって、そんな理由はどうでもいいことだ。ユーザーが気にするのは、接続するたびに許諾を求めてくるしょぼいOSや、アプリを読み込んで起動するのに「はい」を九回もクリックしないといけないことだった。

アップルであれば、そうした質問をされることは一切ない。その必要がなかったのだ。アップルは通信会社とのしがらみがない新参者として、独自にルールを決めることができた。そして、顧客にとっての使いやすさを第一のルールとしていた。この条件に同意しない通信事業者には不運が待ち受けていて、アップルはさっさと別の事業者に鞍替えする。iPhoneの販売が好調になってくると、アップルはどの通信事業者にも「これが当社の定型契約書です。貴社が署名しないなら、競合他社が契約を結ぶでしょう。それが呑めないならお帰り下さい」と言えるようになり、みんなも最終的に受け入れた。こうして、アップルのユーザーは各自の携帯電話上で、以前と比べてはるかに速く簡単にいろいろなことができるようになった。

ノキアの場合、通信事業者の言うことは簡単に拒絶できないと感じ、その必要性も感じていなかったので、彼らのルールを踏襲し続けた。

これぞ昔ながらの「キャッチ＝22」である。順調な時であれば、パートナーや顧客との関係の不合理な側面を是正しなくても正当化できる。なぜなら、全部が全部、実際には筋が通っているわけではないとしても、物事は明らかに順調に運んでいるからだ。また、顧客が不満に思って契約を打ち切り、短期の業績とみんなのボーナスが台無しになるのも怖い。下降局面に入ると、かつては腹立たしいで済んでいたことが、破壊的な影響をもたらすようになる。すると、こちらの立場が弱くなり、事態を収拾するのに必要な喧嘩をふっかける余裕がなくなってしまうのだ。

私はエフセキュア時代からずっとシンビアンの複雑さを把握し、その問題の解決をめぐって苦労してきた。このときには、シンビアンが野獣のようなOSだと、誰もが理解したようだ。しかも、消費者には今や別の選択肢があり、実際にそちらへ流れつつあった。

「多方面におよぶ課題を抱えている」

三月の取締役会で発表されたスライドは、ノキアの状況を端的に物語っていた。見出しには「私たちは多方面におよぶ課題を抱えている」とあり、ノキアの弱みである主な分野が列挙されていた。ゲーム、写真、地図、アプリ。特に音楽では「サービスに対する満足度が競合他社を下回っている」。顧客満足度は競合他社の七八％に対し、ノキアはわずか三四％だ。数量ベースと金額ベースの両方で「ローエンド（廉価版）のシェアを失いつつある」。また、同じく数量ベースと金額ベースの両方で「スマートフォンのシェアも落ちている」。そこから導き出されるのは「利益獲得競争をしているというのに、ノキアは減益が続いている」という憂鬱な結論だ。しかも、その差は開く一方なのだ。

ノキアと新しい競争相手の明暗ははっきりしていた。

スマートフォンの世界において、アップルやグーグルは何もないところからスタートした。彼らは最新技術を使って、新しいアライアンスを築き上げることができた。一方、ノキアには負の資産が重くのしかかっていた。古いコード、時代遅れのアーキテクチャ、妥協的な契約。開発チームは世界中に散らばり、異なるツールを用い、異なる言語を話している。輪ゴムとチューインガムですべてを結びつけているようなものだった。

アップルはシンプルさを中核的な強みにしていた。当初は一つのフォームファクタと一つの動作環境で毎年一機種を投入したことにより、統一のとれたユーザー体験を提供することができ、その背後にあるリソースも整理されていた。どのアプリ開発者も一つの統合デバイスに専念すればいいので、前年のモデル上でも同じアプリを動かすことができたのだ。それに対して、ノキアは複数のＯＳを持ち、それぞれにいくつかのバージョンがあり、互換性のない形ではびこっていた。ＱＷＥＲＴＹキーボード、フルタッチスクリーン、スライダースクリーンを装備し、言うまでもなく、画面サイズはバラバラで数も多い。画面の解像度を変えるだけで、アプリ開発者は何らかのカスタマイズをせざるをえないこともあった。フォームファクタごとに全アプリをカスタマイズするのは、開発者にとって悲惨な体験だ。デバイスがバラバラなことは、社内でマーケティングチームと管理チームの間で混乱が生じる元凶にもなった。アーキテクチャが断片化されているので、ノキア全体で見れば投資額が圧倒的に大きいにもかかわらず、各領域への投資額は、アップルの一領域への投入額よりも小さかった。

アップルとグーグルは、顧客である通信事業者との既存のしがらみに縛られることなく、新しいビジネスモデルを創出することができたのに対し、ノキアは通信事業者に隷属していた。プロンプトの数を減らしてユーザー体験を向上させるなど、通信事業者たちが好まないことを計画しようものなら、少なくとも一部の通信事業者はノキアを切り捨てると脅しをかけてきたのだ。

仮にノキアが、スマートフォンは新しいルールを用いた新しいゲームだと発表していたならば、一部でノキアにペナルティを科す通信事業者もいたにせよ、その大多数が当初は不平を言っても、最終的には同調していただろう。しかし、ノキアはそうした変更を推し進めなかったため、通信事業者たちは変更する理由を何ら見出さなかった。そして、ノキアはソフトウエアに関して身動きが取れなくなったのだ。

これは言い換えると、アップルのフランチャイズ（開発者エコシステム）の真の強みと言える。優れたユーザー体験を提供すれば、ユーザー数が増加する。ユーザーが多ければ、サードパーティのソフトウエアを買う人が増え、堅調な売上がもたらされるので、より多くの開発者を引きつける。開発者の数が増えればアプリの数が増え、アプリが増えればユーザーにとっての魅力が増し、あらゆる参加者にとってエコシステム内でさらなる成長につながっていく。このような好循環が始まると、競合他社にはそれを逆方向に転換させることが非常に難しくなる。

ノキアは太刀打ちできなかった。

ハードウエアがど真ん中にあり、ＯＳはサポートの役割を果たすという、昔ながらの仕事のやり方に、ノキアの文化は縛られていた。気持ちの上でも、アップルとグーグルはぐんぐんと成長し、リクルート活動を展開し、投資を行ない、前向きなエネルギーがほとばしっているのに対し、ノキアは斜陽で、レイオフを行ない、どのプロジェクトをつぶすかと絶えず考え、もうひと穴分ベルトを引き締めようとしている。長期的に生き残ることよりも、短期的な利益が重視されていたのだ。

世代交代を知らせる鐘が鳴り響いていた。従来の競争相手がノキアよりもさらに悲惨な状態だったことは、何の慰めにもならない。ソニー・エリクソンとモトローラは死に体で、アップルやＲＩＭといった新しい競争相手が浮上していた。二〇〇九年二月末のＲＩＭの四半期決算書には成長率がなんと八四％、売上総利益率も四〇％と記されていた。

新興企業は古い王者を絶滅へと追いやっていた。そして、これはアンドロイドが本格的に躍進する前の状況だったのである。

ノキアの業績はどこまで悪化しうるのか？

ノキアの取締役会が判断力を失っていたわけではない。だが、緊急事態に対するセンスを持ち合わせていなかった。スマートフォンでは目まぐるしい競争が繰り広げられていたが、良い話もたくさんあった。ノキアは昔ながらの携帯電話では優位性を保っていた。毎秒約一五台の割合で携帯電話を販売していたのだ。[3]

取締役が常に聞かされてきたのは、取り返しのつかないほどのミスはまったくないという話である。経営執行チームはプレゼンテーションのたびに、手を変え品を変え、そう説明した。問題解決に向けた計画はすでに実施済みだ。すぐに事態は収束するから、深く掘り下げるまでもないのだ、と。いずれにせよ、社内には懸案事項をじっくりと探る文化がないため、取締役会はノキアの真の競争力の状態を何も知らぬまま、暢気（のんき）に構えていた（そして、実際に常に計画が用意され、実行もされていたのだ。できていなかったのは、困難な状況の根本原因が何かを突き止め、その根本原因に対処する計画かどうかを見きわめることだ）。

私たちはオッリラに範をとろうとした。オッリラは自分がどれだけ時間を使ってノキアの事案に専念してきたかをしきりに説明していたので、取締役たちは当然、彼が細かなことをすべて熟知していると信じていたのだ。オッリラは取締役会の仕組みに一切変更を加えなかった。したがって、彼の専門的な見解では、物事は経営執行チームの管理下にあり、取締役会がすでに必要なことをすべて行なっているのは明白なように見えた。

四月二三日の取締役会の議題を見ると、四時間で一五のテーマを取り上げることになっていた。一テーマにあてる時間は平均してわずか一五分。これでは脳みそが麻痺してしまう。唯一、長期的な競争力と関係があったのは、ナブテックの地図部門だろう。だが、これは議題の九番目に置かれ、あまり重要視されていないようだった。

その翌日、私たちは年次戦略会議のために集まった。プレゼンテーションの見た目はいかにもプロらしく、言っていることもそれらしく聞こえた。「抵抗し難いほど魅力的なソリューション」や「活発なエコシステム」といった派手な用語が散りばめられ、「開発者向けに魅力的なビジネスケースを創り出す」ことを約束していたが、それをどう達成するかの説明はなかった。クライマックスの宣言はこうだ。「ノキアで最も重要な変革である、消費者主導のソリューション・カンパニーになるという変革に着手しました」

事実上、それは何を意味しているのだろうか。私にはさっぱりわからなかった。

私が理解していた類のことは起こっていなかった。現実味がなく、厳密な競合分析もない。アップル、RIM、グーグルと比べて、ノキアのやり方のどこが違うのか、それとも同じなのか。必要に応じて、一日をかけて各企業を取り上げ、こうした企業で働いたことのある人や技術を理解している人を招いて、製品設計、マーケティング、マネジメントモデルに関するさまざまなアプローチを説明してもらうべきだったのに、それをしなかったのだ。

新しい市場には新しいタイプの人材が求められるので、リーダーシップや技術力の点でどう違うのかを探っておくべきだった。ノキアにはハードウエアの専門家が大勢いたが、もはやそういうゲームではない。問題は、アプリとソフトウエアの世界で必要な専門知識を持っているかどうかにあったのだ。

エンジニアとデザイナーにiPhoneとブラックベリーとアンドロイド搭載デバイスを支給して、自分の指先でユーザー体験の違いを確かめるよう促すべきだった。しかし、私が一年後に発見したように、社員には総じて選択肢がなかった。全員がノキアのデバイスを持ち、たとえ自分で電話代を払ったとしてもiPhoneを使うことは憚(はばか)られる状況にあったのだ。自ら経験することが許されないとすれば、iPhoneのユーザー体験がどれほど優れているかを知りようがないではないか。

私が取締役会に参加するようになって一年余りが経っていた。ずいぶん長い時間のように聞こえるかもしれないが、参加したのは七回の会議にすぎない。急速に変化すると同時に、世界の金融システムの存在を脅かす危機に遭遇している、複雑な業界の複雑な企業を理解するには十分とは言えない。その間、「ノキアはすべてを知っている」という私の心象には、ますます多くの亀裂が走っていった。回を重ねれば重ねるほど、取締役会で見聞きしたことに驚き、戸惑いが増していく。

この時までに、私は相反するシグナルを受け取り、どう解釈すべきかで頭を悩ましていた。一方では、新しい競争相手は急速に前進し、私たちが順応できない武器で戦っている。また一方では、私たちには大きな強みがあり、経営執行チームは常にノキアをトップに戻す計画を実行している。私の考えを表現せざるをえないなら、「困惑」の一言に尽きるだろう。

二〇〇九年の春と夏の間に、それは困惑から懸念へと変わった。

取締役会では、ノキア製品の発売スケジュールがいつも遅れ、売上目標がいつも未達に終わっている事実をはじめとして、私が重大な問題だと思ったことについて、それにふさわしい深刻さで取り上げられることはなかった。誤解しないでほしい。会長をはじめとする取締役たちは間違っていることをはっきりと批判し、誰もが痛みを感じていた。しかし、悪いニュースが舞い込み、取締役が解決を求めると、経営執行チームはすでに実行中のリカバリー計画を説明し、次の議題に移った。このサイクルを、私たちは打破しようとすらしなかったのだ。

次の会議は同じパターンであり、その次も、そのまた次も同じだった。

組織再編の悪影響

七月二二日の取締役会で、私の懸念はさらに高まった。

ノキアが新記録となる六回連続で「環境に最も優しい企業」として名前を挙げられた事実は、我が社の強みの証だと、経営執行チームは強調した。緑を守る価値は人々にとって大切なことだが、明らかに購入意向には影響しない。

私たちは、サムスンとアップルの第2四半期の業績が好調だと聞かされた。六月末に発売された「iPhone 3GS」はわずか三日で一〇〇万台以上を売り上げた。当時としては驚異的な数字だ。ノキアのD&S部門の売上は前年同期比で二八%の減少となった。

シンビアンのトラブルは相変わらずで、出荷日がずれ込んでいた。しかし、業績低迷を招いた原因はほかにもあった。ノキアは収益性の向上を狙って、古いコンポーネント、つまり、より安価なコンポーネントを使って粗利を増やそうとしたのだ。完成品の発売が予定される頃には、そのコンポーネントは時代遅れとなっていた。そして、出荷の遅れは実質的に、箱から出したデバイスがすぐにゴミ箱行きになることを意味した。

このうえなく最悪なタイミングで食らったダブルパンチである。ノキアの最新デバイスの多くは六〇〇MHz（メガヘルツ）のプロセッサで動いたが、競合品の広告は私たちの最も痛い部分を突いていた。サムスンは八〇〇MHzプロセッサを宣伝し、ノキアよりも三三％も性能が良かったのだ。台湾のスマートフォン・メーカーのHTCはサムスンを一GHz（ギガヘルツ）上回っている。アップルのマーケティング・スローガンは、iPhoneの旧モデルよりも「二倍速く、応答性もよくなった」ことを謳っていた。[4]

組織の再編には、常に悪影響が付きまとう。大企業では、方向転換し再編するという決定が下されても、その命令が末端まで届き、アクションプランに転換されるまでに時間がかかる。そこから変革の効果が出始めるには、さらに時間が必要となる。そして悪影響が生じるのは、みんなが新しい方向にまさに動き出し、スピードがあまり上がっていない段階で、さらにまた別の方向にシフトするという新たな決定を聞かされたときなのだ。これは鞭を打ちつけるときの状況と似ている。鞭を持って下方向に打つと、鞭の先端は上がる。持ち手を上向けると、先端は下がる。しかし、鞭を上下に素早く動かすと、先端部は乱れた動きになっていく。組織の場合、どの方向へ進むべきか、どの指示に従うべきかで、みんな混乱してしまう。明確さや足並みの揃った行動がまさに求められる時に、往々にしてあらゆることが錯綜するのだ。

取締役会のプレゼンテーション・スライドには「Ｄ＆Ｓ事業のオペレーション様式を選ぶために積極的に準備を続け、高度な意思決定を行なった」と書かれていた。

再編マトリックスの図は、見た目は良さそうだが、実際にどうマネジメントするかについて説明しきれていない。取締役にそれが理解できないとすれば、従業員がその図を見たときにどれほどわかりにくいだろうか。私にはそうとしか思いつかなかった。

二〇〇九年下半期の業績予測は再び楽天的だった。ノキアの市場シェアは前年比で減少していたが、「ｉＰｈｏｎｅキラー」とされる５８００やＥシリーズなどのスマートフォンが牽引する形で、ノキアの製品ポートフォリオはスランプから脱した。金額ベースのシェアが再び成長するという予測を支持するような前向きな機運があったのだ。

しかし、成長が実現するのはどの分野からだろうか。タッチデバイスの５８００。スライドするとＱＷＥＲＴＹキーボードが出てくるタッチスクリーンを装備した本格的なモバイルコンピュータのＮ９７。従来型携帯電話の６７００。ブラックベリーのようなＱＷＥＲＴＹキーボード付きデバイスのＥ７１など、ポートフォリオのさまざまな部分でデバイスが販売されていた。四つの売れ筋製品のうち三つが、キーボード付きデバイスだ。それと同時に、ｉＰｈｏｎｅショックから二年後にノキアは追いつき、二〇〇九年には七種類のタッチデバイスを投入していた。ただし、その値ごろ感と利益率はｉＰｈｏｎｅと比べてはるかに低い。そして言うまでもなく、そのユーザー体験はシンビアンのプラットフォームが足を引っ張っていた。

最後のプレゼンテーションは、ノキア研究センターを統括するCTO（最高技術責任者）のヘンリ・ティッリが行なった。ノキアは中国、インド、アメリカ、イギリスのケンブリッジ、ヘルシンキなど世界各地の六つの研究所で五〇〇人以上の研究者を雇用していた。ティッリの報告は、妖精の粉をまき散らしたかのように「実現しつつある」空想で目もくらまんばかりで、その投資対象は、ナノテクノロジー、ソフトウエア無線通信、データ解析、新しいバッテリー技術、手首に装着する電話にまで及んでいた。

この説明を聞いて、取締役たちの間に妙な安心感のようなものが漂った。「ほかは誰も未来に向けた研究に投資するほどの余裕がない」と思ったのだ。それは我らが「ノキア・ウエイ」に対する信念と、規模の経済を達成してきたことに基づいていた。金融危機の波をもろに受けたが、ノキアは巨大企業だ。本来の勢いを取り戻せば、他社が苦戦するのを尻目に、規模に物を言わせて大いに前進し成功を遂げられるだろう、と。

オッリラとの昼食会

年に一〜二回、オッリラはノキアハウスの専用会議室での昼食会に私を招いてくれた。温かみのある板張りの壁、暖炉、湾岸の見事な景色が見える大きな窓など、その八階にある風通しの良い大きな部屋には、権力の象徴が完備されていた。隣には食事を用意する小さなキッチンがあり、ウエイターたちがメニューを配り、料理を配膳してくれるのだ。

オッリラのことをそれほどよく知らなかったので、こうした会合に出向くことに私はいくばくかの不安を感じていた。オッリラは熱心に自分のパブリックイメージをつくってきたことで知られている。二〇〇九年に会ったときには、「CEOは優遇されているのに、ノキアは進歩していない」とメディアが不当に自分を非難すると、オッリラは決まってこぼしていた。しかし、ほとんどの場合、彼の見方が正しいと私に言わせたがっているような印象を受けた。間違ったテーマについて批判的なことを言おうものなら、彼はきつく言い返すだろう。「リスト、小さなソフトウエア会社から来たあなたには、ノキア規模のグローバル企業の仕組みがわかっていませんね」と。

どうすれば、傲慢に聞こえないように反論することができるのだろうか。世界中でノキア規模のテクノロジー企業などほとんどない。だから、私はただ言葉を飲み込み、彼は自分の議題に沿って次のテーマに移った。

私たちが外部からどう受け止められているかなど、私にはどうでもいいことだった。私が憂慮していたのは、内部データに隠されている意味合いだ。なぜノキアの財務状況は悪化を続けているのか。数字だけを重点的に見ていっても、がっかりさせられる数字が良くなるはずがない。不調に陥っている理由を見つけ出して初めて解決できる。懸念に思っていることを伝えなくてはと、私は感じていた。

「どうもうまくいっていないように感じます」と、オッリラとの昼食会の席で私は言った。「問題を解決しようと経営執行チームが一生懸命に取り組んでいるのはわかるのですが、製品の出荷はいつも遅れて、発売されても毎回のように主要な機能がいくつか省かれています。今四半期の売上予測すらできないように見えます」

オッリラが反論しなかったので、私は勇気が湧いてきた。

「おそらく私はわかっていないのでしょう」と、敬意が伝わるように、私は述べた。「ですが、起こっていることの全体像を見落としているように思えるのです。取締役内でも、経営執行チームとも深い議論をしていませんが、それをすれば、何が起こっているかだけでなく、それをどう解決できるかについてはっきりとわかります。技術や競合他社の分析に十分な時間をかけ損なっていますよね」

オッリラは見るからにこわばった顔つきになった。おそらく私の指摘を、会長としての彼の手腕に対する個人攻撃と受け止めたのだろう。オッリラは言い返した。「リスト、あなたは小さなソフトウエア会社から来たことを覚えておくべきです。ノキア規模のグローバル企業の仕組みがわかっていませんね。取締役会はオペレーションにかまけていられないのです」

おそらくそれは真実だろう。しかし、私たちを悩ませていることを本当に見つけようとしないのが、正しいやり方なのだろうかと、私は疑問に思い始めていた。私たちには会社で起こっていることに対する説明責任がある。半分しか見えていない傍観者のままではいられなかった。

正しい事実を明らかにする三つの問い

ノキアは破滅に突き進んでいた。今ならそれがわかる。しかし多くの場合、取締役会の会議室でそれを見極めることは非常に難しい。組織の階層が上になるほど、行動からどんどん遠ざかってしまう。最前線から遠く離れていくほど、情報が届くまでに多くのフィルターを経るため、現状を知るのが最後になってしまう可能性が高いのだ。

取締役にとっての大きな課題は、企業や業界で実際に何が起こっているかを学ぶことだ。取締役は経営執行チームが提供する情報にほぼ依存している。取り上げられないテーマは学ぶことができない。そんなテーマがあることにすら、気づかないかもしれないのだ。

こうした力学の多くは、どのチームにも当てはまることだが、特に新しいチームメンバーや新しいチームリーダーにとってはそうだ。

今日の急速に変化する実業界では、こうした疑問に答えるために深く探索する時間や、それを要求する権限がないかもしれない。しかし、企業文化が許すならば、次の問いを考えてみるよう同僚に提案することは可能だ。

■正しいことを議論しているか?

これはどのチームにとっても大きな課題である。戦術的観点で興味深くても戦略的な重要性がほとんどない事柄と、長期的に最も重要な事項とをどう分けているか。二次的なテーマで、チームの時間をどれだけ無駄にしているか。森と木をどう区別しているか。

たとえば、私がノキアの取締役になった初年度の典型的な議題は、過去の財務レビュー、証券取引所への報告、監査役の監査報告、コンプライアンス遵守、企業の社会的責任をめぐる懸念事項、自社のバランスシート分析、株主構成と自社株買い、自社が関係する訴訟とその後の経過、報酬問題の検討、サイバーセキュリティの準備状況のヒアリングなど盛り沢山だった。いずれも重要なテーマだが、取締役会が自社の競争力を理解する助けにはならなかった。

競争力の源泉、自社の中核技術や製品と競合他社の技術や製品の比較、そのほか現在の業績を説明すること、将来の業績動向を左右することなど、企業の健全性や幸福に本当の意味で影響を及ぼすテーマに十分な時間が割かれていなかった。

率直に述べると、これは決して簡単なことではない。これらをすべて網羅しようとすれば、枝葉の話題が多すぎるのだ。たとえば、五つの製品カテゴリーがあり、それぞれで顧客グループのニーズがどんどん進化し、それに対応しなくてはならないうえ、顧客グループごとに競合の顔ぶれやソリューションが異なっていて、地理的な違いがあり、アプローチもバラバラだとしよう。競争に関するテーマだけでも、すぐに何十件も出てくるはずだ。そして、やるべきことの多い取締役会でこうしたテーマを網羅しようとすれば、おそらく最強の競合へと変貌を遂げつつある企業に割ける時間はわずか一〇分程度になってしまうだろう。

議題に関する資料が分厚くなるのを、どうやって食い止めるのか。重要性において二次的なテーマに費やす時間を最小に抑え、本当に重要なテーマにかける時間を最大にしないといけない。重要なトピックに充てる時間をもっと増やすために、取締役会の委員会や経営執行チームのサブグループにテーマを割り振って任せる方法を検討してみてほしい。常に優先順位を再評価し、時間配分を調整するのだ。

何が重要であるかをどう認識するかという疑問が湧いてきただろうか。竜巻が目の前に迫っていると感じているときには、重要なテーマと些末なテーマを分けるのは非常に難しいかもしれない。第九章で示すように、取締役会と経営執行チームにとって何が本当に重要であるかを判断するためには、一歩離れて見ることだ。そうすれば、必ず正しい焦点に近づくことができる。この点について立ち止まって考えてみることにはメリットがあり、それを怠れば間違いなく何かを見落としてしまうだろう。

■正しいテーマを正しく議論しているか?

正しい議題があり、自社の成功や失敗を決定する要素にそれなりの時間をかけたとしても、率直でかつ深い議論ができなければ、有益な結果は得られない。

取締役会の最初の数カ月間、私たちは良好な財務実績によって自己満足に陥っていた。この状態が続かない可能性はないのかと、率直に問いかける人はいなかった。私はこれ以降、良好な財務結果が報告されて、あれこれ疑問に思うことがない状況を、目の前に潜む危険を見えなくさせる煙幕として捉えるようになった。損益計算書は過去の事実ですらない。それは過去についての一つの見解であって、その結果として将来の成功を指し示すものではないのだ。

煙に巻かれていることに気づくのはとても難しいし、煙幕の背後に隠されているものについて確信を持つのには、とても時間がかかる。表面的なレベルだけではなく、現実的な対応を明らかにするために必要なレベルまで、疑問を投げかけることを奨励し歓迎しなくてはならない。

■リーダーの意見に忌憚（きたん）なく異を唱えられるか？

取締役の多くはＣＥＯや会長に反対意見を言いにくいと思うものだ。同様に、上級管理職に質問をしたり矛盾を突いたりしようと考えると、多くのチームは黙り込んでしまう。そうすることができるようにするには、当事者間に大きな信頼関係が必要となる。そういう関係を丁寧に築いて、初めて実現できる場合も多い。

基本的に、批判や疑問の余地のないリーダーなどいない。良いチームであれば、チームリーダーは知的なチャレンジを楽しむ。気まずい思いをさせようということではなく、誰もが自社の今後の成功を脅かしそうなものは何か、どのようにその脅威を緩和できるかをとことん理解しようと努めているのだ。

第四章 賭けに出る 二〇〇九年九月～一二月

マエモが示していたのは、ノキアにはまだ魔法の一手があることだ。今こそ、その魔法を製品の売上に転換しなくてはならない。ビジネスの面で、私たちは早急に勝つ必要があった。

「N９００」（輝ける未来である「マエモ（Maemo）」の前身モデル）は試作品とはいえ、私がそれまで使ってきた中で、これほどパソコンに近いと感じたモバイルデバイスはなかった。ほとんどのスマートフォン搭載ブラウザは機能が限定され、小さな画面に合わせてウェブページが修正されていたが、N９００にはフルブラウザが採用されていた。パフォーマンスが機敏で、（なぜか）抵抗膜方式のタッチスクリーン、三列のＱＷＥＲＴＹキーボードがフル装備され、本当にマルチタスクが可能となっていたのだ。

二〇〇九年九月、その年の最大の投入製品を発表する巨大イベント「ノキア・ワールド二〇〇九」で、私たちはこの製品をお披露目した。私たちが何よりも求めていたのは、これが世の中に受け入れられることだ。「ノキアのＮ９００は実にすごい」とテクノロジーとビジネス情報サイト《ＣＮＥＴ》のレビューは褒めちぎっていた。「Ｎ９００はマルチタスクと電光石火のパフォーマンスで、スマートフォンを天才的なレベルに押し上げている」[＊1]

Ｎ９００がこれほど刺激的だった理由は、そのボックス型の外観の中身にある。Ｎ９００はトラブル続きのシンビアンを微調整するのではなく、新しいＯＳ「マエモ」の初期バージョンを採用していた。これは、アンドロイドと同じくリナックスベースのＯＳだ。

新しいスマートフォン用ＯＳとして、アップルほどにはアプリが豊富に揃っていなかったが、そうした状況はすぐに変わり（何といっても、これはノキアなのだ！）、ｉＰｈｏｎｅやアンドロイド搭載デバイス向け以上に、より良い新しいアプリが次々と開発されるだろうと、ノキアは自信を持っていた。たとえば、ノキア・ワールドで発表した「ノキア・マネー」は、スマートフォンに個人口座を移して、ズボンの後ろポケットに入れて、どこからでもアクセスできるようにするサービスだ。マエモであれば、思いついたアプリは何でも実現できるかのように見えた。

マエモが示していたのは、ノキアにはまだ魔法の一手があることだ。今こそ、その魔法を製品の売上に転換しなくてはならない。ビジネスの面で、私たちは早急に勝つ必要があった。

Ｎ９００は希望の光で輝いていたが、「Ｎ９７」のニュースには落胆させられた。このハイエンドのシンビアン搭載スマートフォンは、二〇〇八年一二月に発表された時点では、市場に猛攻撃をかけるとされていた。ところが、何度も出荷日がずれ込み、ようやく六月に発売された頃には、ノキアの主力製品となるどころか、「パーム プリ」、「ｉＰｈｏｎｅ ３ＧＳ」、グーグル「Ｉｏｎ」／ＨＴＣ

「マジック」など、並みいる最新デバイスに追い越されていた。[2] 前年の一二月には非常に魅力的だったはずの機能が、その時点には当たり前になっていたのだ。「悪く思わないでほしい。ノキアN97は確かに多機能だが、競合するフィーチャーフォンに匹敵する機能があるだけでは、もはや物足りない。高品質のハードウエアや優れたユーザー体験が求められるが、悲しいかな、N97のタッチスクリーンは反応が悪く、ユーザー体験も今一つ。このカテゴリーとしてはやや力不足である」といったレビューもあった。[3]

さらに悪いことに、N97は品質問題にも悩まされ、返品率が非常に高かった。不快な経験をした後に、多くの顧客が失望してノキアに背を向け、他ブランドに乗り換えていくのはわかりきったことである。

全体的な競争力と収益性はハイエンドのモデルの出来にかかっていたが、ノキアはすでにこのカテゴリーでも苦戦していた。ノキアと比べて、アップルの販売数量は五%、売上は三分の一だが、単一プラットフォームしか開発していないので、営業利益率は二倍である。デバイスの平均販売価格はノキアの六四ユーロ（九二ドル）に対し、アップルは四四九ユーロ（六四六ドル）だった。サムスンはその中間に位置し、ノキアに対して販売台数は半分、売上は三分の二、平均販売価格は五〇%高い。サムスンの利益率は低いが、利益を犠牲にしてでも数量を追求できるだけの体力があったのだ。

N97が落第となったことから、ノキアは基本的に「N900」が発売されるまで傍観者に徹した。その間に、重要な北米市場ではアップル、アンドロイド、RIMが三つ巴(みどもえ)となって、すでに揺らいでいたノキアの地位を急速に飲み込もうとしていた。私が年初に閑古鳥(かんこどり)の鳴くノキアの五番街店を訪れたときに感じた虫の知らせが、実証されつつあったのだ。北米スマートフォン市場のシェアは、RIMの五一%、アップルの二九・五%に対し、ノキアは三・九%と微々たるものになっていた。[4] 二〇〇九年一二月、ノキアはニューヨークとシカゴの店舗の閉鎖を発表した。

しかし、二〇〇八年の金融危機の過渡期は終わったという確かな感覚があった。世界のGDPは再び成長することが見込まれ、ノキアは二〇一〇年のデバイス市場の予測を上方修正した。タッチ式とQWERTY配列のデバイスの需要はどちらも堅調で、様子見を続けるというノキアの意思決定を支持するかのように思われたのだ。

だが同時に、アンドロイドがかなり人気になってきたという強いシグナルも感じていた。新しいメーカーの参加が増え、フェイスブックなどの大ヒットアプリが同プラットフォームを支持するようになっていたのだ。HTCはアンドロイド搭載デバイスを四機種、ファーウェイは二機種出し、韓国のLGエレクトロニクスは一機種の発売を発表したばかりだ。モトローラはスマートフォンの猛攻を受けて息も絶え絶えで、今や「アンドロイド2・0」をフル搭載した「ドロイド」を発売することで自己変革を図っていた。サムスンは三機種を揃え、二〇一〇年にタッチ式デバイスを一億台販売することを目指しているという。一一月に、最も古くからのシンビアン支持者のソニー・エリクソンが、やはりアンドロイド陣営に乗り換え、二〇一〇年第1四半期に最初のアンドロイド搭載スマートフォン「エクスペリアX10」を出荷する意向を発表していた。[5]

ノキアのデバイスは常に自前のOSを用いてきたので、ほかのものを検討することなど考えられなかった。しかし、少なくともリスク分散を図り、もっと学習するためだけにでも、アンドロイドのプロトタイプを検討してみるべきだと、私は感じ始めていた。私たちにはすぐに実験してみるだけの余裕はあったが、それほど時間を浪費することはできない。
時計は刻々と時を刻んでいた。

NSNのパンチを食らう

インフラ業界でも、ノキアとアップルの携帯電話戦争と似た展開になっていた。シーメンスとの合弁事業であるNSNは重大な問題を抱えていた。NSNの売上は前年同期比で二一％減少したのに対し、ファーウェイの売上は四六％も増進していたのだ。

取締役会では二カ月前に、銀行からNSNが株主利益を出せるかどうかの分析結果の報告書を受け取っていた。そこには、悲観的な状況がかなり率直に説明されていた。「周知の通り、電気通信インフラ業界は今日、多くの課題を抱えている。業界内にGDP成長率を上回る成長を見込める材料はなく、今後ますます悪化する可能性が十分にある。さらに、競争の激化が続いている。NSNをはじめとする既存企業は互いに市場シェアを守るのに苦労しているが、それ以上に重要なのが、新規参入してくる中国企業も相手にしなくてはならないことだ。中国企業はイノベーションやオペレーション効率だけでなく、政府の力や支援もうまく活用しながら、とりわけ大胆な価格設定で急速にシェアを伸ばしている」

「将来に向けて健全でかつ競争力のあるサプライヤーの立場を確実なものとするため、NSNがこの状況を乗り越えて生き残る姿を見たいと、既存顧客は強く願っている。しかし、積極的に効率化策を打ち、成果も出ているが、中国の場合、実質的に補助金をもらっている競合他社と競争しながら儲けを出せるコスト構造になっていない」

とりうる選択肢は限られていた。銀行側の考えでは、NSNの売却は実現可能ではない。まともな価格で買いたがる人はいないというのだ。ほかの可能性は、後にIPO（株式公開）をすることを念頭に置いて、コスト削減を継続することだ。銀行側はIPOが成功する可能性は低い（NSNが健全な財務状況になるのは、はるか先である）と勧告しつつも、少なくとも上場企業のように規律あるやり方で行動するようになれば役立つだろうと考えていた。それがうまくいかなかった場合には、第三の選択肢がお勧めだという。それは、ノキアとシーメンスの株主にNSN株式を分配し、この問題を肩代わりしてもらう案だ。

ノキア・ネットワークスとシーメンス・ネットワークスの統合が失敗に終わったことは明らかだった。

取締役会では誰も、これほど状況が悪化しているとは認識していなかったと思う。取締役たちは議題に挙げられた内容を見るだけで、NSNの議論はほとんどしてこなかった。シンジケートローンの財務制限条項に抵触しないように、NSNにキャッシュを注入することが急務となっていたため、ノキアとシーメンスからそれぞれ二億五〇〇〇万ユーロを拠出することで合意した。ノキアが次第に持ち堪えられなくなっている時機に、さらなる財務上のパンチを食らったことになる。

どこを見ても、問題が立ちはだかっていた。

再び戦略を転換する

一一月に開かれた二〇〇九年最後の取締役会で、サービスとソフトウエアの責任者であるニクラス・サヴァンダーが、ノキアは新サービス戦略で大きな賭けに出ていることを発表した。人間中心の統合モデルに沿ってサービスを開発していくという。たとえば、ユーザーが連絡先リストの中から一つの名前を開くと、会議、電子メール、テキスト・メッセージ、電話など、その名前に紐づくデータがすぐに閲覧できるようなサービスだ。

それは大いに意味があると私は思った。人間にとって人間は重要であり、このアプローチをとれば、自分の世界の中のあらゆる人々と関わる多様な接点を簡単に結びつけられる。もう一つの魅力は、アップルとはまったく違うことだ。統合機能がないことはアップルのモデルの大きな弱点だったので、これはノキアにとって、より高度で、直感的で、全面的により良いユーザー体験を届けるチャンスになる（二〇一八年半ばになっても、アップルがその基本アプリ中心のＵＩに依然として意味のある変更を加えていなかったことや、中核データの統合強化を図っていなかったのはとても驚きだ）。

サヴァンダーのプレゼンテーションは、ノキアが大きく変わったことを証明しようとしていた。まず、会社としての実行能力を強化することを目的に最近行なった、主にソフトウエア分野での新規雇用を総括した。サービス組織の上級管理職の多くは最近雇用されたばかりで、ソフトウエア業界やインターネット業界のそうそうたる企業の出身者だと、彼は強調した。ノキアのさまざまなサービスの成果と二〇一〇年の目標に関する説明もあった。サービス事業は前年同期比で一二三％伸びていた。そして、来年はさらに高く設定した目標へと前進できる理由が八つ挙がっていた。そのプレゼンテーションによれば、二〇一一年までに、事業はホッケースティック曲線のように指数関数的に成長することになっていた。

目標や選択肢をどう改善しうるのかを指摘するのは難しかった。また、マエモがN９００とともに幸先の良いスタートを切り、開発パイプラインにはさらに多くのマエモ搭載デバイスがひしめいているという見通しを聞いて、私たちは全員、何か素晴らしいことが起こるだろうという希望を抱いたのだ。

サヴァンダーのプレゼンテーションで語られなかったメッセージに、私は興味をそそられた。それは、従来の経営管理に不備があることを経営執行チームが認めていることだ。だが、直近の新規雇用やサービス重視への移行は、今回は違うことを意味する。

また、最も踏み込んだ改善の対象はマエモＯＳで、シンビアンへの注目度がますます薄れていることも顕著になっていると感じた。それは、シンビアンに対する私の懸念が正しかったことを表し、シンビアンからの撤退を暗示していた。

その一方で、マエモを確実に成功させる必要性もまた強まったのである。

厄介なのは例のごとく実行面だった。これはお決まりのパターンになりつつあった。取締役会で自社の問題について深刻な議論をするときはいつも、「数週間前にこんな行動をとったので、今後数カ月間で状況は改善するでしょう」と経営執行チームは言う。もちろん、数字が下がり続けても、その行動は最近始めたばかりなので、まだ影響が出ていないのだ。

取締役の間には、経営執行チームに駄目出しをするのは適切ではないという根強い信念がいまだに残っていた。私がオッツリラとの昼食会で、試しに恒常的な発売遅延や品質問題の背後にある原因を深く探るような質問を投げたところ、取締役会の場はオペレーションを扱うところではないと、オッツリラはきっぱりと述べた。

「オペレーション寄り」になるのを恐れるのは、「干渉」を始めそうな取締役に対抗する武器ともいえる。そういう取締役に対して、あまりにもオペレーション寄りだと非難するだけで事足りる。物事の常として、存在しないものを証明するのは非常に難しいため、そう言われたほうはたいてい一歩引くことになる。取締役が質問しすぎるときに、それはオペレーション寄りだと会長がとがめ立てする場合、現状を変えることは実質的に難しいのだ。

繰り返しになるが、私たちは経営執行チームの行動が十分かどうかを静観せざるをえなかった。しかし、砂時計の砂は尽きかけているのだ。もはや、おいそれと黙って受け入れることはできなかった。

成功の毒性

私がノキアの取締役会に加わった瞬間から、巨大な変化によって業界が再編されつつあることは明白だった。アジアのメーカーが安価なチップセットを市場に投入したおかげで、小型パソコンを設計できるプレイヤーは誰でも携帯電話を設計できるようになった。無線通信の研究開発に投資しなくても、台湾の新興企業のメディアテックからチップセットを買ってきて、デバイスを組み立てれば、すぐにモバイルネットワークにつながるのだ。メディアテックは二〇〇七年に一億五〇〇〇万のチップセットを出荷し、二〇〇九年の出荷数は三億以上になると見込まれていた。[6] メディアテックの顧客だけでも毎月新たに七〇モデルを出荷し、年間では一〇〇〇モデルにのぼった。大量の新製品を出して、無数のプレイヤーとの熾烈な競争に遅れまいとしていたのだ。それほど競争圧力が大きいということは、多くのイノベーションや実験が行なわれていることを意味する。

これだけの数があるのは心配の種で、それが意味することはもっと気がかりだった。モバイル機器のうち最も複雑な要素が無線通信だ。私が取締役会に参加したとき、ノキアのマーケット部門の責任者のアンッシ・ヴァンヨキが、３Gはひどく複雑でかつ研究開発投資が膨大なので、すでに勝負はついていて、誰も新規参入はできないと言っていたことが思い出された。しかし、メディアテックやクアルコムなどの企業は電話機をつくりたいとは思わなかった。ただ携帯電話メーカーにチップセットを販売したのだ。これらのメーカーは自前でチップセットを開発するコストから解放されたおかげで、デバイスの演算部分に集中することができた。その結果、無線通信の研究開発費は、複数の携帯電話メーカーに分散されたのである。

ノキアの最も強い競争優位が突如として、崩れていった。しかし、私たちはそれに気づいていなかったようだ。無意識のうち「これまで成功してきたのだから、将来の成功も保証されている」という前提を持っていた。「私たちはノキアだ。この業界を発明したのは私たちだ。得意なことを続けていこう。もっとうまくやれる者は誰もいない」という暗黙のメッセージが私には聞こえていた。

後から振り返れば、ノキアが致命的なトラブルに陥っていたことはすぐに見て取れるが、最も近接する競合相手がノキアの市場シェアの半分にも届いていなかった時点では、そう見えなかったのだ。ノキアの戦略目標には妥当性があり、正しいことをしようとしていた。確かに兆候はあったが、多数のデータポイントがある場合、良好な九〇%に注意を向け、残りの一〇%はつい無視してしまうことが多い。

どの企業でも間違いを犯すが、過去の大成功に悩まされる企業は間違いを認められず、向き合うことさえもできず、文化的に正常な状態に戻れなくなる場合がある。今回の経験から導き出される最も貴重な教訓が、成功における四つの毒性の兆候を認識することだ。

○悪いニュースが自分やチームの元に届かない。 みんな批判されることを恐れて、悪いニュースを公表することを恐れているかもしれない。あるいは、とにかく悪いニュースを持ってくるよう強く言われたので持っていったところ、後で叱責されたり解雇されたりすれば、ほかの全員に「口をつぐめ」というメッセージを送ることになる。

取締役会では常に悪いニュースについて議論したが、その「ニュース」はたいてい回避しようのない過去の事実であり、今後の計画の重大な弱みを示すデータポイントについては議論しなかった。何よりも、根本原因を把握するように要求しなかった。経営執行チームに対して、失敗の原因を説明するよう本気で強く迫らなかったのだ。失望させられるに至った理由が十分にわからないまま放置するたびに、経営メンバーの言動が強化され、彼らがロールモデルとなってその配下のチームも同じことを繰り返すようになっていった。

○**自分のチームが悪いニュースや厳しい現実を詳しく調べない。**これは双方向のものだ。悪いニュースが届くようにすることも大事だが、自分でも探しにいく必要がある。自分が会社の問題の根本原因を調べなくても、きっと部下が調べるだろう。何か重要なことがわかったら、部下がきっと知らせてくるだろうと、心の中で言い訳しているかもしれない。

しかし、そうとは限らないのだ。

ノキアでは、ある幹部チームが戦略的プラットフォーム・プロジェクトを運営していた。各R&D担当リーダーは自分のサブ・プロジェクトが遅れていると知っていたが、幹部チームをごまかして、順調に進んでいると信じ込ませていた。遅れているのは自分だけで、挽回できると、各人が信じていたのだ。そして、誰にも知られないうちに、全員が失敗していた。プロジェクトのリーダーは、部下から上がってくる情報に完全に頼りきりで、わざわざ現場担当者と一緒にそのテーマをじっくり調べようとはしなかったのだ。プロジェクトのリーダーと、その上司に当たるグループ経営メンバーが実態を把握したときには、時すでに遅し。そのプロジェクト全体が打ち切られ、ノキアが競争力を取り戻す機会がまた一つ永遠に失われてしまったのである。

○**意思決定したことが絶えず延期され、骨抜きになっている。**会社全体で日々会議が行なわれているが、そこで決まったことには効力がない。出席者が一〇人いるとして、どの人もあらゆる意思決定について、自分には拒否権があると考えているが、その決定に従うよう強制する権限があるとは、誰も感じていないのだ。マトリックス組織が円滑に進む場合、主に一チームだけで必要なリソースを独占せずに、チーム間で互いに協力するからこそ、多くのメリットがある。大企業であれば協力を義務づけることで、独立した事業部門が各自の利益のために部分最適に走るのではなく、グループ全体で最適なリソース・資本の配分へと近づけられる。しかし、このモデルに内在する複雑さのせいで、意思決定の延期や希薄化という罠にはまってしまう危険がある。こうなると企業は実質的に麻痺状態に陥る。

○**一つのプランのみで、代替案がないことが多い。**代替案を考えて提示するには、信頼、悪い結果を議論する能力、オープンなコミュニケーションをとる文化が求められる。その反対に、計画時にいつも代替案がないとすれば、文化面に問題がありそうだ。代替案を検討せずに重要な意思決定をしているならば、警告サインである。

私はノキアの会長に就任した後、経営執行チームに二〇〇九年から加わっていたメンバーの一人に、代替案がないことについて聞いてみた。すると、取締役会で代替案の議論をするなどとんでもないという答えが返ってきた。不確実性の兆候があれば、会長に嫌な顔をされ、プロフェッショナルではないとみなされてしまうのだという。

こうした症状はすぐに明らかになるものではない。唯一探し出せるのは、引き潮になったときで、誰が水着を着ているかを見ればいい。今日の成功によって、明日の失敗の可能性がかすんでしまう恐れがある。変化に対応する備えがない組織文化だと示唆する指標に常に注意し続けなくてはならない。自社の優位性がこれほど強いから、新規参入者には競争などできないだろうと信じ始めるたびに、自分の顔を叩いて「どこがどう間違っているかはわからないけれども、私は間違っている」と言うべきなのだ。

好調なときほど、パラノイア楽観主義になる絶好のタイミングだ。安全な状態に戻す変革をするリソースがまだ残っているので、危険信号を正確に探し出せる。パラノイアになれば、早めに行動したり、競争相手の将来の行動を先取りしたり、マイナスの市場動向を緩和したりするときに感じる痛みを乗り越える勇気も湧いてくる。単なる楽観主義者であれば、苦渋の選択はしない。それが本当に必要だとは感じないのだ。

トラブルの兆しが現れたら、目に見える行動をとることで、パラノイアを楽観主義に転換しやすくなる。議題に変更を加える、会議の時間を増やす、スケジュール表に新しい会議を追加する、取締役会委員会を設置してその問題に重点的に取り組む、外部のコンサルタントを起用して経営執行チームを支援する、経営メンバーが答えられない質問に答えるために取締役会がコンサルティング・チームを雇う（これは当然ながら経営メンバーに不信感を伝えることになるので、難しいやり方だが）。これらはすべて、状況は深刻だが、それに対して手を打っていることを示す行動である。

みんながリーダーから手がかりを得る。トップリーダーがすること、しないことはすべてメッセージとなる。とらなかった行動、聞かれなかった質問は声高にメッセージを伝えているのだ。

それとは反対に、データに基づいて分析し、根本原因を理解すべく定期的に掘り下げて調査し、競合他社や市場を絶えず心配するという特徴を持つ文化、悪いニュースはすぐに伝えることを奨励し、代替案を常に示すことを義務づける文化を広めることで、成功の毒性と戦い、嵐に耐え抜くための備えを充実させられる。

第五章　厳しい現実　二〇一〇年一月〜八月

その瞬間に、過去二年にわたって私を困惑や混乱、不安に陥らせてきた根本原因を理解した。

二〇一〇年の第一回目の取締役会は、明るい報告が多かった。

一二月はノキアにとってまずまずの月だった。Ｄ＆Ｓ部門の売上は前年比四〇％増と堅調だったため、第４四半期は赤字から脱した。第１四半期も引き続き成長し、収益性も良好な見通しだという。サービス部門はアクティブユーザー数が年間目標を上回る約九〇〇〇万人になった。じきにハイウエイ・プロジェクトが開始されるので、この数字はさらに急増することが見込まれた。このプロジェクトは、二〇〇八年のナブテック買収時に獲得した豊富なマッピング・データと、ノキアのＳ６０携帯電話の全シリーズで提供している無料のナビゲーション機能とをバンドリングしようというものだ。無料サービスは同業界、とりわけアップルに対して破壊力を持っていた。

マエモにも進捗が見られた。リナックスベースのＯＳも手掛けてきたインテルと契約を結び、同社のモブリン・プラットフォームとマエモを統合することになったのだ。[1] エンジニアたちはこの共通プラットフォームにモブリンとマエモの頭文字をとって「M2」というニックネームをつけたが、我らがソフトウエアの救世主を、いかにも後追い的な「me, too」と呼びたがる人はいなかった。正式名称は「ミーゴ（MeeGo）」となり、翌月のモバイル・ワールド・コングレス（世界最大の携帯電話関連の展示会およびカンファレンス）で発表される運びとなった。エコシステムを拡大し、より多くのアプリ開発者を引きつける前向きな動きだと、私は感じた。もちろん短期的には、それによってすべてのことがスローダウンする。ノキアとインテルの開発チーム間で調整する必要があり、誰がいつ何をやるのかについて合意をとるまでに時間がかかるからだ。

NSNの業績も第4四半期は好調だった。企業は年度末までに予算消化したいと思うので、これは驚くことでもない。当然ながら、ブーメラン効果が働き、第1四半期はたいてい反動で落ち込むことになる。依然としてリスクが高いことはわかっていたが、それでも、NSNは少なくとも資金調達で契約不履行に陥る寸前からは脱していた。

私たちはすべての膿をはき出し、危機は回避された。おそらく、正しい軌道に戻ったのだろう。

挑発的な提案書

それでも、私は根本的な懸念を拭い去ることができなかった。クリスマス休暇にじっくりと考える時間がとれたので、ノキアに関する自分なりの戦略案を書き出し、頭を整理してみることにした。

ノキアが携帯電話やスマートフォンで成功し続けるうえで、主な外的脅威と思われることを大まかに書き出した。ハイエンドのスマートフォンは、特に重要な北米市場でアップルのｉＰｈｏｎｅから挑戦を受けている。ローエンドの携帯電話は、中国からの脅威にさらされている。アンドロイドによって中間層も打ち負かされる可能性がある。

ハードウエアの能力からソフトウエアの能力へ、プラットフォームに関してはＯＳ（シンビアン、ミーゴ、ｉＰｈｏｎｅＯＳなど）からエコシステム（ｉＴｕｎｅｓ、ＯｖｉＳｔｏｒｅ、ｉＡｄなど）へ、内部の組織能力（ケイパビリティ）からエコシステムの組織能力へと、戦場が移っていることは要注意だ。私は次のように追記した。「この業界における持続可能な競争優位の源泉が、『誰が最良のデバイスを持っているか』から、『どのデバイスがデジタル・コンテンツの消費に最も適しているか』、あるいは『どのデバイスが最も望ましいコンテンツを最も多く取り揃え、アクセスできるか』へとシフトしてきた」

「キラーデバイスをつくれば、ノキアのジレンマがすぐに解消される時代は過ぎ去ったので、これはノキアにとって大きな課題となる」とも付け加えた。ノキア・ブランドはスマートフォンの顧客の心をとらえきれずに苦戦してきた。これは開発者コミュニティにも影響を及ぼし、短期的にも中期的にも北米の開発者コミュニティから意味ある忠誠心を取り戻せそうにはなかった。さらにまずいことに、「ｉＰｈｏｎｅとアンドロイド搭載デバイスが市場シェアや顧客のマインドシェアを獲得するにつれて、世界のその他の地域にもこの課題が急速に広がっている」と私は書いた。

その後、考えられるシナリオや選択肢を書き出した。おそらくアメリカで攻撃する準備ができていないことを認め、代わりに、巨大な中国市場やインド市場に注力し、そこの開発者コミュニティを味方につけたほうがいい。おそらく、開発者コミュニティにより良いサービスを提供できるように、ノキアの文化に変革を起こすべきだ。

私たちが需要の高いキラーデバイスの導入に失敗した場合、あるいは、開発者と良好な関係を築けず、アップルやアンドロイドのコミュニティがすでに持っている主要アプリが集まらなかった場合はどうなるか。ここで失敗すれば、素晴らしいハードウエアを出荷し、素晴らしいユーザー体験を提供したかどうかは、相対的に意味がなくなるだろう。

おそらく、私たちはプランBを検討すべきである。

ほぼ裏切りに等しいことだが、リスク回避のためにアンドロイドの採用を検討すべきだろうとも書いた。アンドロイドのプログラムを始めれば、ノキアは将来の競争力やアンドロイドの方向性について、より深い洞察が得られる。ノキアはアンドロイド市場の一部を獲得でき、アンドロイド陣営で競合他社にプレッシャーをかけられるだろう。そして、やはり背信行為に近いかもしれないが、ミーゴのエコシステムが順調に発展しなかった場合に、代替手段を迅速に持つことができる（なお、当時、アンドロイドはまだ出始めで、成功する保証はなかった）。

ノキアの文化を刷新する必要性についても言及した。ノキアが輝いていた時代には、現状に疑問を抱き、おかしいと感じたら正直に伝えるよう人々に促す、真面目一徹な文化が奨励されていた。

これまで本当にそうだったのだろうか。実際のところはわからないが、もちろん、そうだろうと思いたかった。製品や顧客を大切にする文化がすべての社員に浸透していなかったとすれば、ノキアがトップの地位につけたはずがないと信じたかったし、そう信じる必要があった。この文化を復活させることができるのだろうか。私は心の底からそうなるよう願った。そうでなければ、ノキアの将来は本当に危ぶまれる。

「抵抗し難いほど魅力的なソリューションと活発なエコシステム」、「最良のデバイス」、「スマート・サービス」といった華やかで曖昧な目標を設定する時代は終わった。「現状では、すべてのマーケティング志向の文言を取り払った、歯に衣着せぬ戦略計画が必要である」と書いて、私は提案書を締めくくった。

挑発的な提案書を書いて提出するという私の行為は、おそらくノキアの取締役会では前代未聞だとわかっていた。オッリラは間違いなく自分に対する攻撃だと解釈するだろう。それで彼がどんな反応を示すかは想像もつかなかった。それでも、最初の爆弾の後で、オッリラは私の見識を正当に評価するだけでなく、実際に一理あるとわかってくれるだろう。私が実施した一連の分析結果を話し合えば、失うものはなく、鬼に金棒だ。私の考えに足りないところが見つかっても、それは変わらない。良識ある提案だとわかってもらえれば、私たちの役に立つだろう。

夜半、カーテンを閉めて静まり返った家の中で、私は草案をつくっては、自分の意図を伝える適切な言葉を探す作業に勤しんだ。私がこれまで抱いてきた懸念や提案の中身はそのまま残しつつ、どうすれば会長との大きな対立を避けられるかというところで苦慮した。

これ以上は一言一句変えられないと感じた時点で、私はオッリラにその提案書を電子メールで送った。

もちろん、巨大企業の会長にこんなことを送ったとしても、すぐに返事が来るはずがない。少なくとも、多くの場合、数日はかかるものだと、自分に言い聞かせた。ところが、まったく音沙汰がなかったのである。

三、四日が過ぎ、電子メールが万が一届いていなかったときのために、同じ内容で再送してみた。しかし、結果は変わらず、なしのつぶてだ。

私はその後、同じ文書をCEOのカッラスオヴォに送った。カッラスオヴォとは付き合いが長く、良き友であり、その見識を高く評価していた。二〇〇〇年代初めはエフセキュアの会長兼私のお目付け役だった彼のことを尊敬し、好ましいリーダーだと思ってきたのだ。カッラスオヴォは人前で話すのが大の苦手で、しばしば頑固で自意識が強そうに見えることもある。あるジャーナリストは彼のことを、スウェーデンの映画監督イングマール・ベルイマンの映画のセットから抜け出てきたような人物だと評していた。[†2] しかし、プライベートの彼は寛大かつ控えめな性格で、素晴らしいユーモアのセンスを持った面倒見のいい男だった。

カッラスオヴォはいち早く、自分が技術オタクではないことを認めていた。彼は法律分野や銀行での経験を活かして、ノキアでキャリアを積んできた。法務部門で昇進を果たした後、大抜擢されて財務部門に異動し、同部門では最終的にCFOにもなっている。その後、CEOとなった彼は数年間、携帯電話事業をうまく運営し、戦略的思考の話になっても尻込みすることはなかった。彼は、絶対に嘘をつかずに物事にやり遂げることでノキアの成功の原動力となってきた四人のリーダーから成る、伝説の「ドリームチーム」の一員だった。

カッラスオヴォが私の提案書を無視するとは考えられなかった。

カッラスオヴォはすぐに返事をくれたので、私はほっとした（彼にはいつ話しかけても構わないのだ）。そして、その提案書をみんなに回すと約束してくれた。ところがその後、提案書について話題にのぼることはなかった。数週間後に彼を見かけて、提案書のことを尋ねると、彼は逃げ腰で、要領を得ない様子だった。返事をもらえないかもしれないという私の懸念は、意図的に無視されたという確信へと変わった。

提案書やその内容に触れるのは、オッリラと次に会うときまで待つことにした。おそらく対面で話したほうが、私の善意がうまく伝わり、状況がエスカレートするのを避けられるだろう。

「どこもかしこもアンドロイド」

その間に、モバイル・ワールド・コングレス（ＭＷＣ）に出席してもいいかと打診したところ、承認が下りた（ノキアの取締役は通常、業界見本市には行かないのだ）。ＭＷＣは毎年二月にバルセロナで開催される通信業界最大の展示会で、ビジネス動向を見極められる場となっている。

今年のトレンドは明々白々だった。《ＷＩＲＥＤ》誌の特集記事の見出しは「ＭＷＣ二〇一〇はアンドロイドの年」というもので、「ＨＴＣ、モトローラ、ソニー・エリクソン、ガーミン・エイスースの端末など、どこもかしこもアンドロイドだらけだ。ほぼ全メーカーのデバイスに搭載されている」と記事にははっきり書かれていた。[34]

私の提案書の妥当性について、これ以上確認する必要はなかった。それどころか、アンドロイドで組織能力を養うことは、これまで以上に急務となっていた。意思決定から製品の発売まではかなり時間がかかることを考えると、私たちはすでに出遅れていたのである。

一五〇ドル以下のセグメントで、競争力のあるアンドロイド搭載デバイスが提供できることも重要だった。安い携帯電話では、ノキアの市場シェアはかなり大きい。しかし、アンドロイド搭載デバイスが一〇〇ドルの壁を壊してきたら、どうなるだろうか。エントリーレベルのスマートフォンとして、ノキアの地位に取って代わるのか。ノキアのS40プラットフォームとアンドロイドが同じカテゴリーで競争した場合、ノキアの「スマート・タイプ」のフィーチャーフォンは、極力安価にしようとリソースをそぎ落とした本物のスマートフォンに太刀打ちできないだろう。

アンドロイドには他にもメリットがあると、《WIRED》誌の記事は続けていた。「アンドロイドの真の顧客は誰かというと、携帯電話メーカーである。彼らはカスタマイズ可能で、強力で、かつ、積極的に開発が進められているOSを与えられ、無料で利用することができる。こうした状況に、マイクロソフトは新しく打ち出したこだわりのウィンドウズ・モバイル7で立ち向かわなくてはならない」[5]

この展示会で発表されたマイクロソフトのOS「ウィンドウズ7」は、アイコンに変わってホームスクリーンにウェブページを並べて表示するという斬新なデザインコンセプトで提供されていた。ユーザー体験は人間中心に構築され、ノキアがミーゴのダイレクト・ユーザー・インターフェースで計画していたものとまったく同じだ。

ミーゴの発表は全関係者に好意的に受け止められた。ノキアとインテルが組むことで、真打ちの大手二社が圧倒的な力を生み出すだろうという印象を与えたのだ。しかし、アンドロイドがウィンドウズ・モバイルＯＳの終焉を告げるものになりそうだと評論家たちが予想した場合、それによってミーゴはどのような状況に置かれるのだろうか。ウィンドウズ・モバイルはすでにかなり長い間、市場に出回り、その背後にはマイクロソフトの力があった。一方、ミーゴはゼロからスタートし、まだ海のものとも山のものともつかなかった。

「あなたがたは私の競争相手ではない」

市場の回復は続き、ロンドンのコンノート・ホテルで開かれた三月一一日の取締役会は慎重ながらも楽観的な雰囲気だった。第４四半期は堅調で、ノキアの株価は急上昇し、「ノキアの機構は壊れていない」と巷(ちまた)で噂された。[＊6]

経営執行チームは市場全体の成長予測を再び引き上げた。その成長は主にスマートフォンが牽引していた。二〇一一年にスマートフォンはモバイル機器市場の半分以上を占めると予想された。業界全体におけるノキアの利益シェアまで二六％から三一％へと跳ね上がっていたのだ。ノキアはアップルと肩を並べ、実際にこの二社を合わせて、業界内の全利益の約三分の二になった。

ただし、アップルやサムスンも第４四半期は好調だった。両社ともに新市場への拡大に伴い、堅調に成長すると見込まれていた。他のメーカーは低調で、その多くはシンビアンを見捨てて、私がバルセコナで目の当たりにしたように、アンドロイド陣営に乗り換えていた。

この先を考えると、スマートフォンにおけるノキアの地位は特に脆弱になりそうだった。二〇一〇年上半期には、主だったハイエンドの新デバイスの発売予定はない。後半期はミーゴ搭載の主力スマートフォン「ダリ」により、ポートフォリオは改善される見通しだが、八月という発売予定時期はかなり先に感じられた。

（その後すぐにダリの発売が一年延期されることを知っていたならば、はるかに不透明な見え方になっていただろう。しかも、それで終わらなかった。カッラスオヴォがその数週間前にアップル創業者のスティーブ・ジョブズと交わした会話について知っていたならば、私はもっと不安を覚えていたに違いない。ジョブズはカッラスオヴォに素っ気なくこう告げたという。「あなたがたは私の競争相手ではない。アップルはプラットフォームであり、他にプラットフォーム企業はマイクロソフトしかいない。もちろん、グーグルのアンドロイドもあるが、彼らはアップルの知的財産権を侵害している。私は何十年もの間、自前のプラットフォームを構築してきた。あなたがたは始めたばかりだ」と。何年も経ってから私はこの話を聞いたが、「ノキアはすでに過去の会社だ」というジョブズの言葉はカッラスオヴォにとって何よりもショックだったそうだ。）

会長からの無言のメッセージ

次の取締役会で、経営執行チームから再び新戦略と新組織について発表があった。私の理解では、ノキアは「ソリューション重視の戦略」に移行しつつあった。ソリューション、デバイス、サービスという三つの傘の下で、さまざまなユーザータイプ別にサービスを展開し、ユーザーが買いたいと思うデバイスを組み合わせるのだ。組織図には、見慣れぬ名称の四角い枠内にいつもの名前が並んでいた。社外の人が見れば、わかりにくいだろう。私には間違いなくわかりにくかった。

私の提案書やその中身の話は一言も出てこなかった。

私は二〇一〇年春の半ばにオッリラと会い、ノキアの問題に向き合うという話題を今一度持ち出してみた。オッリラは、私の提案書を受け取ったことを認めたが、それ以上は何も言わなかった。まるで扉がそっと閉ざされたかのようだった。

私はすっかり当惑したまま、オッリラとの話を終えた。代替案を議論することを嫌がる理由はどこにあるのだろうか。目標がいつも達成されない理由を調べようとすることさえ難しいというのだろうか。どうして競合他社に対して自社の組織能力を本格的に分析してはいけないのか。オッリラが私の提案について話したがらない理由がさっぱりわからなかった。

私は初めて、取締役を辞任しようかと真剣に考えた。しかし、ここであきらめて自分が関わってきた企業が下降スパイラルをたどり続けるのを見守るという考えは嫌だった。起業家は絶対にあきらめてはいけないというのが、私の信念だ。心の中で歯を食いしばり、少なくとも春の戦略会議を待つことにした。その頃にはきっと、諸々の問題は解決に向かっているだろう。無視できないほど重要な問題なのだから。

私は、誰かが何か新しいことを提案したときにジョブズがよくやっていたことを思い出して、自分を慰めようとした。ジョブズはまず、新しい考えがどれほど駄目であるかを口に出して言い、それから数週間すると、それと同じ考えを自分の考えとして示すのだ。おそらくオッリラは戦略会議で同じことをするのだろう。

ノキアの未来のために、本当にそうなればいいと私は心底願っていた。

ヘルシンキよ、私たちには問題がある

五月六日の年次株主総会と翌七日の戦略会議に先立って、取締役にいつも送付されてくる資料の束を受け取ったときに、私ははやる思いで自分の提案が含まれているかどうかを調べた。お決まりの戦略的議論の話に、ノキアの中核事業と今後三年間の長期計画があったが、私が提起した主要な論点や提言した行動についての言及はなかった。

さすがにアンドロイドへの投資案はないとしても、この急成長中の競合エコシステムに参加することの長所や短所を分析するための議論はあるだろうと思っていた。ところが、私の提案書が存在した痕跡すらまったくないではないか。

完全に無視されたことに、私は茫然自失となった。

年次株主総会の直前に開かれた取締役会で事業の最新情報が伝えられたが、私の気は晴れなかった。第１四半期にアップル、サムスン、ＲＩＭは好調だったが、ノキアはそうではなかったのだ。

中国で何百もの小規模の新たな携帯電話メーカーが雨後の竹の子のように登場している中で、私た

ちは二〇〇九年の市場規模を低く見積もっていた。前年の販売数量の調整によりノキアのシェアは約三ポイント下がり、第4四半期に三〇％を下回っていた。金額ベースのシェアも下がって二五％になった。サムスンは二〇％でノキアの踵を捉え、アップルはノキアよりも数量ベースのシェアは低いが、金額ベースで一五％に上昇していた。

第1四半期末、ノキアの時価総額は三一〇億ドルに低下したが、アップルは二一五〇億ドルに増えた。[78]

カッラスオヴォはCEO報告の中でさらに厳しいニュースを伝えた。「シンビアン^3」のリリースがさらに遅れるという。

さらなる遅延がノキアの競争力にもたらす直接的な痛みはもちろんだが、シンビアン開発でノキアがいまだに危機を脱していなかったという意味においても、これは最悪の状況と言える。ノキアのデバイス・プログラムは予定よりも常に数カ月遅れていた。これは通信事業者、流通チャネル、エンドユーザーに対してノキアの信頼性が損なわれるばかりか、次々と連鎖していく問題だ。次世代デバイス開発に当たるはずのノキアの研究開発担当者が、過去のデバイスの作業に追われて足止めを食らい、後継デバイスの作業も必然的に遅れていく。何とか出荷したときには、多大なプレッシャーを受けながら急ごしらえでつくるため、標準以下の品質になってしまうのだ。

市場投入の遅れは、ノキアが旧式コンポーネントを使ったデバイスを出荷していることも意味した。携帯電話事業では、ロードマップを作って「来年四月にこのデバイスを発売しよう」と言った場合、高品質のデバイスを投入するために、その時点で調達可能な最新のカメラ部品、チップ、センサーなどをサプライヤーから購入する。しかし、六カ月遅れれば、その時点でコンポーネントは少なくとも六カ月古いものになってしまい、もはや最先端のデバイスとは言えない。レタスのようにモデルの鮮度が問われるこの事業では、これは非常にまずいことだ。その間にも、サプライヤーは次世代コンポーネントに移って、競合他社にせっせと売り込むので、競合品は鮮度の高い刺激的な製品になっていく。

ノキアは利益率を改善するために古いコンポーネントを採用することも多かったので、さらに憂鬱な状況に陥っていた。旧世代コンポーネントを使ったデバイスの出荷が大幅に遅れた場合、最新製品でも二世代遅れということがあったのだ。

だが、それ以上に残念だったのが、シンビアンのニュースであり、これは危険ともいえる状況だった。ノキアのユーザー体験は標準をはるかに下回っていたのだ。新しいシンビアン^3のUIであれば、ノキアのソリューションの最悪の欠点を是正できるだろうと、私たちは当てにしていた。

シンビアン^3がノキアには絶対的に必要なことは、秘密でも何でもなかった。すでに二回延期され、トータルでは六カ月の遅れになる。最新のスケジュールを守ることはきわめて重要だったので、このOSに取り組む全チームが胸に手を当てて「五月一〇日に絶対に出荷する」とカッラスオヴォに約束していた。

ところが、カッラスオヴォの話では、四月末にデバイス・グループを統括していたカイ・オイスタモから電話がかかってきて、「出荷は無理だ」と告げられたというではないか。あと三カ月はかかるという。

まさにワンツーパンチである。シンビアン^3が遅れれば、ノキアの顧客にとって地獄のようなユーザー体験がさらに長引き、私たちには信頼をつなぎとめる術（すべ）がなくなる。製品ポートフォリオを見ても、上半期に競争力のあるハイエンド製品は見当たらなかった。ハイエンドは利益率の高いカテゴリーだが、ここでもノキアはプレゼンスを失う恐れがあった。

こうした状況下で、取締役の一部を入れ替える発表はたいした印象を与えなかった。監査委員会の委員長が辞任したので、代わりを選任する必要があったからである。私は監査委員長とコーポレート・ガバナンスおよび指名委員会（ＣＧＮＣ）の委員に任命された。ＣＧＮＣは、取締役の候補などいくつか重要な意思決定事案を用意する。私は中枢グループに入ることが認められるようになっていた。というか、私はそう思っていたのだ。

戦略会議でのサプライズ

五月七日の会議は、フィンランド湾に延びた半島の付け根に位置するボトヴィクのノキア研修センターで開かれた。大きなはめ殺し窓の外には、美しい春の光景が広がり、日差しを受けて青い海が輝いていた。

会議はいつものように慎重なスタイルで始まった。オッリラはいつもの席に陣取った。私はほぼ末席だ。経営執行チームのメンバーは全員顔を揃えていた。

オイスタモは自分の順番が回ってくると立ち上がって、スマートフォン戦略の話を始めた。オイスタモはモバイル・プロトコルに関する博士論文を書き、卒業証書のインクがろくに乾かぬうちに、ノキアから声がかかり入社した。現在は四〇代半ばで、モバイル無線技術では世界有数の専門家の一人である。

戦略プレゼンテーションはどれもそうだが、オイスタモも今後の計画を話す前に、現状のおさらいをした。「デバイスの発売が予定から何度もずれ込んできたことを認めたいと思います。シンビアン^3の遅延は実に痛手です」と、彼はやや緊張しながら述べた。「しかし、その対策は講じています」

オイスタモが次の話題に移ろうとしたときに、私はストップをかけた。「失礼ですが、カイ。これまでに何度も何度も遅延が生じてきましたが、なぜ状況が改善されないのでしょうか」

オイスタモの反応は、解決策を強調するというお決まりの慣例に則っていた。「この問題が長引いていたのは事実ですが、今は本当に解決に向かっていると私は信じています」と、彼は再び請け合った。

私はさらに迫った。「その根本原因と、改善のためにどんな手を打っているか、もう少し教えていただけますか」

オイスタモは躊躇し、それから述べた。「そうですね。いくつか問題がありますが、一例として、シンビアンのプラットフォーム全体をコンパイルするのに、これまでは四八時間かかっていました。ですが、今は二四時間しかかからなくなり、もっと短縮する計画もあります」

大多数の取締役たちのように、アプリケーション開発を知らなければ、それほどひどい答えには聞こえなかっただろう。しかし、私のようにソフトウエアを知る人間にとって、これは大惨事を生み出す方程式にほかならなかった。

コンパイルとは、プログラマーが書いたコード（上位レベルの言語）を、マイクロプロセッサで読み取れる機械語に翻訳するプロセスのことだ。機械語バージョンを生成するソフトウエアツール（「コンパイラ」と呼ばれる）を用いてファイルを実行すると、特定のツールボックス・ファイルにリンクされる。その結果が実行可能プログラムとなって、ユーザーの指示通りに動くようになるのだ。オイスタモの言ったことは基本的に、シンビアンのコードを変更してプラットフォーム全体を再コンパイルすると（編集した部分だけをコンパイルできることも多い）、最低でも四八時間かかるということだ。しかも、コンパイルの準備をすべてやり終えるための時間も加わる。これはちょうど映画監督が撮り直しが必要かどうかを判断するために、撮影したばかりのシーンを見るのに四八時間待てと言われるようなものだ。たとえコンパイルに二四時間かかるだけでも悲惨と言える。プログラムがうまく動くかどうかのテストで四八時間も待たされるのは永遠にも等しい。

さらに悪いことに、ノキアのシンビアンソフトウエア担当組織には細かく分業する体質があり、それがあらゆるステップで進行の妨げとなっていた。アップルであれば、ソフトウエアを開発すべきデバイスは一つしかない。ノキアには数十機種あり、それぞれで独自のソフトウエア仕様と開発プロセスが必要となっていた。

むくむくと恐怖心が膨らんでくるとともに、私は気づいてしまった。これほど重要な分野でこの種の非効率が長い間続いてきたのであれば、開発組織全体がそれでいいのだと学習してきたことになる。となれば、他にも容認しがたいことがたくさん容認される状況になっているということだ。イライラさせられる遅延の理由に初めて合点がいった。

たとえば、こういうことだ。シンビアン関連の研究開発担当者は全員、コンパイル時間が長いとわかっていたに違いない。リーダーたちがそのことを注意したり、切迫感をもって対応したりしないのを見てきたので、これは特に危険なことではないと論理的に結論づけたのだろう。きわめて重要であるはずのことについて、リーダーたちが警告を発しなければ、社員は他の多くのことに自分の時間を使えると考えるのは当たり前だ。あるいは、この種の非効率は許されないのではないかと憂慮していた社員は、リーダーたちが何も反応しないのを見て、大いにやる気を喪失したに違いない。ほかにはどんなことが破綻しているのだろうか。電気が走るように、そんな考えが私の心を貫いた。

これまで、この件が取締役たちの注意を引かなかったとは信じられない。結局のところ、遅延は長年ノキアの忠実な友となってきたのだ。私は頭に血がのぼり、「悪いニュースを隠して、問題が解決した後でのみ取締役会で報告するというのはいかがなものでしょう」と、オイスタモに言った。「解決する前に問題点を話す勇気を持たなくては」

オイスタモは同意した。彼は本当に良い男で、私が腹を立てている理由を理解していた。彼はただこう言った。「おっしゃる通りで、本当に良くないことです。何と言っていいのか、わかりません。私もこの件を最近知ったばかりなのです」

今や、大型ハンマーで頭を殴られたように感じた。「嘘でしょう？」と、私はブチ切れた。利益の大半と短期的な成長可能性を託したプラットフォームの開発方法に根本的な欠陥があったというのに、勝てるデバイスの市場投入を直接担当する責任者が、これほど重大な問題があることを知らなかったというのだ。私はあきれ果てて言葉を失った。

最悪シナリオに対するQ&Aを考えるときのように、私の頭の中では、その意味することが電光石火のごとく駆け巡った。デバイス・グループの責任者は、なぜこのような基本的なことを知らなかったのか。なぜ責任者に報告が上がらなかったのか。唯一の答えは、中間管理職が明らかに経営陣にそういうニュースを知らせるのを恐れていたからだろう。たとえば、マネジャーが火事の発生を経営陣に知らせるよりも、家が燃えるのを見ているのを好むような企業文化だとしたら、どうなるか。何百人、何千人ものソフトウエア開発者が、私たちが今議論していた非効率について知っていたはずだ。なぜ彼らは何も言わなかったのか。トップリーダーが誰も知らないことなど、どうしてありえるのか。起こっていることを、リーダーたちはなぜ調べようとしなかったのか。気にならなかったのだろうか。

その瞬間に、過去二年にわたって私を困惑や混乱、不安に陥らせてきた根本原因を理解した。企業文化や組織全体に、過去の成功に守られ、失敗を恐れるばかりで、悪いニュースを受け付けず、説明責任の感覚を鈍らせるウィルスが蔓延していたのだ。[†10]

（すべての真実を知っていたら、私はもっとショックを受けていただろう。四八時間というコンパイル時間を聞いて私は激怒した。後からわかったことだが、コンパイルだけでなく、さまざまなコンポーネントを別々のチームが担当するので、各チームがコンパイルしたコードを集めて、それをさらにコンパイルする準備作業も含めると、全体の構築時間は二週間を要した。構築後にテストをしてバグが見つかったときには、チームはすでに新しい案件のコーディングに取り掛かっていて、テスト結果は二週間前のものなのだ。大惨事はこのように起こるべくして起こるものだ。私たちはまさにその惨状を目の当たりにしていた。）

私が息を吸って口を開こうとすると、オッリラが遮った。「リスト、癇癪は抑えましょう。次に進まないと」と言い、まるで小槌を叩いて「これで終わりだ」と告げたかのような仕草で、彼は眼鏡に手をやった。

私は口を閉じて落ち着こうとした。深呼吸しようと、自分に言い聞かせた。後からもう一度この件をいいい持ち出せばいい。しかし、まるで親しい友人が進行癌だと診断されたことを知ったかのように感じられた。じっくりと考えてみる時間が必要だった。

会議の前に、自分の書いた戦略案を何部かプリントしていたが、それらをみんなに配るかどうかは決めかねていた。聞かされたばかりの話に危機感を募らせていた私は、恐る恐る火中に身を投じ、休憩中に取締役たちにコピーを配った。私が自分の手で事に当たったことで、オッリラから大目玉を食らうのはわかっていたが、何かせずにはいられなかったのだ。

数人の取締役たちは、休憩中にその文書について前向きなコメントをくれた。その翌週には、そのことで私に連絡してきた人もいた。しかし、公式の会議でその話題が論じられることは一度もなかった。

CEOを交代させる

二〇一〇年五月の取締役会は、私にとってこれまで恐れていたよりも事態が深刻だという警告となった。ノキアの問題は単なる技術面やリーダーシップの問題ではない。組織全体に浸透した文化的な問題なのだ。悪いニュースがボトムから上がってくることはなく、トップダウンで事実を発見したり問題を突き止めたりするプロセスもうまく機能していない。前者は勇気がないことを、後者は良いリーダーシップという重要な側面について完全に誤解していることを示していた。

　私はオッリラと以前話し合ったときにはカッラスオヴォを支持したし、本気でそう思っていた。カッラスオヴォには寛大さがあり、フィードバックに耳を傾けた。しかし、どれほど人間として善良だったとしても、経営層が説明責任や結果責任を重視することなく、正しいことに注力もせず、十分なフォローを怠る文化を創ったこと、少なくともそれを変えようとしなかったことは、ＣＥＯとして責めを負うべきである。

　その責任を負う人がいないなら、ＣＥＯをはじめとするトップを入れ替えることが最終手段となる。ＣＥＯの交代は、カッラスオヴォを悪者にすることと同義ではない。彼は違う状況であれば優れたＣＥＯだったかもしれない。個人的には、彼がＣＥＯに就任するはるか前から、そういう有害な文化が始まっていたのだと思う。しかし、彼はＣＥＯとして、それに抵抗し変えていくべきだった（後から考えると、カッラスオヴォにはそうできなかったことがわかる）。

　今が、新しく仕切り直しをして、事実と向き合い、声を上げることを恐れない人物を引き入れる機会だった。同僚の取締役たちが、私が見たものと同じ悪夢のシナリオを見たかどうかはわからないが、シンビアン^3が再び遅延するというニュースにより、みんなのお尻にも火が付いた。休憩中の会話はもっぱら、ＣＥＯの入れ替えが必要だというものになった。

その後、数週間にわたって、オッリラは取締役を一人ずつ呼び出し、カッラスオヴォについてどう思うかを聞いて回った。ノキアのCEOとしてのカッラスオヴォを信頼できなくなった、交代する必要があると思う、と私は答えた。「これは他のほとんどの取締役たちとも話し合ってきたことです」とオッリラは述べた。

二〇一〇年晩春、取締役会は新しいCEOを探すことで合意した。カッラスオヴォに話すべきではない、とオッリラは取締役たちを説得した。なぜ秘密にしないといけないのか、私にはわからなかった。私はカッラスオヴォの価値を知っている。彼は必要な限り会社に留まり、これまで通り熱心に働くだろうと確信していた。しかし、秘密にしておいたほうが賢明だとオッリラは感じていた。この交代劇を仕切るのは会長であるオッリラの責任であり、二〇年以上にわたる同僚としてカッラスオヴォのことを最もよく知っているのだと、私は渋々自分に言い聞かせた。

指名委員会の委員としてCEO候補サーチ委員会にも参加することになるだろうと、私は思い込んでいた。ところが、オッリラはすでにサーチ委員会を設置していたのだ。一人を除き（それは私だ）、指名委員会のメンバーと同じ顔ぶれだった。

そのことについて聞いてみると、「どうしてあなたはいつも自分で全部決める必要があると思うのですか」と、オッリラはぶっきらぼうに述べた。それは不当な指摘だ。私はこれまでノキアのために一度たりとも意思決定をしたことがないのだから。

それから一カ月ほど、何の連絡もなかった。七月になって、副会長のマージョリー・スカルディーノから私に電話がかかってきた。

「リスト、私は全取締役に電話して、非常に有力と思われる候補者がいることをお伝えしています。ただし、ご理解いただきたいことが一つあります。この候補者は完全な秘匿性を求めているので、それが誰であるかは言えないのです」

私にはその意味がわからなかった。「マージョリー、取締役会の中心的な務めはCEOの選定です。誰が候補者なのかもわからずに、どうやって選定できるのですか」

「お気持ちはわかります」と彼女は答えた。「それが誰だか取締役会の過半数がわからないまま、新しいCEOを承認しなくてはならないこともあるのです。私たちのことをただ信じてくださらないと」

そのことについて考えれば考えるほど、ますます正しいとは思えなかった。その電話がかかってきたのは週末で、私はフィンランドの田舎道を運転中だった。私は衝動的に車中からオッリラに電話を入れた。このように通常のコーポレート・ガバナンスから逸脱したやり方に、同じようにショックを受けるだろうと思ったのだ。ところが、オッリラは激怒した。「リスト、いい加減にしてくれないか。どうして事細かなところまで鼻を突っ込まないと気が済まないのか。君はいつも批判するばかりだ！」。彼の罵り言葉の混じった怒号は数分間ずっと続いた。多くは語るまい。私は自分が世間知らずだったことを実感した。いったん車を停めて考える時間をとっていたならば、背後にオッリラがいることを悟っただろう。取締役たちに電話をかける仕事は、まさにオッリラがスカルディーノに任せたのだから。

オッリラはその会話について二度と言及しなかった。蒸し返しても意味がないと私もわかっていた。

その後、この候補者が選択肢から外れたという報告があった。それが誰だったのかは、もちろん知らされなかった（メディアの推測では、当時のアップルＣＯＯのティム・クックだったのではないかとされている。オッリラが後日、候補者について説明したときに、五〇代でアメリカの大手テクノロジー企業のナンバーツーだとそれとなくほのめかした。クックがその候補者だったかどうかは、私はいまだに知らない）。

もう一つ、全社的に不愉快な思いをさせられることがあった。カッラスオヴォが解雇される運命にあるというニュースが外に漏れるまで、オッリラはカッラスオヴォにこの件を伝えなかったのだ。七月二〇日付《ウォール・ストリート・ジャーナル》紙に「ノキアが新ＣＥＯを募集」と題する短い記事が掲載された[11]。その記者の情報ソースによると、取締役会は「当月末までに決定を下す」とあった。

カッラスオヴォはその日のうちに私に電話をかけてきた。この件について知っているかと問われて、私の心は沈んだ。「ヨルマと話すべきですね」と私は言った。これは規則に則ったやり方だが、ひどい話だと感じていた。カッラスオヴォの声は打ちひしがれていた。「こんなことをあなたに聞くのは筋違いだが、この情報についてなぜ私は信頼されなかったのだろう。話を伏せようと思うほど、何らかの形でヨルマを失望させたのだろうか。私は今、何をやっているのだろう」。彼から見れば、最も親しかった二〇年来の同僚でかつ友人と思っていた人物に裏切られたわけで、どう見ても深く傷ついていた。彼の心情を思いやる形で退出することがなぜ彼に許されなかったのか。いまだに答えられない疑問である。

オッリラを責めたくなかったので、私はただこう語った。「この顚末については、今後数週間のあなたの行ない次第で、あなたに対する印象が決まるでしょう」。続けて「あなたがどんな人であるか、私は知っています。最後の日まで会社のために一〇〇%の力で働き、毅然として去っていく、と。なぜなら、あなたは最後の最後まで全力を尽くすでしょうから」

カッラスオヴォはまさしくそれをやってのけた。彼はそういう人間だ。

八月、スカルディーノが再び別の候補者について連絡してきた。今回は名前を明かした。スティーブン・エロップ。マイクロソフトの事業部門の責任者で、マイクロソフト・オフィス製品ラインを統括し、上級幹部チームにも入っている人物だ。

取締役たち全員が九〇分かけてエロップと面談した。私としてはそれで構わなかった。その前のようにあらかじめ調べもしないで謎の人物を承認するのに比べれば、九〇分も顔を合わせられるのなら御の字だろう。

(その面談の途中で、あることが起こった。私はすっかり忘れていたのだが、エロップが後年思い出した話によると、ある年配の取締役の携帯電話が鳴り始めたが、その止め方がわからない様子だったという。それがエロップにとってノキアの取締役に対する第一印象となった。取締役が技術に明るくないことに加えて、これまで経験したことのないレベルの堅苦しさも感じたそうだ。)

社内の候補者も三人ほど検討したが、エロップのほうが断然優れていた。ソフトウエア、クラウド、顧客、営業、そして重要なアメリカ市場を理解している点で、明らかにエロップがベストの選択と言える。オッリラはエロップと数回会い、サーチ委員会のメンバーも数回話をした結果、どちらもエロップを強く推した。こうしてエロップは取締役会で満場一致で選任されたのである。

役割にとらわれない

ノキアの取締役になったとき、私は大いに尊敬する企業とチームの一員となった。ノキアは何をするにつけても、限りなく完璧に近いのだろうと期待していたのだ。私は他の取締役たち、特に崇拝していたオッリラからヒントを得ようとした。最終的に状況がわかり始めてきた後でも、私には現状維持に対して強く疑問を呈するだけの自信がなかった。新しいアプローチを試す必要があるとオッリラを説得しようと何度か試みたが、失敗に終わった（私は魔法の弾丸を持ち合わせていなかった。わかっていたのは、今のやり方ではうまくいかないことだけだ）。

オッリラには変化を起こそうという気がなかったので、解決策の一つは会長交代だったのかもしれない。実際に、オッリラは二〇一〇年春に退任することになっていた。これは、副会長のスカルディーノがその一年前に他の取締役たちに話していたことだ。次にこの件について話を聞いたのは二〇〇九年後半だったが、そのときはオッリラから電話があり、数人の取締役からの強い要請により留任することにしたと知らせてきた。

私たちは多くの点で、「自分の役割はこういうものだ」という見方にとらわれていた。私はそれがベストプラクティスだと信じて、他の取締役の振る舞いを真似てばかりいた。他の取締役たちも同じだった可能性が高い。私たちは皆、ノキアの成功の背後にいる会長を信じていた。会長は市場、技術、競合他社を理解しているだろう。どれほど悪い状況のように見えても、会長が経営執行チームと密接に関わり、問題を解決するだろう、と。ノキアがまだ比較的順調だった頃と同じように、経営執行チームに全幅の信頼を寄せて、ほとんど疑問を持たずに、すべてを額面通りに受け止めてきた。

ノキアが陥ったような危機の際には、取締役会の役割は変わる。

取締役会は最終的にその企業の責任を負っているので、その時々で異なるアプローチをとる必要がある。つまるところ、取締役会は自らの役割と経営執行チームの役割を定義しなければならない。その逆であってはならないのだ。

興味深いことに、私が考えていたプランBの必要条件はすべて現実のものとなった。ノキアは勝ち組のエコシステムを創造したり、そこに参加したりすることに失敗した。シンビアン向け、ウィンドウズフォン向け、そして言うまでもなくミーゴ向けにも、競争力のあるアプリを持てなかった。ルミア920やルミア−020などの競争力のあるハードウエアはあったが、私の予測通りに、そんなものはエコシステムがなければ無意味だった。私の書いた提案について議論しなかったことが悔やまれる。プランBがあれば、ノキアの進路は劇的に変わっていたかもしれない。

私はこの経験を通じて、自分の役割に常に疑問を抱き、絶対にそれに縛られてはいけないという思いをいっそう強くした。伝統ではなく、事実や現状に基づいて行動する。常識を活用し、現実的になる。ニューヨークの地下鉄やバスの注意書きでよく「不審なものを見つけたら、知らせてください」

と乗客に呼びかけているのと同じことだ。

後から振り返ってみると、取締役会のメンバーとして、私には説明責任があった。もっと早くに、もっと断固たる行動をとるべきだった。他の人たちを味方につけるように説得してみるべきだった。私は臆病すぎたのである。

第六章　新たな舵取り役　二〇一〇年九月〜二〇一一年一月

シンビアンにはもはや競争力がなかった。ミーゴは初期段階にある。アップルやアンドロイドの優位性を考えると、ノキアは追いつけるのだろうか。

二〇一〇年九月二一日、スティーブン・エロップがＣＥＯに就任した。フィンランド人でも、生え抜きでもないＣＥＯはノキア史上初めてである。彼は最初から、ノキアに新しい方向感覚や従来とは異なるやり方をもたらした。

エロップは前職のマイクロソフトで、年間一九〇億ドルを売り上げる「オフィス」事業の責任者として、世界最大でかつ最も収益性の高いソフトウエア事業を経営してきた。この時は四六歳。もじゃもじゃの短い金髪頭で、ずんぐりとした体軀のエロップは反対意見にも耳を傾け、社内の対立にうまく対処することで知られていた。技術に強い関心を持ち（バッグの中はいつも最新のガジェットで満杯だ）、ソフトウエアとハードウエアの両方を包括的に理解していた。

最初の会議から、私はエロップが気に入り、重要なアイデアと適切な意図を持った有能なリーダーだと思った。しかし、彼がフィンランドのコミュニティにどう溶け込むのだろうかと思わずにはいられなかった。

エロップは初日に、ノキアの全従業員（約六万人）向けにいきなり電子メールを送信した。[1] CEOとして自分は何を変えるべきか、何をそのままにしておくべきか、どのような部分で新CEOの理解不足が懸念されるかを聞き出そうとしたのだ。社員は当初、あっけにとられた。ノキアでは通常この種のことは行なわれないからだ。だが、二〇〇〇件以上の回答が殺到した。[2] エロップはその一つ一つに返事を出し、フィードバックをまとめ、社内で何が順調で、何が問題かを理解しながら、幸先の良いスタートを切った。

（エロップはノキアに在籍中ずっと、シェアポイント〔マイクロソフトが提供する社内システム〕上で従業員との直接対話を実践し続け、他の人たちもやりとりを見ることができた。それは、CEOが全員と関わりを持つという実に見事な意思表明となった。）

ほかにも慣例を打破したことがある。エロップは雇用契約の一環として、個人的に警護をつけてほしいと交渉したのだ。マイクロソフトの経営幹部はたいてい移動する際にボディーガードをつけるのだが、これはフィンランドでは前代未聞である。しかし、すぐに社員の知るところとなった。なにしろ、エロップが全員参加の会議で話をするときには、部屋の隅にボディーガードが立っていて、出社時にも同伴するのだ。影のようにぴったりと警護が張り付くことで、外国人が経営していることを絶えず意識させられることとなった。

（エロップが特別な警護を必要としたのは悲しいことだ。ノキアがフィンランドでどれほど注目されていたかは、外国人には理解しにくいだろう。おそらくフィンランド人でさえ、もはや思い出せないことかもしれないが。フィンランドでは当時、エロップに関するメディアの報道が過熱した。エロップの家族が住むシアトル郊外の家にジャーナリストが押し入ろうとしたり、市民がエロップを見つけてタブロイド紙のパパラッチに電話で知らせると謝礼が出たりしたのだ。メディアに煽られて、普段はおとなしいフィンランド人が柄にもない振る舞いをし始めた。一度など、エロップはフィンランド航空機内で男に襲われた。その男はエロップに近づこうと座席をよじ登ってきたのだ。酔っ払ったフィンランド人の集団が空港の到着ゲートで待ち伏せすることも珍しくなかった。我が国の人々の行ないはお恥ずかしい限りだ。）

注目が高まる中では、些細なことまで大事になってしまう。八五歳になる私の母は、エロップが公（おおやけ）の場で講演しているニュース報道を見た。エロップは話をするときに、アメリカ人が講演でよくやるように、ステージの上を行ったり来たりした。だが、フィンランドでは、プレゼンテーション中に動き回ることは少ない。「この人は信じられないね。正直者はあんなに歩き回る必要はないよ」と、母は私にきっぱりと言った。歩きながら話すことが不誠実だという証拠にならないことを私は何度も説得しようとしたが、母は耳をかさなかった。同じような反応をするフィンランド人がどれほどいるのだろうか。

（私は母の指摘についてエロップに伝えて、フィンランドの聴衆の前で話すときには動きを半分くらいにしたほうがいいと助言した。彼は驚いていたが、真摯に受け止める素直さを持ち合わせていた。そして、じっと立つよう試みたが、あまり成功していなかった。）

文化の衝突は想定内のことだが、それよりも私が懸念していたのが、エロップのリーダーシップ・スタイルと手腕である。彼は緊急事態に対するセンスや説明責任を取り戻せるだろうか。バラバラで分散化されたプログラムをまとめられるのか。誰もが認めるリーダーだった頃のハードウエアに根ざした歴史から、まだ成功の見込みが低い存在でしかないソフトウエア中心のエコシステムへと、ノキアを移行できるのか。どうにかしてノキアを変革し、アップル、アンドロイド、ブラックベリーと競い合い、口先だけの言葉ではなくデータがものを言うアプリベースの未来で生き残れるのか。そして言うまでもなく、会長との関係はどうなるか。

その年の春に行なわれた直近の組織再編により、エロップが引き継いだ会社は三事業に分かれていた。スマートフォンとマスマーケット向けの携帯電話で構成されるD&S事業はノキアの売上の大部分を占め、他の二事業の売上の二倍以上となっていた。[3] ロケーション&コマース事業は、三年前に買収したナブテック（その後、「ヒア（HERE）」に名称変更された）などの地理情報サービス開発を手掛けていた。そして、常に赤字を垂れ流しているNSNの事業だ。[4] これに加えて、収益源となる特許の宝庫、ノキア・テクノロジーズもあった。

エロップは時間を無駄にすることなく、ノキアが直面している課題を明らかにしていった。すぐさまウミワシ・プロジェクトを立ち上げ、ノキアの組織能力と競争力について徹底的に内部調査を実施した。ノキアが現行の戦略計画を実施する能力について、エロップ自身の理解を深めるだけでなく、可能な選択肢を洗い出すためでもあった。同時に、ウミワシ・プロジェクトに外部の目も入れるため、有名な経営コンサルティング会社のマッキンゼーも起用した。

最も喫緊の課題は、シンビアンとミーゴの状況である。ノキアの未来はこの二つのOSに望みを託していたが、これら（およびそのチーム）が両輪として機能するのか、互いに競合するのか、何とも言い難かったのだ。

シンビアンの技術的負債

電子メール、タウンホール・ミーティング（対話型集会）、個人面談を通じてすぐに明らかになったのが、シンビアン・プラットフォームの悲惨な状態とシンビアン搭載デバイスの競争力の低さだ。エロップはソフトウエア・エンジニアとして、時代遅れのコードを最新版に変えることがどれほど難しいかを心得ていた。そして今、ノキアがどれほど深く技術的負債に陥っているかを目の当たりにしていた。

ソフトウエアのコードは古くなるにつれて、リライトが必要な要素が増えていく。これは「技術的負債」と呼ばれる。コードの最新化を遅らせるほど、負債が膨らみ、単純な変更を施すことさえいっそう難しくなる。というのは、新機能を加える必要が出てくるたびに、追加対応という形で負債の「利子」を支払うことになるからだ。その結果として、オリジナルのプラットフォームに変更が加えられると、その都度、問題が大きく膨らんでいく。タスクの規模が拡大するにつれて、それをやり遂げるために要する時間も指数関数的に増えてしまう。数年間、コードをオーバーホールする機会を逃せば、ソフトウエア版のアンダーウォーター・モーゲージ（資産価値〔評価額〕がローン残高を下回り、売却してもローンを全額返済できない状態）を抱え込むことになるのだ。

問題は、大規模なソフトウエアを完全にリライトするには多くの場合、二～三年、場合によってはそれ以上の年月がかかることだ。顧客が他のプラットフォームに逃げつつあり、経営状況が急激に悪化しているときには、一年の猶予すらないと感じるだろう。

また、リライトするためのリソースはどこにあるのか。最も優れた人材に担当させた場合、リライト中に現行の不安定なプラットフォームの面倒を誰が見るのか。

まさに腸（はらわた）がちぎれるような苦痛を伴う状況にあった。

私はエフセキュアで技術的負債を経験したことがある。そのときに導き出した結論は、解決策は一つしかないということだ。この陥穽にはまったことに気づいたらすぐに、別動隊をつくってソースコードの完全リライトを開始するか、段階的にリライトを進める。負債を減らすために別のリソースを割り当てるのだ。これをしない限り、決してリライトは完了しないだろう。たとえ新しいチームをつくるために人を採用する必要が生じたり、予想以上に大きな投資になったりしても、これはやらないといけない。早く着手するほど、早く準備が整う。

次世代シンビアン（シンビアン^3）は技術的負債というブラックホールから抜け出そうと果敢に試みた。正しい方向に実際に踏み出せるよう、完全リライトではないが、コードベースの大部分がリライトされていた。これは、二〇〇八年にノキアが求めていたバージョンで、二〇〇九年にリリース予定だったが、二〇一〇年九月（ほぼ一年遅れだ）にようやく市場投入の目途がついた。

ノキアの市場シェアは二〇一〇年上半期にさらに下落した。しかし、ＯＳの観点でエンドユーザー向けスマートフォンの売れ行きを見ると、シンビアン・プラットフォームは依然として明確なリーダーで、四一％の市場シェアを維持していた（二〇〇九年の五一％からは減少）。[5] アンドロイドの全世界の売上は二〇〇九年の一・八％から一七・二％に拡大し、一八％のＲＩＭに続く三位に躍進していたが、まだシンビアンの市場シェアの半分以下だ。[6] 一方、ｉＰｈｏｎｅＯＳは数量ベースでの市場シェア一四％を安定的に維持していた。[7]

期待を一身に背負ったのが、最初のシンビアン^3搭載スマートフォン「ノキアＮ８」だ。そして、その答えがまさに出ようとしていた。滑らかに磨かれたアルミ板を外装に用いたＮ８の発売はまたしても遅れたが、第３四半期までに出荷開始予定となり、やきもきしていた予約注文者は胸をなでおろした。ノキアのハイエンド端末に対する通信事業者のコミットメントはこれまで以上に大きかったのだ。私たちの調査では回答者の九〇％が最新型ｉＰｈｏｎｅよりも高く評価していた。テスト版の当初のレビューはまずまずで、《ＣＮＥＴ》は「魅力的な電話で多くのポテンシャルがある」とし、「磨きをかけるために、スムーズで簡単なＵＩが必要となる」と書いている。[8]

それこそが、私たちがシンビアン^3に期待していたことだった。

ミーゴの出番だ！

その間、ミーゴは待機していた。余計なものを省いたこの新ＯＳは、もう少し手を加えれば、舞台の中央に上がる手筈が整うと、私たちは聞かされてきた。

二〇一〇年七月の取締役会で受けた説明によると、ミーゴというソリューションが二〇一〇年下半期と二〇一一年上半期の事業計画の目玉となっていた。この会議では、ノキアの製品デザインの責任者であるマルコ・アハティサーリがミーゴ搭載デバイスを中心としたノキアのデザイン哲学について発表した。パイプラインには三製品あり、一つ目の「ダリ」は二〇一一年発売予定でスライド式のQWERTYキーボードが装備されている（初代ダリは二〇一〇年夏に発売する予定だったが、競争力がないとの感触を得て発売中止となった）。ダリに続くのが、コード名「ランック」（その後「N9」として発売）で、画面上で親指をすっと滑らせてアプリを呼び出すことのできるスワイプ式UIが新たにお目見えすることになっていた。

アハティサーリのプレゼンテーションは魅力的だった。彼は聞き手の興味を引く展望を描き出そうと、「このデザインにおける技巧」を絶賛し「一体成形のポリカーボネートに精密加工を施した」と熱狂的に語って、美しいイメージを想起させようとした。彼は特徴を説明するときに、新しいデバイスを優しくなでまわす癖があり、みんなからエロティックなデモンストレーションだとからかわれた。

デザイン的には、これほどのデバイスが負けるはずがなかった。しかし、私のようなエンジニアから見ると、そのプレゼンテーションは具体的な施策の面で物足りなさがある。ミーゴの準備状況や出荷日に間に合いそうかと尋ねると、「それは私の担当外なのでコメントできません」とアハティサーリは答えた。

UIとハードウエアの両方と緊密に連携してきたのだから、何か言えるはずだと、私は指摘した。

「それは取締役会として聞く価値があることでしょう」と促すと、彼は必要なデータにアクセスできないと言う。

アハティサーリに答えられないのであれば、アンッシ・ヴァンヨキなら答えられるだろう。ヴァンヨキは、ミーゴ搭載デバイスのロードマップを作成したソリューションズ・グループの責任者であり、自分の担当外だとは言えない。そこで、彼に質問したが、戻ってきた短い答えの中に、役立つ情報は皆無だった。

私はオッリラを見た。ヴァンヨキがその質問にまともに答えるよう指示してほしいと思ったのだ。ノキアの未来はミーゴを投入して勝てるかどうかにかかっている。ところが、オッリラは他の人から出された質問に移ってしまった。

アハティサーリかヴァンヨキがその時点で何を知っていたか、あるいは、何を疑っていたかはわからずじまいとなった。

こうなると、二カ月先はまったく不透明になってきた。新しいＣＥＯは答えを得られるのだろうか。

名門ノキアの血筋

エロップは初日に出した電子メールに対する熱心なフィードバックと、何千人もの従業員とのタウンホール・ミーティングや小規模グループでの会合のおかげで、ノキア文化における矛盾点を十分に認識していた。

社員の多くは大のノキア好きで、「自分は名門ノキアの血筋だ」と胸を張っていた。確かに革新的な考え方が欠落していたわけではない。エロップはフィンランド南西の都市、サロにあるノキアの施設を訪ねたときに、電話機を渡され、水で満たされたタンクに投げ込むように言われた。その後、そのデバイスの番号を呼び出すと、水没させたにもかかわらず、おなじみの着信音が聞こえてきた。ナノスケールのコーティングで電子部品に防水加工を施していたのだ。[9] これぞまさにアプリストアを発明し、最初のタッチ式デバイスをつくり、携帯電話の中にカメラを搭載して世界をうならせてきた企業に期待される、人をあっと言わせる類の技術といえる。私たちにはまだ魔法をかける力があったのだ。

しかし、多くの社員は不満を抱き、「ノキアには人材と真の組織能力があり、（それらを）ただ使っていないだけだ」ということを、エロップにわかってほしいと思っていた。[10] 電子メールから判明したのが「ノキアでは誰も何の説明責任も負っていない」と指摘する声が大半を占めていたことだ。[11] そこには、一枚岩のチームとして前進しようとする努力に水を差す問題点が見事に包含されていたのである。

世界中の通信事業者と会ったときにも、エロップは同様の矛盾したメッセージを受け取っていた。誰もがノキアの成功を望んでいたが、同時にノキアのポートフォリオに失望し、約束が守られないことに憤慨していたのだ。ノキアの実行状況は惨憺たるものだった。直近で投入した四四製品のうち三八％が四週間以上も遅延し、まずいことに最も遅れていたのが最重要製品だったのである。

ノキアの高飛車なデバイス供給方法に不満を募らせている通信事業者も多かった。二〇〇九年以前の好調期、事業者ごとに販売可能な携帯電話数はノキアが決めていた。ノキアのデバイスに対する人気は非常に高く、「ノキアには営業マンはいない。あれは供給を割り当てているだけだ」と言われるほどだったのだ。そうしたやり方は怒りを招き、ノキアの地位が弱まると、私たちはしっぺ返しを食らうことになった。

さらに社内には、外部の人から提案された変革には抵抗すべきだと考える、結束力の強い一団も存在した。私がエロップと最初に一対一で会ったときに、「グループ執行役員会（ＧＥＢ）」という名称変更をめぐってもめたことを聞かされた。フィードバックを見ると、トップ経営幹部で構成されるＧＥＢは、象牙の塔の中に引きこもり、現実世界との一切のつながりを拒み、実行部隊である一般社員には納得のいかない意思決定をするリーダーの象徴になっていたのである。

「ＧＥＢ」という言葉に良くないイメージがあるので名称変更したいと思ったが、残念ながら無理だったと、エロップは私に語った。なぜかと聞くと、ノキア経営陣は「グループ執行委員会」と呼ばなくてはならないと内規で決められていると言われたという。

それはおかしいと私は伝え、ダブルチェックするよう勧めた。「内規には、経営陣についてどんな英単語を使うべきかの制限など、きっとないと思いますよ」。そしてもちろん、そんな規定はなかった。

（エロップは非常に慎重で、そうやってミスリードしたのが誰であるかを明かさなかったが、数年後にオッリラだったと教えてくれた。）

ＧＥＢはすぐに「ノキア・リーダーシップ・チーム（ＮＬＴ）」に改称された。

シンボルとシグナル

私はGEBの話をきっかけに、何でもかんでも規則通りにする慣習から抜け出せなくなっていた組織を任された、ある新任リーダーの話をエロップに教えた。この組織には実際に、全社員が遵守すべき規則を網羅したルールブックがあり、誰もが心の底からそのルールブックを嫌っていた。

その新任CEOは変化を示す強いシグナルを送りたいと思った。そこで部下に命じて、会社の駐車場で、CEOが自ら空のドラム缶にルールブックを投げ込み、火をつける様子をビデオ撮影させたという。その象徴的な行為は、何千もの言葉よりも声高に物語っていた。

シンボルは強力だ。何とか変革をしなければならないリーダー、特に外部からのリーダーはシンボルとなるものに多くの注意を払う必要がある。そして、何をどう変革するか、その変革はどのようなメッセージを送るか、どのようにそれについてコミュニケーションするかにも気を配らなくてはならない。

エロップが遭遇した変革への抵抗は、ほとんどが会社の上層部によるものだった。ある特定のツール、プロセス、言動を生み出してきたリーダーは、新参者がそれを変えようとするのを嫌がることが多い。変革を間接的な批判だと受け取り、防衛反応を示すのだ。こうした反応は、従前の言動によってその企業が成功してきた過去があると、いっそう強くなる可能性がある。

私自身も、あなたの考えていることは絶対に不可能だとベテランから何度も指摘されたものだが、早々に切り返すことを学んだ。「不可能に見えても、これを可能にする方法を考えてほしい」、「これができるかどうかではなく、どうやるかを聞いているのです」と言えばいい。そのうち、不可能だと言っていた張本人が、最終的に実現方法を見つけたと笑顔で報告しにやって来る。これは何度も繰り返し起こったことだ。

新しい風が吹く

二〇一〇年一一月二三日と二四日に開催された取締役会は、慣習を大きく逸脱するものとなった。オッリラが例のごとくマクロ経済動向を分析するところから始まったが、その後、戦略の更新を取り上げたのだ。今や、最も重要な質問をしながら会議を進め、そこにかなりの時間を割くようになっていた。これは新しい風が吹いてきたと私は感じた。

もう一つの歓迎すべき変化は、会議の少なくとも一部に、NLTメンバーをほぼ全員出席させたことだ。

会長とCEOの関係がピリピリしているように感じられた。後から知ったことだが、二人の関係は前向きな方向に進化してはいなかった。たとえば、オッリラはエロップが会長抜きで取締役たちと話をすることを禁じたが、そのやり方は自分には続けられないとエロップは感じていたのだ。NLTメンバーを取締役会に出席させることについても、二人の意見は食い違っていた。プレゼンテーターではないNLTメンバーが取締役会に出席することをオッリラはひどく嫌がったそうだ。

新しいCEOが少し苛立っていたのは無理もない。

私たちの主力製品N8がついに発売された。売上が有望視されていたが、レビューを見ると、うんざりするほど根強く残る難問が指摘されていた。ハードウエアのデザインは非常に素晴らしくても、イライラさせられるユーザー体験は隠しきれなかったのだ。「おしゃれなケースと素晴らしいカメラのおかげで、既存のノキアのタッチスクリーン式携帯電話の中で最高の製品となっているが、使って楽しいものではない」と《CNET》に書かれていた。「N8の問題はシンビアンを責めるべきだろう。N8は最新版シンビアン3OSを搭載した初の携帯電話で、改善は見られるが、それだけでは不十分だ」[12]

第三のエコシステムを創り出せるか？

新しい動きは、エロップが報告したウミワシ・プロジェクトとマッキンゼーの調査結果が背景となっていた。

iPhoneが突然登場してから三年が経ち、携帯電話市場はスマートフォンに大きくシフトすることで順調に成長を続けていた。ノキアは全体ではいまだに業界最大手だったが、ハイエンド市場はアップルが席巻し、中間層は多数のアンドロイドベンダーに攻め込まれ、ローエンドにも安価なメディアテック製チップセットを使ってアンドロイド・プラットフォーム上で構築されたデバイスが増え、それらに押されていた。アンドロイドは爆発的な成長を遂げていたにもかかわらず、全世界で見ると、シンビアン搭載の携帯電話はアンドロイド搭載のものより数量ベースで五〇%多かった。しかし、アンドロイドが北米市場を制覇し、シンビアンを抜いて世界で最も普及したプラットフォームになるのは時間の問題だ。このことはすぐに予想できた。

ノキアが当てにできる安心安全な市場は残されていなかったのである。

アプリの使用状況の統計を見れば、その理由がわかる。アップルとアンドロイドという二つの巨大エコシステムは、他を引き離していた。アプリ開発者は、三〇万以上のアプリ数を誇るアップルに非常に強い関心を示した。アンドロイドのアプリ数はその半分超だが、明らかに開発者数でクリティカルマス（広く普及するために必要な最低限の数）に達していた。[13] 一方、シンビアンが獲得したアプリ数はかろうじて二万八〇〇〇、マイクロソフトのウィンドウズフォンはわずか二〇〇〇である。ミーゴの場合、サードパーティのアプリはほぼゼロだった。

アプリ数は単なる人気指標ではなく、売上に転換される。ｉＰｈｏｎｅユーザーは他のプラットフォームのユーザーよりも多くのお金を使う。アプリ開発者にとって、ｉＰｈｏｎｅは人々が財布のひもを緩めやすい、最適なプラットフォームだったのである。

ノキアにとって大きな問題となるのは、アップルとアンドロイドがエコシステムの構築ですでに優勢となっている場合に、ノキアが生き残ることのできる第三のエコシステムをつくれるかどうかだ。ノキアのアプリストア「Ｏｖｉ」はリーチの広さでは優位にあった。アップルが九〇カ国、アンドロイドが三二カ国であるのに対し、ノキアは一九〇カ国で有料アプリを販売していた。また、このうち九〇カ国で通信料金を徴収する決済サービスを手掛けており、クレジットカードを持たないユーザーがアプリを買うと、決済用の口座から請求分を引き落とすことができた。これはアップルやアンドロイドにはなかったものだ。

しかし、シンビアンにはもはや競争力がなかった。ミーゴは初期段階にある。アップルやアンドロイドの優位性を考えると、ノキアは追いつけるのだろうか。

仮にノキアが競争力のあるエコシステムを構築できたとしても、それとは別にポートフォリオ上の課題がある。市場の変化の動向を見ると、シンビアンが引き続き競争力を失っていくことは明らかだった。シンビアン搭載デバイスはもはや高価格を設定できず、より低い価格帯へとずるずる落ちていくだろう。しかし、ローエンドで競争するには、市場セグメントに合わせてデバイスをデザインし、使用するリソースを極力減らす、つまり、遅いプロセッサ、少量のメモリ、ひいては軽量のＯＳを用いる必要がある。残念ながら、シンビアンはそもそもローエンド向けではなかった。

シンビアンは勝ち目のない難題の中で身動きが取れなくなっていた。ターゲット市場でもはや競争力がなくなり、やむなく参入する市場ではまともに戦えなかったのだ。

ミーゴは三〇〇ドル以上のハイエンド市場でシンビアンからの買い替えを狙っていた。しかし、このままシンビアンが下落していくと、そこに隙間ができてしまう。シンビアンの地盤沈下が進めば、必然的にその隙間は広がるだろう。

ノキアには、その隙間を埋めるような競争力のある中価格帯のＯＳがなかった。

選択肢は三つあった。まず、この隙間を埋めるためにミーゴを降格させる。しかし、ハイエンドでミーゴの競争力を高めることに特化して開発してきたので、これは妥当ではない。シンビアンを上位に引き上げ、下降を食い止めるという可能性もあるが、どちらもうまくいきそうにない。隙間を埋めるために別のOSを購入するか開発することも考えられる。しかし、アンドロイドと五〇〜一五〇ドルの底値で競争するために、ノキアはすでに「メルテミ」OSを開発していた。第四のスマートフォンOSは最も要らないものだ。

どうやらシンビアンは、ミーゴが舞い降りて窮地を救ってくれるまで、中価格帯市場に踏み留まらなくてはならないようだ。しかし、競争は熾烈でかつ、製品が不安定な状態にあるため、楽勝とはいかなかった。

セカンドオピニオン

二〇一〇年一二月の取締役会では、N8がシンビアンの復活どころか、ほんの少し使いやすくなったにすぎないことが明白になった。シンビアン搭載デバイスは、たとえば成長中のサムスンの「ギャラクシー」と比較して、ブランドとして色褪せつつあったのだ。

最初のミーゴ搭載スマートフォンN9は二〇一一年六月に発売される予定だった。明らかに宴(うたげ)には出遅れていたが、アンドロイドが証明してきたように、N9が「ファースト・フォロワー（最初の追従者）」として成功する可能性はきっとあるだろう。ノキアは依然として世界一六〇カ国では優勢なグローバル大手であり、ミーゴによって不安定な状態から抜け出し、いずれ市場で強い地位を取り戻せればと、私たちは願っていた。[14]

ミーゴがとにかく肝となるため、その実現可能性に関するマッキンゼーの調査結果はことさら重大だった。

その内容は、腹にガツンとパンチを食らわすものだった。N9を含めてミーゴのポートフォリオ向けに予定されている製品は、アンドロイドを採用している競合他社の製品と比べて、機能面でも性能面でも目標価格ですでに後れを取っているというではないか。こうした差があると潜在的な顧客の買う気が失せるうえ、開発者なども消費者をプラットフォームに呼び込むアプリやゲームの開発をやめてしまう。

アンドロイドのサービスと比べて、ミーゴのポートフォリオ自体が微々たる存在にすぎなかった。ミーゴの狙いは市場のハイエンドにある。一方、マッキンゼーの調査結果によると、アンドロイドでは八〇以上の多様なモデルが、ミーゴよりも低価格で発売されることが見込まれていた。

さらに、「隠れアンドロイド」(つまり、ミーゴ)と実際のアンドロイドとの間に、強力な差別化要因はなかった。というよりも、唯一の差別化要因はノキア製ということだが、おそらくそこにはもはや十分な魅力がない。アンドロイドのアプリが今や二〇万に達し、ミーゴが生き残りをかけて代替エコシステムを生み出せる好機は急速にしぼみつつあった。[15]

エロップは意思決定の提案をする前に、ミーゴの健全性について絶対的な確信を持つ必要があった。マッキンゼーの結論を検証するために、自分自身で深く分析しただけでなく、内情に詳しいノキアのリーダーにもセカンドオピニオンを求めた。

そこで白羽の矢が立ったのが、言うまでもなく、技術力に定評のあるカイ・オイスタモだ。彼は昨春の再編後に戦略担当となり、ウミワシ・プロジェクトの調整役としてすべての会議に出席していた。その過程で、シンビアン凋落に対して本当に痛みを感じ、自責の念を抱くとともに、過去の過ちを正したいと思っていたのだ。それを見て取ったエロップは、オイスタモを信頼することにした。

エロップとオイスタモは別々に、ミーゴの研究開発部門について詳細調査を実施することとなった。コーディング担当者、テスト担当者、マネジャーに話を聞き、バグレポートを調べ、開発速度について独自に計算する。一カ月かけて意見書をまとめるが、その間は互いに資料を見せ合わないことにしたのだ。

一月のサプライズ

二〇一一年一月四日、おそらく一カ月にわたる評価期間の二週間目だったが、オイスタモはエロップに電話し、意見を伝える用意ができたと知らせた。自分も覚悟を決めたとエロップは答え、「オフィスに来てくれ」と告げた。「きっと私は机の下で胎児のように丸まっているから」

マッキンゼーが警告したよりも、状況はさらに悪かったのだ。

ミーゴの担当チームはなぜかリソースの確保をおざなりにし、N9に続く次世代ミーゴ搭載デバイスの作業は滞(とどこお)っていた。現在のペースでは、ノキアは二〇一四年までにミーゴ搭載デバイスを三つしか導入できないが、それではあまりにも遅すぎてゲームについていけない。三年間で三モデルというのは、タッチ式で市場に破壊をもたらしたアップルには良い戦略だとしても、追いかけているノキアには戦略の体を成さなかった。

一年にミーゴ搭載デバイス一つだけでは、十分な数量にならない。数量がなければ、開発者エコシステムはアプリ開発を始めようと思うほど、そのプラットフォームを信じてくれないだろう。開発者のサポートなくして、ミーゴの成功は考えられなかった。

シンビアンのコンパイルにおける失態がすべて繰り返されていた。しかも、もっと悪い形で、である。「ミーゴはずっとノキア全社の希望の星でした」とオイスタモは振り返る。「それが裸の王様だという結論に達したのです[16]」

どのような失敗にも、二つの側面がある。一つ目がミスを犯すことだが、これは常に起こることだ。もう一つは、文化的な欠陥のせいでミスの特定が遅れ、断固たる行動が間に合わなくなることだ。ミーゴの開発はまったくもって正しかったが、問題が発生したときに、例のごとく、トップにまでそのニュースが伝わらなかった。無視できない大きさになるまで問題は膨らみ、発覚する頃には大きすぎて簡単に解決できなくなっていたのだ。

その前にもミーゴの課題を議論していたので、取締役たちはすべてがバラ色ではないことを知っていた。しかし、エロップが「ミーゴは大失敗でした」と爆弾発言をしたときに、そこまで事態が悪化しているとは夢にも思っていなかった。ポートフォリオのロードマップは遅々として進まず、ミーゴを伸ばしてシンビアンの失地を回復することはかなわなかったのだ。

会議室から空気が抜けてしまったように感じられた。シンビアンもミーゴも駄目だとしたら、ノキアには自社を前進させる手立てがない。そのニュースに呆然としてしまい、私の頭はまともに働かなかった。ほかの人々を見渡せば、同じような気持ちであることがわかっただろう。

なぜこのような初歩的なミスが起こったのか。なぜずっと隠されていたのか。取締役会で数年にわたってミーゴについて議論してきたではないか。だいぶ前からプロトタイプを見せてもらい、私たちは皆、それを手に取ってきた。実物があったのだ。ミーゴにはまったく価値がないと言われても、にわかには信じがたい。私たちは裏切られた気分だったが、誰を責めていいのかもわからなかった。

あとほんの数週間で、エロップはロンドンで開催される年中行事「インベスター・デイ」で講演をすることになっていた。このイベントは、ノキア経営陣が自社の戦略、事業、財務目標の最新情報を発表する機会であり、過去にはノキアファンに向かって壮大な計画を発表する晴れ舞台となってきた。[17]

そして今なお、世界中の業界アナリストや主要な投資家が、エロップのノキア救済戦略を聞きたいと待ち望んでいるのだ。

その瞬間、会議室にいた誰一人として、今後どうなるのかまったく見当もつかなかった。

第七章　厳しい選択　二〇一一年一月〜二月

ウィンドウズフォンを選ぶことは大博打であり、当たれば大きいが、壊滅的な打撃となる確率もかなり高い。アンドロイドであれば、上振れの余地はそれほど大きくないが、完敗に終わる可能性は大幅に下がる。

選択肢は必ず見つかる。ただし、好ましい選択肢ではないこともある。

二〇一〇年一〇月に話を戻すと、エロップはウミワシ・プロジェクト発足時に、マッキンゼーのあるパートナーに、ノキアの製品ポートフォリオ、現行の計画、組織能力に基づいて長所と短所を客観的に評価してもらった。シンビアン、ミーゴ、メルテミというOSを基盤としたノキアの今後について評価してもらうとともに、ノキア以外のOSの調査も依頼した。

この他社OSの調査は「プランB」と呼ばれた。

プランBを知るのは経営層のごく一部に厳しく制限され、極秘扱いとなっていた。ノキア独自のプラットフォームをあきらめるのは、完敗したのも同然だったからだ。これまで業界内で最大の市場シエアと研究開発予算を誇ってきたにもかかわらず、競争力を維持できなかったと認めなくてはならない。

小さな計画でお茶を濁すことなど問題外だった。ノキアに必要なのは、業界大手としてのアイデンティティを維持する可能性が最も高まる戦略だ。

選択肢はアンドロイドとウィンドウズフォンの二つに限られていた。

なぜアンドロイドを選択すべきか?

アンドロイドのエコシステムは前例のない勢いで急拡大していた。ノキアの開発サイクルが一二～一八カ月だったのに対し、グーグルは六カ月ごとにきちんと動くOSのアップデートを着実に重ね、新バージョンが出ると数えきれないほどのアプリやサービスが開発された。開発者数はすでに二万五〇〇〇以上にのぼり、二〇万以上ものアプリを生み出していた。なかには、地図や無料ターンバイターン・ナビゲーション（音声や矢印アイコンなどで進行方向を示しながら道案内する機能）など、旧来のノキアの牙城に攻め込むものもあった。

低・中価格帯のアンドロイド搭載モデルは群れを成して、ノキアの巨大な基盤を侵食しつつあった（インドだけでも、ノキアの市場シェアは一五ポイント以上落ち込み、六〇％未満になっていた）。これらの価格帯では今後一八～二四カ月間で八〇以上ものアンドロイド搭載モデルが発売される予定だったが、ノキアはそこにほとんど食い込めずにいた。

さらに取締役会では、これまでミーゴを支持してきた主要な通信事業者や機器メーカー、他のテクノロジー企業がスタンスを変えたとの報告があった。ノキア経営陣は、これらの企業の人たちと会ったときに、「ノキアが市場に留まることは重要だが、ミーゴに本当に競争力があると証明されない限り、サポートできるかどうかわからない」と言われたという。リンクトイン、フェイスブック、ツイッターなどのテクノロジー企業は、ノキアが自前のエコシステムを構築するうえで必要なアプリを持っていたが、別のOSをサポートすることに乗り気ではなかった。仮にマイクロソフトのウィンドウズフォンを何らかの形でサポートしなければならなくなったとしても、「いいだろう。アンドロイドとiPhoneは前提条件となっている。だが、ミーゴやウィンドウズフォンのようなマイナーOSを手掛けなければならないとすれば、両方ではなく、どちらか一方でいい」と考えるだろう。

携帯電話メーカーと会ってみても、同じく煮え切らない態度だった。大手メーカーの中で、ミーゴを推すのは唯一サムスンだが、アンドロイドの王者である同社にとって、ミーゴは選択肢の一つにすぎない。トラブルの兆候が少しでも見えようものなら、瞬時にミーゴを切り捨てる恐れがある（ちなみに、サムスンは二〇〇九年後半に、私がまとめた提案書の中でノキアがとるべきだとした内容をまさに実施していた。サムスンはアンドロイドに分散投資し、グーグルに善処するようプレッシャーをかけたのだ）。ミーゴがブレークスルーを遂げるにはもっとサポートが必要だったが、そこにはワクワクする要素がなかった。

アンドロイドを打ち負かせないなら、なぜノキアはアンドロイドに参加しなかったのだろうか。

ノキアの未来の選択肢として、アンドロイドには明確な利点があった。グーグルと提携すれば、アンドロイドのエコシステム全体にアクセスする道が開かれるだろう。それも携帯電話だけでなく、アンドロイド・プラットフォーム上で標準化されつつあるタブレットなどの新デバイスも含めてのことだ。アンドロイドは技術人材や帯域幅の管理をオープンにしているので、私たちは自前ＯＳの構築にさらに無駄な時間を使うよりもむしろ、機能や製品を統合して差別化することにもっと専念できるだろう。ノキアの専門知識を活用して、アンドロイドのロードマップに影響を与えたり、他のメーカーと自分たちを差別化したりすることも可能かもしれない。そういうポジションは筋違いなものではなかった。

大事なことを言い忘れていたが、グーグルと手を携えて取り組めば、新しい収益源が広がる可能性もあった。私たちがグーグルの広告収入を大幅に押し上げたならば、おそらくその一部を獲得できるはずだ。それはノキアに財務的余裕を生む、きわめて心強い提案になるだろう。

なぜアンドロイドを選択すべきではないか？

グーグルの見方は、ノキアのそれと異なっていた。

ミーゴのポートフォリオの悲惨な状況が明らかになった二〇一一年一月の取締役会で、ノキアが以前から何度もグーグルと接触してきたことを、エロップは私たちに思い出させた。グーグルは現在の勢いと市場シェアの伸びから、アンドロイドが最大のプラットフォームとして成功するのはほぼ間違いないと感じていたのだ。グーグルのメッセージは明白である。自分たちはすでに勝っているのだから、ノキアなど必要ない、というものだ。

ノキアの視点に立つと、アンドロイドのエコシステムに参加したときの将来ビジョンは厳しいものとなる。私たちは王様ではなく、臣下の一人に成り下がるだろう。大勢の中の一人というだけでなく、プラットフォーム上で最も経験の乏しいプレイヤーになる。アンドロイド携帯電話の最大メーカーであるサムスンはすでに二年間、アンドロイド・プラットフォームを採用してきた。[1]ノキアがアンドロイド搭載デバイスを発売できても二〇一一年後半から一二年初めになるため、サムスンのさらなるリードを許してしまう。しかも、数量ではサムスンにはるかに後れを取っているだろう。

私たちは特に、グーグルが取り組んでいたローエンド版アンドロイド搭載携帯にぜひとも関わりたいと思っていた。このプロジェクトではノキアだけが有利なスタートを切れるように交渉を試みたが、グーグルはノキアに優遇策を提供することに興味を示さなかった。

それだけではない。グーグルはすでにグーグルマップを持っているので、ノキアはナブテックを売却しなくてはならないだろう。フェイスブックなどの主要プレイヤーがナブテックの将来の顧客になると見込まれていたので、そういう貴重な資産を売らなくてはならないというのは魅力的な考えではなかった。

ノキアもグーグルも、時間がグーグルに味方することを知っていた。議論が長引けば長引くほど、グーグルの規模は拡大し、私たちはさらに弱体化するだろう。グーグルは一切の譲歩をせず、私たちは何の影響力も持たなかった。

ミーゴは行き詰まっていた。シンビアンは言うまでもなく大失敗である。そして今、アンドロイドという選択肢はとれないことが見え始めていた。

他の選択肢はあるか？

残されたのは、マイクロソフトとウィンドウズフォンだ。

マイクロソフトはグーグルと同じく自前のデバイスをつくっていないので、自社ＯＳを搭載するハードウエアメーカーを必要としていた。だが、マイクロソフトの態度は、グーグルとは文字通り正反対だった。グーグルの場合、その無料のアンドロイド・プラットフォーム上でデバイスをつくるメーカーは多数存在する。マイクロソフトのウィンドウズフォンは無料ではなく、まだ市場に足場をつくろうとしている段階だ。グーグルが「御社は必要ない」というシグナルを出す一方、マイクロソフトはノキアとの関係について積極的に提案し、その冬の間にかなり時間をかけてブレーンストーミングを行ない、マイクロソフトを選ぶようにいかにノキアを説得するかを検討していた。また、グーグルが消極的で尻込みしているのに対し、マイクロソフトはノキアとのパートナーシップを結ぶ可能性に心を躍らせ、盛り上がっていた。このような背景により、一緒に手を組めばもっと楽しくなりそうだと、マイクロソフトは感じていたのだ。

感情面はさておき、マイクロソフトに肩入れすべき確かな根拠はたくさんあった。

ウィンドウズフォンであれば、ノキアは唯一無二の存在として、最初から有利な立場になれるだろう。ノキアは最大プレイヤーで、ウィンドウズ・システム内に他のベンダーを入れない形でサポートを受けられるだろう。ウィンドウズＯＳへの単独でのアクセスが可能となり、ノキアが定めた要件で同ＯＳに影響力を行使できるだろう。ノキアは四年間で年間一〇億ドルまでという巨額のマーケティング補助金を受けられる。もちろん、ライセンス料を支払うので、マーケティング補助金は実質的に相殺されるが、数量がゼロのところから始めるので、当初のライセンス料は低くなるだろう。

マイクロソフトは、地図や位置情報のデータベースといったノキアが保有する一部の要素を持っていなかった。私たちが独自の組織能力と多数の知的財産権を持つイメージングなどの主要分野で差別化できることは間違いない。誰も組み込んでいない特徴や機能を装備することもできる。マイクロソフトはウィンドウズフォンの特定機能を一定期間、ノキアに独占的に使わせてくれるだろう。アンドロイドＯＳの場合、ノキアが独自にアイデアを持っていたとしても、全ベンダー向けＯＳで同時に等しいサポートしか受けられないだろう。

ノキアとマイクロソフトは共同で、市場シェア三〇％の達成も夢ではない第三のエコシステムを創り出せるだろう。結局のところ、アンドロイドはほんの二年間で、ゼロから現在の地位まで躍進したのだ。新システムでもそれと同じことができない理由はない。

最も決定的だったのが、試算の結果、ウィンドウズフォンの売上総利益がアンドロイドと比べて高かったことだ。アンドロイドの場合、多数のプレイヤーが出してくる安価なデバイスが市場に溢れることになりかねないが、ハイエンドのウィンドウズフォンであれば、競争はもっと少なく、ノキアの価格競争力は増すだろう。

要するに、まさしく相互依存関係にあった。私たちは懇願するつもりはなく、マイクロソフトも私たちの頭上に斧(おの)をちらつかせて脅すつもりはないだろう。事態が悪化した場合に、グーグルには全力を挙げて私たちを支援するつもりはないが、マイクロソフトは違う。

少なくとも、私たちはそう考えたのである。

マイクロソフトと組む

最終決定をする取締役会の数日前の一月二二日にNLTの会議が開かれ、ウィンドウズフォンとアンドロイドの問題に関する議論と決議が行なわれた（プランBは依然として極秘扱いだったが、その年の秋になると、ミーゴとシンビアンの問題は自明のものとなっていたので、バックアップ計画から中心的な計画へと移行していた）。この会議にはエロップはもちろんのこと、戦略責任者のオイスタモ、CFOのティモ・イハムオティラ、他のNLTメンバー、マッキンゼーのコンサルタントが顔を揃えた。

一人を除いて、全員がマイクロソフトに投票した。私の理解では、みんなウィンドウズフォンがより良い選択肢だと心から信じていた。エロップがウィンドウズフォンを推しているという感触がみんなに影響を与えたかどうかは、知りようがない。

ただ一人違う意見を持っていたのが、マッキンゼーのコンサルタントだった。その主張は次の通りだ。「二つの選択肢の違いは、ウィンドウズフォンでは白か黒かの結果になることだ。大成功してノキアが勝てなければ、ノキアのストーリーは終わってしまう。ウィンドウズフォンのシナリオではノキアが最大ベンダーになる。成功するエコシステムにするには一定の数量が求められ、その数量に達すれば、ノキアは自動的に市場の大部分を獲得できるだろう。しかし、クリティカルマスに達しなければ、ウィンドウズフォンもノキアも一巻の終わりで、その中間はない。アンドロイドであれば、中間が存在する」

ウィンドウズフォンを選ぶことは大博打であり、当たれば大きいが、壊滅的な打撃となる確率もかなり高い。アンドロイドであれば、上振れの余地はそれほど大きくないが、完敗に終わる可能性は大幅に下がると、そのコンサルタントは感じていたのだ。

続く水曜日と木曜日に、取締役会が開かれた。初日は主にウミワシ・プロジェクトの調査結果とミーゴの悲惨なニュースが取り上げられ、二日目に今後の選択肢の検討が行なわれた。

私たちは切羽詰まった中で決断しなくてはならなかった。主要株主とアナリストが毎年集まるノキアのインベスター・デイはすでに二週間後に迫っていた。投資家の心を動かす切り札だったミーゴの話は、穴の開いた風船のようにしぼんでいたのだ。

ウィンドウズフォンという選択肢は良さそうに聞こえた。結局のところ、グーグルとマイクロソフトがノキアをどう扱うかという比較に基づく論理的な議論に加えて、ソフトウエア業界からやって来て、私たちが参入した新世界をよく知ると思われる新任ＣＥＯがマイクロソフトという選択肢を勧めているのだ。彼は数カ月にわたって、状況を分析し、通信事業者や技術パートナー、従業員と会うためにすべての時間を費やしてきた。そして、経営執行チームのメンバーが一人残らず彼の支持に回り、彼の分析は正しく、ウィンドウズフォンを選べばいいと言っている。

マッキンゼーのコンサルタントはその取締役会に出席していたが、警告を発することはなかった。彼もまた取締役たちの前でエロップを援護したかったのだ。また、マッキンゼーの作成したレポートは、ウィンドウズフォンを実質的に支持する方向で読めるようになっていた。NLT会議で提起された議論ははっきりと示されていなかったのだ。

他の唯一の選択肢は、ミーゴのテコ入れ、シンビアンの修正、メルテミへの取り組みを並行しながら、そこにアンドロイドに関する詳細調査をするかしないか、というくらいだ。まさに寄せ集めで、すでに手薄なリソースが分散し、細分化がいっそう進んでしまう。

マイクロソフトが唯一の現実解に見えた。

私たちは心情的に、エロップを応援せずにはいられなかった。彼は就任からわずか数カ月で、ノキアの未来を脅かす危機に直面したのだ。私たちはみんなエロップの成功を望み、彼の考えが正しいことを願っていた。

未解決の重要な論点の一つが、マイクロソフトを市場のローエンドにコミットさせることだった。マイクロソフトはグローバルビジネスを展開し、海外で多額の利益を上げていたにもかかわらず、どう見てもアメリカ人の経営陣が率いるアメリカ企業である。マイクロソフトからすれば、重要なPMF（プロダクト・マーケット・フィット）（最適な製品を最適な市場に提供している状態）は一つしかない。それは、マイクロソフト社員が自ら使いたいと思うデバイスだ。つまり、英語のUIで、アメリカで人気のアプリを搭載した高価格帯から中価格帯のスマートフォンである。

アップルがハイエンドを飲み込んだため、ノキアの目下の強みは中価格帯から低価格帯の携帯電話にあった。インド、パキスタン、中国、ブラジル、インドネシア、ナイジェリア、エジプト、ロシアなど、さまざまな新興国には何百万人もの顧客が存在した。こうした市場の多くには、ローカル・アプリ・ベンダーやさまざまなローカルの要件が存在し、少なくとも言語は外せない要素だ。最初に発売されたウィンドウズフォンは八言語しかサポートしていなかった。しかし、マイクロソフトの経営陣は前に推し進めることに躍起となっていて、その時点ではこうした弱みがあることをまったく検知していなかったのだ。

シアトルを拠点とするマイクロソフトのエンジニアリングチームは、ノキアが必要とするものを提供できると請け合った。私たちが求めるものの複雑さについて、彼らが正しく理解していないことに気づいたのは、後になってからだ。

マイクロソフトが誇大宣伝したとはいえ、私たちは彼らの国際的な組織能力や現状の世界市場を支える機能さえもよく下調べしていなかった。何よりも、不都合になりそうな点の掘り下げが不足していた。

一月二六日の取締役会で、私たちは事実上、マイクロソフトという選択肢をとった。その後、アンドロイド案を発展させようと取り組むことはほぼなかった。マイクロソフトとの最終交渉（まだ何週間もかかる）に向けて特別委員会が設置されたが、それはマイクロソフトを選択した後のことだ。同委員会がウィンドウズフォンの代替案について調査することはなかった。

もはや無駄にしている時間はない。第4四半期の業績は翌日に発表される予定だ。ノキアの上位二〇〇人のリーダーは二月一一日のノキア・インベスター・デイに先立って同月九日にロンドンに集合することになっていた。

二月一〇日の夕方、電話会議で取締役会を行なったが、この件を進めるかどうかを問うにはもう手遅れだった。エロップは非常に説得力のある形で計画を進めていた。彼は分析的かつオープンで、すべての質問にも答えた。うまく答えられなかった質問はチームメンバーがメモしておき、さらに多くのデータを揃えて、どの質問にもすらすら答えられるように準備した。これは非常にタイトなスケジュールの中で質の高いプロセスのように感じられた。

完璧なプロセスではなかったが、事実に基づくと、どう見てもウィンドウズフォンが最良の選択肢だと思われたのだ。

ノキアはもっと小さな安全策に甘んじるのではなく、星を射ようとしたとして叩かれるかもしれない。しかし、これは過去の栄光を取り戻すための戦いであって、野心不足を責められるわけにはいかない。いずれにせよ、この頃には一つのミスも許されなくなっていた。

常にダークサイドに目を向ける

理屈上、マイクロソフトとの提携には非常に強い論拠があった。この論理が破綻したのは、マイナス面の分析が不十分だったせいである。単純に、私たちは取締役会としてこの種の訓練が不足していたのだ。私は取締役会で四年を過ごしてきたが、このときほど技術的な話題に多くの時間を割いたことはない。それでも、おそらく合計すればわずか二日程度で、テーマの複雑さを考えればたいして多くはない。テクノロジーは取締役会にとってあまりにもオペレーション寄りで、純粋に経営執行チームが対応すべきものだと考えられていたのだ。

当時の私たち取締役会の活動には、批判的にならない、マイナス面を議論しない、疑念を表明しない、という特徴もあった。私はあまりにも批判的だと、会長から何度か対面で直接指摘された。他の取締役もきっと同じだったはずだ。

どのような負け方をしそうか理解するよりも、勝つ方法を取り上げたほうが常に魅力的である。私たちは、いかに成功させるかを考えることに九八％の時間を費やし、代替シナリオを通して考えることにほとんど時間をかけなかった。これがうまくいかない場合はどうなるか。そのとき、何をするのか。どういうときに、これがうまくいかなくなるのか、とは考えなかったのだ。

パートナーシップを打ち切らざるをえないという負のシナリオを考えて自問自答していたならば、自分たちが取ったリスクをもっとはっきりと理解できていただろう。ウィンドウズフォンとアンドロイドの双方の負のシナリオを比較すれば、二つの選択肢の違いがもっとよく理解できていたはずだ。

社運を左右する意思決定をしなくてはならない場合、チームメンバーのうち一人か二人を「レッドチーム」に割り振ることを考えてみるといい。彼らの役割は、不都合な側面に注目し、リスクを指摘し、みんなを地に足がついた状態にすることだ。私たちの場合、全員がブルーチームに属していた。

特別委員会は例のごとく、リスクマップ上に二五のハイリスク要因を特定した。最も大きな二つのリスク要因は、エコシステムの構築が失敗することと、ウィンドウズフォンの競争力が弱いことだった。これは的中した。しかし、時間をかけてじっくりと調べず、このシナリオに対するリスク軽減策はおおむね「もっと頑張ろう」に留まっていた。

上記のことをすべて行なっても、結果は変わらなかったかもしれない。私たちはやはり、より大きな上振れにつながるウィンドウズフォンを選んだ可能性がある。これまで慣れ親しんできた地位と同等のものを目指せという大きなプレッシャーがあったのだ。

シナリオ思考（第一一章でより詳しく取り上げる）を用いれば、取締役会と経営執行チームが状況を詳しく調べるのに役立っていただろう。シナリオベースのアプローチを使うと、選択肢をしっかりと整理せざるをえなくなる。チームに規律を課し、魅力的ではない選択肢も強制的に見ることになるのだ。

しかし、二〇一一年の時点では、取締役会も経営執行チームもこの分野の訓練を十分に積んでいなかった。私たちは慣れていなかったため、欠けている要素に気づかなかったのである。

第八章　燃え盛るプラットフォームから飛び降りよ

二〇一一年二月〜一二月

ノキアは切羽詰まったときに必ず奇跡を見つけ出してきた。再び奇跡を起こす可能性はまったくの夢物語ではない。

二〇一一年二月八日、エロップは全社向けに電子メールを送信した。それは私たちの世界を揺るがすような反響を呼んだ。

彼が書いた内容は次の通りである。

この状況にふさわしい話として、北海油田の採掘プラットフォームで働いていたある男の話をしたいと思います。

ある晩、男は大きな爆発音で目を覚ましました。突然の爆発により、男のいる石油プラットフォーム全体が一瞬のうちに炎に包まれたのです。男は煙と熱をかいくぐって混沌状態から抜け出し、何とかプラットフォームの端までたどり着きました。そこから見下ろすと、暗く冷たく不安な気持ちを掻き立てる大西洋しかありませんでした。

炎が迫ってきて、もう一刻の猶予もありません。プラットフォームに立っていれば、燃え盛る炎によって、焼き尽くされることは避けられないでしょう。それとも、三〇メートル下の凍った海に飛び込むのか。「燃え盛るプラットフォーム」の上で、男は選択を迫られたのです。

男は飛び降りることにしました。

私は過去数カ月にわたって、株主、通信事業者、開発者、サプライヤー、そして従業員の皆さんから話を聞いてきました。今日、私が知ったこと、信じるに至ったことを共有しようと思います。

私たちは燃え盛るプラットフォームの上に立っていることがわかりました。しかも、爆発しているのは一カ所ではありません。焦げつくほど熱い地点がいくつもあり、私たちの周囲の火の勢いが増すばかりなのです。

エロップは、アップルとアンドロイドがいかにスマートフォンを再定義し、ハイエンドとローエンドの両方でノキアの市場シェアを焼き尽くしたかをかいつまんで説明した。同時に、ノキアが次々と間違った意思決定をしたことにも言及した。

最初のｉＰｈｏｎｅは二〇〇七年に出荷されましたが、ノキアにはいまだにｉＰｈｏｎｅの体験に迫る製品はありません。アンドロイドは二年以上前に登場し、今週はスマートフォンの数量ベースで私たちからリーダーの地位を奪いました。信じられないことです。

ミーゴで約束されていたことは実行面でのまずさがたたって打ち砕かれ、シンビアンは長年ずっと競争力がなかった。さらに、ノキアの社員いわく、「私たちが時間をかけてパワーポイントのプレゼンテーション資料を完成させている間に」中国のＯＥＭはデバイスを次々と送り出しているという有様だ。エロップは次のように警告した。

このままの状態を続ければ、競争相手が先へ先へと前進していくのに対し、私たちは後ろへ後ろへと引き離されます。本当に厄介な側面は、私たちが適切な武器を持って戦ってすらいないことです。

エロップは、デバイスの戦いが今やエコシステム戦争になったことを説明した。

競合他社はデバイスで私たちの市場シェアを奪っているのではありません。エコシステム全体で私たちの市場シェアを奪っているのです。私たちはどのようにエコシステムを構築するか、盛り立てるか、それともどこかに参加するのかを決めなくてはならないでしょう。

ノキアの文化にも一部問題があった。

私たちは燃え盛るプラットフォームに自らガソリンを注ぎました。この破壊的な時代を通じて、社内を調整し指揮をとる説明責任とリーダーシップが欠けていたのです。私たちは十分な速さでイノベーションを打ち出せませんでした。社内で協力する様子も見られません。ノキアという私たちのプラットフォームは燃えているのです。

エロップは、二月一一日に新しい戦略について発表するとして、メールを締めくくった。ノキアの変革には多大な努力が必要なことを認めつつも、それ以外にもはや選択肢はないと書いたのである。

燃え盛るプラットフォームの上で、男は自らを見つめ、行ないを変え、不確実な未来に向かって大胆でかつ勇気ある一歩を踏み出しました。私たちにも、同じことをする絶好の機会があります。
スティーブン[1]

取締役たちは全社員向けメーリングリストの対象に入っていなかったので、私は同僚からそのメールの話を聞き、文面が掲載されたオンラインニュースのリンクを送ってもらった。

これまでノキアで慣れ親しんできた、委員会お墨付きの上品なビジネス文書と比べると、かなり強い調子で、型破りな言葉が用いられているように感じられた。驚きはあったが、その論旨は理解できた。

あまりにも長期にわたって間違ったやり方を続けてきたせいで、ノキアの文化は使い物にならず、コンピュータコードが破綻をきたすまでになったのだ。文化を変えるためには、人々に注意を喚起し、その問題について理解を促す必要があると、エロップは知っていた。文化の問題があまりにも蔓延し致命的なため、強烈で象徴的なジェスチャーを使って、ショック療法で変化を促す必要があると感じたに違いない。

このメールがなぜ必要だったかというと、数カ月かけてシンビアンやミーゴなどノキアの問題について分析や調査を行なった結果、経営陣と社内の残りの人々との間に情報ギャップが生じていたからだ。経営陣は、ノキアが築いてきたのは砂上の楼閣であり、潮が満ちてきたという認識で今後の旅路を歩もうとしていたが、社内の人たちは公式にはまだ夢の中に住んでいた。

ノキアハウスで全員参加のウェブ会議が開かれた。エロップは、問題点と燃え盛るプラットフォームの話を紹介した。従業員からのフィードバックは非常に前向きで、「ついに真実を話してくれる人がいた」というのが典型的な反応だった。しかし、必ずしも全員がウェブ会議に出席したわけではない。全員が足並みを揃えて進むことがきわめて重要だとNLTでは感じていた。そこで、最高法務責任者（CLO）が投稿された文章を転記、編集、チェックし、その内容をオッリラが把握した後で、全従業員に送ったところ、再び膨大な数の前向きなフィードバックが得られた（従業員の多くはシンビアンやミーゴの問題に気づいていたのだ。万事順調だとする経営メンバーのプレゼンテーションはどれも、話し手の信頼性を低下させただけだった。エロップのメールについて、従業員の反応が良かった理由はここにある。従業員はすでに知っていたのだ）。

一週間ほどでそのメールは外部に漏れ、その後は口コミで広がっていった。プラットフォームから実際に飛び降りた男性（あの話は実際の事故に基づいていた）をはじめとして、イギリスの広告グループＷＰＰのトップでマーケティング界の重鎮でもあるマーティン・ソレル卿（「今までで最高のコーポレート・コミュニケーションだ」と語った）など幅広い人々から、エロップに対して賛同の声が寄せられたが、そのすべてが良いフィードバックとは限らなかった。[2] メディアはこの文章の特徴を「驚くほど率直」、「残酷なまでにあけすけ」、「大手企業から出された、最も炎上しやすく心をつかむ文書だ」として、バランスのとれた反応を示したが、一部のアナリストや、特に大勢のブロガーにとっては、シンビアンを早急に葬るものだとバッシングする好機になったのだ。[3,4,5]

エロップのメールのせいでシンビアンが死んだのではないことは明白だが、それが口コミで伝播して、シンビアンに関する否定的なパブリシティが広く知れ渡ったことにより、そのプロセスがどれほど加速されたかは知る由もない。

オーバー・コミュニケーション——ただし、言葉には気をつけよ

後から振り返ってみると、エロップと広報チームが犯したミスは、その文書が世界的な現象となりうることを軽視していたことだ。

全員参加のウェブ会議は正しかったただろうか。もちろん正しい。従業員が一丸となって進むことは必須だった。

リーダーシップにおいて最も難しいのは、ある意思決定が下されたときに、その内容やどれほど素晴らしい意図があるかを知らせるだけでは十分でなく、その結果起こることについても、リーダーは説明責任を持たなくてはならない点だ。少なくともエロップのメールを批判する主な理由は、それが招いた結果にある。だが、そうなると予想しなかったからといって誰かを批判するのはなおさら難しいものだ。

通常、オーバー・コミュニケーションは良いことだ。取締役や全経営陣に電子メールを事前に送っても害にはならない。そこにはペナルティもない。やらないほうがペナルティに当たるかもしれない。問題は、オッリラを除く取締役たちには、全員参加会議や社員からの大量のフィードバックについて知らされていなかったことだ。何らかの理由で、エロップはその背景について説明せず、オッリラもまた説明しなかった。取締役会としては、すでに口コミが広がった後で初めて知ったこともあって、その文書が実際よりもはるかに大きな、異なる種類の失策のように見えたのだ。

何か重要なことでみんなを驚かせれば、不信感が伝播していく。なぜ前もって私に見せてくれなかったのか、なぜ他の人と同じタイミングで見ることになったのかと、尋ねざるをえなくなる。エロップは「ＦＹＩ（参考までに）」として、私たちに送信することもできたはずだ。このように取締役を驚かすことにより、そのメッセージだけでなく、その中で提案された行動についても、自分にはあずかり知らぬことだと捉える不用意な機会をつくってしまう。

大きな変革を始めたばかりの人にとって、信頼は重要な通貨だ。信頼を失えば、抜本的な変革に向けたビジョンに全力を投じてほしいと、人々を説得することはできない。

取締役たちは、エロップに対する信頼感を失わなかった。誰でもミスは許されると、私たちは全員感じていたのだと思う。しかし、このメールをきっかけに生じた否定的なパブリシティにより、エロップとオッリラとの関係にさらにひびが入った。オッリラは、いかなる世間の批評にもことさら敏感だったのだ。

その年の春に開かれたある取締役会で、昼食を終えて会議室に戻ると、エロップも入ってきて私の向かい側に座った。彼は見るからに腹を立てており、目には涙があった。

「どうしました」と、私は尋ねた。

エロップは首を振り、「何でもありません」と言った。

あまりにも震えているように見えたので、私はそのままにしておけなかった。次の休憩で、私はエロップを脇に引っ張っていき、「ひどくショックを受けたみたいに見えますよ。何があったんですか」と声をかけた。

エロップは深呼吸をした。「私が取締役たちと話をすることで、ヨルマに叱責されたのです」

エロップは、その会議の前に取締役たちに個別に電話をかけ、マイクロソフトとの関係を簡単に説明することで、より多くの情報を提供しようとしたのだ（これは良いやり方だと思う。重大なことが起こっている場合、会議の前に取締役全員に電話するようＣＥＯに頼むか、自分で電話をかけるのは、私自身もずっと実践してきたことだ。みんなにとって、疑問に思っていることを系統立てて説明し、そのテーマをしっかりと理解する機会となる。それによって、より充実した会議になる）。エロップによると、オッリラは完全にキレていたそうだ。エロップはマイクロソフト時代にも、汚い言葉で罵られたり激しい口論になったりしたことはあったという。当時のCEOのスティーブ・バルマーはオフィス内の家具を放り投げることで有名だった。しかし、「今までこういう状況は経験したことがありません」とエロップは語った。

CEOと会長の間に存在したいかなる信頼関係も、急速に蝕(むしば)まれていったのである。

三つ巴の競争

二月一一日金曜日にロンドンで開かれたノキアのインベスター・デイで、エロップはステージに上がり、ノキアの新しい未来の計画を公表した。「ノキアとマイクロソフトは互いの強みを結集させて、他に類を見ないグローバルなリーチと規模を持ったエコシステムを提供します。これからは三つ巴の競争となります[6]」

公然と大風呂敷を広げるバルマーもステージに上がって述べた。「今回のノキアとの提携により、活気に満ちた強力なウィンドウズフォンのエコシステムの発展が飛躍的に加速します。この提携はマイクロソフトにとっても、ノキアにとっても素晴らしいことです[7]」

二人は温かな握手を交わし、対等のパートナーであることを印象付けた。バルマーのトレードマークである熱狂的な態度は対等のパートナーシップというイメージを壊す恐れがあるとエロップは釘を刺し、バルマーも気を付けようとしたが、自制しきれなかった。バルマーはステージの端から端まで大股で歩き回り、その声はどんどん大きくなり、興奮のあまり途中で声が裏返る場面もあった。中には、共同イベントというよりも、マイクロソフトの発表がやや多すぎると感じた聴衆もいたようだ。直ちに憶測がくすぶりはじめた。エロップは元上司に抵抗できるだろうか。あるいは、バルマーが自分の元補佐官を従わせるのか、と。

多くのノキアのシンパの間では、ウィンドウズフォンで連携するというニュースは葬儀の知らせのようだった。シンビアンはかつてスマートフォン市場の七〇%以上を占め、いまだに世界一のスマートフォン・プラットフォームだというのに、今や正式に看取られようとしている。[8] エロップは「オープンソース・モバイルOSプロジェクト」としてミーゴの継続を約束し、年内にその関連製品が出荷されるとはいえ、ミーゴが脇役に回ったことは明白だ。エロップはたちまち、目的のために手段を選ばない回し者で、トロイの木馬さながら、フィンランドを代表する企業を裏切ってシアトルの新興企業に売り渡したと叩かれることとなった。[9]

このニュースにより、ノキアの株価は一二%下落したにもかかわらず、これを歓迎する独立系の観測筋も多かった。[10]「ベストバイ（アメリカの家電量販店）のアンドロイド携帯電話の売れ筋ランキングで二〇位という状態では、主役になれない」と、あるコンサルタントは言う。「ウィンドウズフォン7に踏み切ることは実際に、市場におけるノキアの差別化要因となりうる」[11]

グーグルの見解は違った。グーグルのシニアバイスプレジデントのヴィック・ガンドトラは、シンビアンからウィンドウズフォンへと切り替えることを提唱したウミワシ・プロジェクトについて、「二羽のシチメンチョウからワシは生まれない」とツイートした。[12]

奇跡が必要な場合

このような背景の中で、マイクロソフトとの交渉は猛スピードで続けられた（それでも、最終契約に至るのは四月になるだろう）。春の間に取締役会の特別委員会は何度も電話会議を行ない、契約交渉プロセスを監視した。しかし、取引について公表した今、実現させなくてはならない。途中で決裂すれば、ノキアには頼れるものが何もないのだ。

私たちは最終的に一〇年契約を交わした。ノキアは三年後と五年後に契約を打ち切れるという「解除条項」も付け加えられていた。

ウィンドウズフォンをノキアの「主要なスマートフォン・プラットフォーム」にすることで同意したが、完全な排他性で縛ることはなかった。原則としてグーグルのアンドロイドは使わないことになっただけだ。シンビアンとミーゴを引っこめたからといって、私たちが切れるカードがまったくなくなったわけではない。

メルテミOS開発プロジェクトがその一つだ。この「ミニ・ミーゴ」はリナックスベースで、ローエンドの「S40」OSの上位版に当たる。私たちの構想では、メルテミは「次の一〇億人」（新興国の中間層）と呼ばれるスマートフォンユーザーにインターネットを届けるプラットフォームになる。

セレニティ・プロジェクトは、ウィンドウズフォンと「次の一〇億人」向けインターネットに続く第三の戦略の柱だ。これは、自ら破壊を起こし、その過程でアップルとアンドロイドにも破壊をもたらすことを狙う。

世界各地のノキアの研究所では、新技術のＨＴＭＬ５にすでに取り組んでいた。ＨＴＭＬは記述言語で、ウェブページのコードを書くときに用いる。新標準のＨＴＭＬ５は、ＨＴＭＬを拡張し、開発者がブラウザで動かすアプリを作成できるようにしたものだ。開発者はＯＳごとにアプリをカスタマイズする必要がなくなり、アンドロイド、ｉＯＳ、シンビアン、ウィンドウズフォンなど、どのデバイスでも互換性のあるブラウザが用いられていれば動くようになっている。ノキアは三年以内にＨＴＭＬ５を前提とした新デバイス・プラットフォームを持つチャンスがあると、プロジェクトチームは考えていた。こうしたデバイスは基本的にクラウドフォンで、クラウド上にあらゆるデータとさまざまな機能を使うためのロジックが置かれる。一人のユーザーが複数のデバイスを利用している場合、すべてのデバイスで同じ状態が共有される。つまり、あるデバイスで行なったことを、他のデバイスでもすぐに見ることができるのだ。これは興味深い概念だった。

一〇〇年の歴史の中で、ノキアは切羽詰まったときに必ず奇跡を見つけ出してきた。再び奇跡を起こす可能性はまったくの夢物語ではない。

ブリッジ・プログラムを用いた救済措置

四月二一日、マイクロソフトと取引が成立した。それから一カ月以内に始まった変革は、過酷なものとなった。ノキアは第一ラウンドとしてレイオフを行ない、労働力の一二％に当たる七〇〇〇人を削減することを発表した。[13] シンビアンが中止となるので、スマートフォンの担当者がその対象となる。

フィンランドだけでも、従業員約一四〇〇人[14]、下請け業者の従業員二五〇〇人が含まれていた。ノキア本社から西に約九七キロメートルに位置するサロのような町では、ノキアが最大の雇用者だ[15]。こうした地域社会では、ノキアで働くことには給料をもらう以上の意味があった。サロの研究開発施設は、エンジニアがエロップに防水スマートフォンをデモンストレーションしてみせた場所であり、それは自分の友人や家族に自慢できる類のことなのだ。それが今や、なくなってしまう。そして、現地の社会サービスの資金源となっていた法人税も失われるだろう[16]。

こうしたリストラが深い傷となることを、私たちは承知していた。影響を受ける従業員と会社にとって後々まで害を残す大規模レイオフだが、そのやり方は多岐にわたる。ブリッジ・プログラムは代替シナリオの一つとなる。

これは、従業員が新しい雇用機会を見つけ、ノキアが大手雇用主であった地域の経済支援を続けるための包括的アプローチで、次の四つの原則に基づいていた。

・私たちは他の人や市場を責めるのではなく、自分の責任を受け入れます。
・私たちは政府や地域社会の介入を待つのではなく、このプログラムを積極的に主導していきます。
・私たちは関連する全関係者を完全なパートナーとして巻き込みます。
・私たちはオープンにコミュニケーションをとります。

ブリッジ・プログラムでは新しい生活に向けて、次の五つの道（ブリッジ）が用意され、従業員はそこから選ぶことができた。その道とは、ノキアで新しい仕事のトレーニングを受けること。大学などの教育機関に戻ること。非営利組織を始めるなど、これまでとは劇的に違う「自分自身の目的地」へと旅立つこと。自ら起業してイノベーションを目指す道を選ぶこと。もしくは、他社に転職することだ。ノキアは研修、キャリアカウンセリング、設備を提供したほか、イノベーションに向けたブリッジとして三億ユーロ、その他のプログラムには八億ユーロと、かなりの財政的支援を実施した。

ブリッジ・プログラムの結果、社員の六〇％が次のステップについてわかっている状態で退社していった。また、ノキアが主要な雇用主であった地域社会の雇用を守るために、元社員の起業を支援し、一〇〇〇社以上の新会社が設立された。[17] プログラムを始めて約一八カ月後に、フィンランドの大学が解雇された人々を対象に調査したところ、その八五％がリストラ時の対応について「良かった」または「非常に良かった」と回答した。

悲しみの春

ブリッジ・プログラムは悲惨な状況に対する前向きな反応だった。その春の間、私たちの不安定な状況を痛感させられることが、ほかにもあった。

ノキアでは、相変わらず品質問題に悩まされていたのだ。シンビアンの主力製品N８は不発に終わった。一月の返品率は三五・八％、翌二月は二四・六％と、四台につき一台が店舗に戻ってきたことになる。許容返品率はローエンドで二％未満、ハイエンドでは五～一〇％だった。新しいデバイスに交換すればだいたい正常に動き、それでユーザーが満足してくれるなら、まだ我慢できる。一〇％を超えるのは痛恨の極みだ。ノキアとしても莫大な費用がかかるうえ、何度も欠陥品を交換することになった顧客は二度と購入しなくなるだろう。

返品の大半はシンビアン^3の不具合が原因となっていた。私たちは三月にシンビアン^3のアップデート版が出荷されるのを楽しみにしていたが、またもや同じ問題が起こった。品質上の不具合で出荷が遅れることになったのだ。

ノキアの時価総額は前年比で四〇％減少した。アップルは同時期に四〇％増加である。こんな対称関係はありがたいものではない。

アンドロイド搭載デバイスの数は二年というきわめて短期間で、シンビアン携帯電話を軽く飛び越えた。同じく躍進したのが、台湾の新興企業のＨＴＣだ。同社は二〇〇八年末に最初のアンドロイド携帯電話「ＨＴＣドリーム」を発売し、ドイツのＴモバイルの「Ｇ１」としても販売されるようになった。ノキアがアンドロイドのプログラムに一年早く着手していたら、ノキアの株価を押し上げていただろうと思わずにはいられない。その代わりに、四月にＨＴＣの時価総額は三四〇億ドルとなり、三三〇億ドルのノキアを上回った。[18]

ＮＳＮも順調とは言えなかった。二〇一〇年一一月、取締役会はＮＳＮ株式の三〇％を売却するネオ・プロジェクトを承認した。プライベート・エクイティ企業三社が関心を示し、五月の年次株主総会までには、デューデリジェンス（資産査定）が完了し、予備入札が行なわれた。プライベート・エクイティ企業のうち一社は十分な資金がなく、私たちは真剣に対応すべきか判断しかねた。残る二社の提案はいくつかの条件で折り合いがつかなかった。

その間にも、ＮＳＮは赤字を垂れ流し、今やノキアの足を引っ張る脅威となっていたのである。

結婚を成立させる

ウィンドウズフォン「ルミア８００」の開発はすでに始まっており、市場シェアは難しくても、少なくともマインドシェアを取り戻すきっかけになるだろうと、私たちは期待していた。発売予定は一一月で、衝撃的なほど時間が足りない。ノキアの研究開発チームが投入されたのは二月で、まだ最終合意に至る前だったとはいえ、そんなスケジュールは無理難題である。やるべきこと、学ぶべきことが山積していた。

ノキアとマイクロソフトの各チームはうまく協業していた。マイクロソフト・チームはノキアのハードウエア機能を、ノキア・チームはマイクロソフトのソフトウエア機能をすぐに尊重することを学んだ。こうして相互に尊重し合うことで、否定的な驚きが生じたときの内輪もめの防止策となった。

両チームともそうせざるをえなかったのだ。

ノキア・チームはすぐに、マイクロソフトが世界市場向け製品の設計経験が乏しいことを知った。彼らは多数の言語やローカル・アプリをサポートする上での複雑さを甘く見ていたのだ。

最大のサプライズは驚きでも何でもなかった。それは、チップセット・メーカーがいかにアンドロイドの優位性の前に屈しているかということだ。二〇一一年になると、アンドロイドは力ずくで世界一のスマートフォン・プラットフォームになろうとしていた。[19] その結果、チップセットの販売会社はアンドロイドを最優先させるようになった。ウィンドウズフォンは微々たる市場シェアしか持たない幼いいとこのようなもので、優先順位リストのはるかに下に置かれたのだ。

その後何年も、このことはウィンドウズフォンにとって如何（いかん）ともしがたい逆風となった。ウィンドウズフォンが最速のチップと最高のパフォーマンスだとアピールしたくても、それができないのだ。一部では、ＯＳを軽量化したことにより、同じハードウエア上でアンドロイドよりも速く動かすことができたが、ハイエンドのアンドロイド端末は常にウィンドウズフォンよりも良いハードウエアを使える立場にあった。私たちはスケジュールを変えてウィンドウズフォンを投入することにより、アンドロイドを出し抜こうと考えたが、最速のチップセットを真っ先に入手できないため、この戦略はすぐに立ち消えとなった。

ゴールを目指して怒濤の八カ月を経て、一一月に最初のルミアの二機種が店頭に並んだ。四二〇ユーロ（五八八ドル）の「ルミア８００」と少し安価な「ルミア７１０」は、アンドロイドのスイートスポットである中価格帯市場をダイレクトに狙っていた。[20] エロップはルミア８００の無駄をそぎ落としたデザインと鮮やかなカラーを強調しながら、「これはノキアにとって新たな夜明けだ」と宣言した。[21]

ノキア・ワールドでデビューを果たしたルミアについては、ある有力な業界アナリストが「今日はまさにノキアが製品を市場に届けられることを証明しようとしている。今日、ノキアはできるのだというところを見せつけた」と語るなど、非常に好意的な評価だった。[22] にもかかわらず、ノキアの収益性は急降下していたのだ。五年前、ノキアの営業利益は八〇億ユーロ弱と、がっぽり儲けていた。[23] それが二〇一一年の終わりには、一〇億七〇〇〇万ユーロの営業損失を計上していた。[24] 携帯電話のかつての王者、ノキアはその座から引きずり降ろされたのである。

トップの交代

変化はそれだけに留まらなかった。

その年の早い段階で、オッリラは二〇一二年五月の年次株主総会で会長を辞任すると発表した。一一月、私は副会長のスカルディーノからロンドンの彼女のオフィスに招かれ、会長を引き継ぐ可能性について話し合った。

このときに話したことをよく覚えていないが、鮮明に記憶していることが一つある。私は何かの拍子に「自分にできないことにはまだ出会ったことがない」と口走ってしまったのだ。この無意識に出てきた自慢めいた発言に、スカルディーノはおかしさをこらえきれずに噴き出した。

フィンランド人は一般的に自慢話をしないので（それは愚かなことだと考えられている）、私は決まり悪い思いをしながら、その言わんとすることを説明した。私は他のプログラマーと同じく、管理可能なコンポーネントに分解し、それを一つずつ解決していけば、最も困難な問題でも解決できるものだと学んできた。忍耐強くあれば、課題は乗り越えられるのだ、と。

私は起業家として、この本に書いたようにいろいろな失敗をしてきたが、それでもエフセキュアという会社を創業したことを誇りに思い続けている。うっかり傲慢になることはあっても、これまで手に負えない課題に出会ったことはないと本気で思っていると、私はスカルディーノに話した。

そう答えたにもかかわらず、いや、おそらくそう答えたからこそ、スカルディーノは私を会長職に推薦してくれた。私にその気があれば、一二月中旬の取締役会で私を次の会長に提案するつもりだという。

私は特に驚きもしなかった。各取締役が定期的にその話題を持ち出していたからだ。ノキアはフィンランド企業だ。外国人のCEOを置いたのは初めてのことであり、会長はフィンランド人が務めるべきだと、取締役会は感じていた。取締役会の中にフィンランド人は三人しかいない。そのうちの二人（ヨウコ・カルヴィネンとカリ・スターディ）は他社のCEOを兼務し、現実的に会長職には就けない。唯一の選択肢として残るのは私だった。

しかし、スカルディーノが最初に私をロンドンに招いた時点では、その話を受けるかどうか、私はまったく決めていなかった。毎年のように、取締役を辞任することを考えてきたし、なぜそうしなかったのか実はよくわからないのだ。一部には然るべき理由で、また一部には利己的な理由で、思い留まったのだろう。私は不満や幻滅を抱いたにもかかわらず、誰もが認める会社の取締役であるという名誉にあずかりたかった。また、世界で名の通った企業の会長になるという考えが魅力的だったことも認めなければならない。こうした利己的な考えは褒められたものではないが、感情面で影響を及ぼしていたことは事実である。

だが、窮地に立っているときに企業を見捨てて、放棄するという考え方も嫌だった。人としてそんな行動をすべきではない。それから、ノキアは私の起業家としてのキャリアに非常に多くのものを与えてくれた。私は自分の限界がどこにあるかを知らない大勢の起業家のように、きっと大丈夫だろうとまったく疑いを持たなかった。たとえその根拠となる合理的な理由がなかったとしてもだ。

同じ理屈は、会長職を進んで引き受けることにも当てはまった。つまり、私が断るとすれば、どのようにほかの人に引き受けてくれと頼めばいいのか。ノキアはフィンランドの素晴らしさのすべてを象徴するものだ。もはや成功の絶頂にないからというだけで、見捨てることなどできなかった。

すべてのフィンランド人の自己認識の中心には「sisu（シス）」という考え方がある。これは、忍耐力、強靭さ、不屈の精神、決断力、粘り強さが混ざりあったフィンランド人独自の品格である。「sisu」とは、あきらめずに、真正面から障害に対峙することだ。自分が始めたことは最後までやり遂げ、状況が厳しいからといって放り投げないことなのだ。

会長職を受けるに際して、実際に選択肢はなかった。良い理由でも悪い理由でも、私は「はい」と言わざるをえなかったのである。

ノキアの取締役会のどこに問題があったのか

なぜノキアの取締役会は爆発を止めるために、もっと頑張らなかったのか。

それはもっともな質問だ。多くの人々が考える「取締役のあるべき姿」を直接的に物語っている。まず、個人としても、チームとしても、取締役が直接的に権限を持っているのはごく少数のテーマにすぎない。多くのテーマについては、正式な権限を持っていないのだ。しかし、取締役会で正式に決まった意思決定案でないとしても、取締役会はそれを採用するかどうかにおいて多くの影響力を持っている。なぜ多くの取締役たちがそれをしない／できないかというと、たいてい意見を持てるほど十分に理解していないから、ということに尽きる。アクセスが制限され、入手できる情報は限られているのだ。取締役は物理的に毎日出社しないまでも、その会社に深く関与していると、みんな思っているかもしれないが、それは真実とかけ離れていることが多い。

取締役は指定日に集まるが、比較的短時間である。そのときの議題を作成するのは、社内で起こっていることを知っているであろうと思われる誰かである。議題の一つ一つに短い時間が割り当てられ、さらに別の人（その件を任された経営執行チームのメンバー）がその情報について発表する。

経営執行チームのアプローチは両極の間で揺れ動く。片方の極では、経営執行チームは取締役会をブレーンとして使う。取締役が深く関与し、それぞれの専門知識や経験を共有することを求める。

もう片方の極では、経営執行チームは無傷のまま逃げおおせたいと思い、基本情報は提供してもいいが、不愉快な話題は避けたがるのだ。時には取締役たちに誤解を与え、最悪の場合、公然と嘘をつくこともある。

一人の取締役という立場では、こうしたことにほとんど影響力を持たない。実際に学習量があまりにも少ないため、社内で実際に何が起こっているかさっぱりわからないこともある。私がノキアの取締役会で過ごした最初の数年間、おびただしい量のデータを受け取った。事前に読むよう渡される資料はたいてい数百ページにのぼるのだが、何が起きているのか、なぜそうなのかは知る由もなかった。データがあっても、それで理解できるわけではないのだ。

　これは、その企業が長年、順調に推移してきた場合によくあることだ。取締役たちは物事が順調に運んできたので、経営執行チームが良い仕事をしていることは明らかで、その邪魔をしたり、かき乱したりしてはいけないという心境になる。これは、自分の義務を怠ろうとしているのではない。これまで通り続ければ、成功が持続するだろうと当然のように信じているのだ。気楽に構えることにも慣れきって、現状を変えるときには必ず強制力が必要になってくる。

　そういう自己満足を叩き潰すのが、会長の責任である。会長が気づいていない場合、もっと悪いことに、意図的に厳しい話題を避けようとしている場合、何かが実際にうまくいっていなくても、個々の取締役が早期に見つけ出すのは非常に困難となる。

　会長は経営執行チームと取締役をつなぐパイプ役となるので、会長とＣＥＯとが強くオープンな関係で結ばれていない場合、取締役会に情報が流れてこなくなる。

　他のノキアの取締役たちが厳しい質問をしたいと思っていたのを、私は知っている。取締役たちは豊富なビジネス経験を持つ、善良な人たちだった。二〇〇八年から九年にかけて、ノキアはまだ圧倒的な成功を収めており、前例を踏襲し続けるという独自の気運が生まれていた。すでに特定の方向に突き進んでいる重い物体の軌道を変えるには、巨大な力が求められる。舌鋒（ぜっぽう）鋭く気難しい会長が実権を握り、鉄の権威を維持することに終始していれば、疑問を呈することは反抗に近いものになりかねないのだ。

情報にほとんどアクセスできない新任の比較的経験の浅い取締役にとって、どの話題にどれだけ会議の時間を使うか、そもそも少ない時間をどれだけ会議に割り振るかをほかの人が決めている場合、実情を理解するまでにしばらく時間がかかる。これは言い訳ではなく、課題として挙げているのだ。それをどうやって変えればいいのだろうか。

これが、私が会長に就任した直後から取り組み始めた課題の一つだった。

第Ⅱ部

再起

再び勝つための変革

第九章　危機の中で責任を担う　二〇一二年一月～四月

起業家的リーダーシップという概念は、今日の複雑で動的な世界にうまく適応するためには、あらゆる人や組織に必要である。

二年前に話を戻すことになるが、ノキアでは二〇〇九年末にかけてコンサルティング会社のマッキンゼーに委託して、組織の効率性評価とその向上策について提言してもらった。マッキンゼーの組織健康度指標（ＯＨＩ）は、高業績文化の創出要因と毀損（きそん）要因を評価する手法だ。これまでに何千社も受けてきたので、他社との比較で自社組織の健康状態を把握することができる。そこで下位五〇パーセンタイルに入って喜ぶ企業などいないのは確かだ。

ノキアはというと、下位二五パーセンタイルに含まれていたのである。

マッキンゼーが大量の企業データを用いて比較していることを考えると、このランキングは相対的に客観性が高い。これはノキアには悪いニュースだった。というのも、マッキンゼーの過去データによると、ノキアと同水準の結果になった企業は二年以内に廃業する可能性が五〇％を超えていたからだ（この報告書は担当外の取締役には共有されず、私が知ったのは二〇一七年のことだった）。二〇一一年一二月に私が会長就任を打診されたとき、ＯＨＩ報告書でノキアが死の宣告を受けてから二年が過ぎていたことになる。そのデータに従えば、ノキアに残された時間は尽きていた。

棺桶に釘が打ちつけられる

マッキンゼーの予測通り、私たちは低迷続きで崖っぷちまで追い込まれ、首の皮一枚でつながっている状態だった。二〇一一年は不調に終わり、二〇一二年もさらなる悪化という幕開けとなった。わずか数カ月前に二〇一二年の財務目標を設定したというのに、一月末時点で早くも第１四半期の売上予測を一〇億ユーロ引き下げなくてはならなかったのだ。通年では三〇億ユーロ以上の下方修正である。全社の営業利益目標は二〇億ユーロから一〇億ユーロに半減、かつての稼ぎ頭だったＤ＆Ｓ部門の営業利益は六億四〇〇〇万ユーロから**ゼロ**になっていた。減少に歯止めがかかると思える材料は一つもなかった。

私たちの目の前でシンビアンは崩壊していった。たとえ完全版のシンビアンＯＳを何とかリリースしたとしても、それでは救えなかったかもしれない。ユーザーも、アプリ開発者も、再販業者も、通信事業者も、シンビアンを忌み嫌うようになっていたのだ。

中国は棺桶の蓋に釘を打ちつけ、とどめを刺そうとしていた。中国におけるノキアの成長はＧＳＭ／ＷＣＤＭＡ方式の移動通信システムが基盤となっていた。しかし、中国がＴＤ－ＳＣＤＭＡ方式に移行するると（いずれも通信規格が異なるので、携帯電話に変更を加える必要がある）、二〇〇九年時点でGSM方式一色だった市場の三分二までがGSM方式以外に塗り替えられた。ノキア製品を売り込める市場は九八％から五五％に縮小し（ノキア経営陣はコスト削減と利益向上を続けるためTD－SCDMA方式に投資しない決定を下していた）、残されたパイをめぐって熾烈な競争に直面することとなった。

おまけに、中国の携帯電話事業者が突然、一斉に製品に助成金を出す基準を変更したのだ。基本的に「メモリー容量、プロセッサのタイプ、仕様表示など、一定の規定を満たす価格Aの製品に助成金を出す」という。他の価格帯でも同様の基準が示された。この業界では、通信事業者の助成金が売上に大きな影響を及ぼす。中国メーカーはいずれも自社のポートフォリオをやりくりしながら、新しい基準に合わせた製品を用意し、そうした助成金の恩恵にあずかった。残念ながら、ノキアは蚊帳（かや）の外に置かれたまま、こうした基準が決まってしまったため、これまで主力市場だった中国で助成金を受けられなくなったのだ。

シンビアンの売上が激減したことで、負の連鎖が加速していった。売上が大きく落ち込んだときには、何もかもを縮小して販売数量を減らす必要がある。予定していたポートフォリオがあまりにも大きく、コストがかかりすぎたので、将来的にリリースを予定していたモデルの一部を取りやめることになった。製品中止となれば、研究開発部門はキャパシティ過剰となり、それがさらなるレイオフの呼び水となる。売る製品が少なくなれば、自然のなりゆきで、売上はさらに減少する。私たちはひどい悪循環に陥っていた。

シンビアンの崩壊は収益性を低下させるだけでなく、キャッシュフローに大打撃をもたらしていた。ノキアのモデルでは、コンポーネントのサプライヤーに支払いをする前に、流通チャネルから入金される。好循環であれば、キャッシュは上げ潮のように流れ、自動的にサプライヤーから利息ゼロで多額の借り入れをしている格好になる。しかし、売上が落ち始めると、財務の潮目が変わり、借入金の返済期限に追われることになるのだ。流通チャネルからの入金はないのに、サプライヤーへの支払いがまだ残っていて、ほかの請求書にも対応しなくてはならない。シンビアンの急降下を受けて、ノキアは今や深刻なキャッシュフロー不足に直面していた。

ＮＳＮもキャッシュを垂れ流していた。合弁会社のパートナーであるノキアとシーメンスはそれぞれ五億ユーロを手当てし、その一〇億ユーロと、リボルビング・クレジット・ファシリティ契約（いわゆるコミットメントライン契約で、あらかじめ設定した期間および融資枠の範囲内で、顧客側が請求すれば金融機関から融資を受けられる）で調達できる最大一五億ユーロの資金を用いた再建計画が進んでいた。しかし、再建には巨額の費用がかかることは必ずしも理解されていない。業績不振の企業に再建資金が十分にないことはよくある話だ。解雇される従業員の世話など諸々の対策を打てば、キャッシュフローには二重の痛手となる。一月二七日にレイオフの婉曲表現である「労働力のバランス調整」が発表され、ノキアの周囲では新たな負のサイクルが回り始めた。

むくむくと湧きあがる雲間から、かろうじて差し込んでくる光の筋もあった。

ローエンドで、ノキアは健闘していたのだ。一二月にノキアは一五億台目のＳ４０を出荷し（これはかなりの数だ！）、二〇一一年の利益は一〇億ユーロ以上となった。メルテミＯＳの実装を首尾よく進めて、キャッシュ創出マシンを維持することがこれまで以上に重要だった。

ルミアの立ち上がりは鈍く、重大な品質問題を引きずっていたが、ルミア９００については前向きな口コミが多かった。二〇一二年一月初旬に開かれたＣＥＳ（コンシューマー・エレクトロニクス・ショー）では、「ＣＥＳのベストフォン」と呼ばれた。[1] 三月か四月に、ＡＴ＆Ｔがルミア９００の販促活動と出荷を始めるだろう。「優れたハードウエア、デザイン、ソフトウエアを備えた素晴らしいウィンドウズフォンのようだ。（中略）これは間違いなく勝てるウィンドウズフォンだ」というレビューもあった。[2] 周囲の誰もが――通信事業者、業界アナリスト、メディア、ノキア、そして何よりもマイクロソフトが、大きな期待を寄せていた。

取締役会の議題には、私にとって特に重要な項目があった。年次株主総会への招待状が承認され発行されたが、そこには次期会長候補の名前が記されていたのだ。取締役会の外部の人たちが、私の今後の役割を初めて知ることになる。

だが、私はどのような企業の会長を務めるのだろうか。状況はあまりにも急速に悪化していた。ノキアにどんな選択肢があるのか、私は実のところよく理解していなかった。十分なデータがなかったのだ。私はこの先ノキアの会長になるのか、それとも、ノキアの解体を監督することになるのだろうか。

メモをとる習慣

巨大企業を直接経営した経験がろくにない取締役会の最年少メンバーとして、また、ノキアの従来の経営方法に誰よりも批判的だった人物として、私は会長職に当然就くべき候補者ではなく、とりわけ現会長が私を推さなかった（オッリラはこの件について何も言わなかったが、私が引き継ぐという考えはお気に召さなかったようだ。当時は知らなかったが、オッリラはしきりに反対運動を展開していたという。ここでそれに言及するのは、その後の厳しい数カ月間、そのことが取締役会の力関係に影を落とし、私にとって会長の職務をスムーズに始めにくかったからだ）。このため、私がバトンタッチする際のやり方には、ことさら配慮したいと思った。

「どんな準備をすればいいか」を考え始めると、状況に対処し、新しい役割に準備するために、いくつかできることが見つかった。

リーダーシップに関する考え方から、潜在的な問題や具体的な懸念事項、特定の関心事まで、さまざまな項目をメモすることは、私の長年の習慣になっていた（このメモはマイクロソフトの「ワンノート」で管理しているので、どのデバイスからでも見ることができる）。書き込む項目は、実生活で経験したこと、自分が向き合うべき課題、誰かが乗り越えたこと、誰かが話したり書いたりしたものなど、あらゆる領域に及ぶ。何かピンとくるものがあると「ああ、これはいい。メモをとろう」と思うのだ。

愛用しているメモの一つがリーダーシップに関することだ。

スタンフォード大学名誉教授のジェームズ・G・マーチは、人は常に自分が関与する重要な活動のために、心の中で目標プロファイルを持っているという立場をとり、人は無意識のうちにそのプロファイルに従って行動したがると考えている。私が思うに、自分の経験に基づいて思いつきでプロファイルを構築することよりも、そのプロファイルの内容自体を熟考するほうが、はるかに効率的だ。私はこれまで約二〇年かけて、納得感があり、人と関わる上で自ら実践しようと思うリーダーシップ行動を収集してきた。

会長就任が決まったとき、どんなタイプのリーダーになりたいかを考えようと、私は改めてメモを見返した。取締役会をリードし、危機に瀕している企業の経営執行チームと協力していくとは、どういうことなのだろうか。そうやって考えたことが奏功し、二〇一二年の初めに、私は幸先の良いスタートを切ることができた。

因習を破る勇気

メモにあった最も重要な教えの一つは、何か重要なことを始めるときには常に「止まれ！　心の中で一歩離れたところから見て、問題の本質を掘り起こせ」というものだ。子供時代に教わった交通安全の教えを思い出してほしい。「止まれ、よく見て、よく聞け」だが、そのリーダーシップ版と考えればいい。リーダーシップを発揮すべき課題が深刻であればあるほど、この教えがより必要になる。

これが直観に反するように聞こえるのは承知の上だ。危機に際して、中心的な問題を見極め、解決策を考え出すことが急務だと感じるのは当然だ。危機的な状況になればなるほど、すぐに行動に出たいという思いが強くなる。だからこそ、ノキアを取り巻く嵐の激しさが増していく中で、私は意識的に一歩下がり、深く熟考するよう自分に言い聞かせた。

これは、立ち止まって人々の話を聞き、行動を起こす前に辺りを見渡して状況を調べよ、というだけではない。ここで言わんとしているのは、思考における「抽象のはしご」の高さのことだ（抽象度を上げて考えるという意味）。たとえば、自分や他者の力関係や振る舞いがどのような状態であれば、一緒に協力しながら、置かれている状況を総合的に理解し、適切な行動を見つけ出せるのだろうか。どのような職場環境であれば、たとえ最終的に何が起ころうとも、前に進むための最善策を見つけられるのか。何が自分を後押しするのか。どうすればこうした問題に対処できるのか。

私の最大の懸念は当然ながら、私が下手を打ち、ノキアの崩壊を何らかの形で加速させてしまうことだ。少なくとも現会長を信じるならば、これは現実的に起こりうることだ。「リスト、小さなソフトウエア会社から来たあなたには、ノキア規模のグローバル企業の仕組みがわかっていませんね」と言われ続けた四年間を、私は拭い去ることができなかった。おそらくオッリラは図星を突いていたのだろう。ましてや、取締役の一部がオッリラの意見に共感していたとすれば、取締役会の有能なリーダーになるのは至難の業かもしれない。

そして、私が最初からうまくやれるということを取締役たちに示せなかった場合、この職務を首尾よくこなすために必要な信頼や自信はたちまち損なわれるだろう。そうなれば、経営執行メンバーや上級幹部にも影響が及ぶ。ＣＥＯをはじめとする経営執行メンバーが、会長が取締役たちに支持されていないと知れば、会長が経営執行メンバーとうまくつき合っていくことは難しい。

権限は行動と直結する。適切な行動をとらなければ、どんな立場であろうと、本当の意味で権限を持つことはできない。その一方で、ＣＥＯの力を削ぐような言動を控えるように、会長は注意する必要がある。リーダーとして何が境目で、どこに限界があるかをわきまえていれば、境界線を侵すことはなくなる。それは私が会長として肝に銘じなくてはならないことだ。

私の心の探索の共通基準は、ノキアに山積する問題解決を図る際の質にあり、解決に向けた実務ではなかった。

私がまず自問したのはこんなことだ。自分は何に対して説明責任があるのか。究極の責務は何か。どこまでが責任の範囲になるのか。取締役を引っ張るのが役割とすれば、どのように引っ張っていけば必要な結果を出せるのか。

最初に気づいたのは、伝統的なベストプラクティスに則って取締役会を運営してもうまくいかないことだ。すべてを型通りに行なったところで、会社が倒産しては意味がない。「取締役会規則」をゴミ箱に投げ捨て、ノキアを再び成功させるために必要なことは何でもやるのが私の務めだ。もちろん、個人的価値観、ノキアの価値観、法規制の範囲内でだが。

「役割で自分を規定しない」という固く信じてきた教えを思い出した。この場合で言うと、従来の会長職の定義で自分を制限してはならないということだ。

自分の役割、取締役会の役割、取締役会と経営執行チームの関係、最も効果を出せる行動の仕方など、すべてのことは最初の問いの答えから導き出された。

因習を破る勇気がなければ、ノキアは独立企業でいられなくなる恐れがあった。

経営執行チームとの親交を深める

一二月に話を戻そう。私は役に立つ事業の情報を十分に学びたかった。だから、個々の経営メンバーのことを知りたいと、私はスカルディーノに伝えた。彼女が唯一気にしたのは、私がＣＥＯの領分を侵さないかということだった。正式に次期会長となったからには、ＣＥＯのエロップと自由に関わり合い、経営メンバーとも直接話し合いを始められるはずだと私は思っていた（これは、今までできなかったことだ）。

私がエロップと最初に腹を割って話をしたとき、エロップの振る舞いが警戒心に満ちていたことを覚えている。ノキアが成功するにはエロップが成功する必要がある。その実現に向けて全力を尽くすのが会長の仕事だ。私がそれを十分に心得ていることを、彼に理解してもらおうと努めた。そこで、彼にエフセキュアの現ＣＥＯと話してみるように勧めた。エフセキュアは私が創業し、ノキアの会長に就任するまでの一八年間、経営してきた会社である（長い間ＣＥＯを務めてから会長職に移行するのは、最も厳しい役割変更の一つだ）。私がノキアの現状をもっとよく理解すれば、彼を支援しやすくなることを説明した。私が良い提案すれば、彼はそれを自分の提案として採用すればいいし、その提案が悪ければ無視すればいい、と。

ノキアがこれほど苦境に立たされているのに、遠くからただ見守るつもりはないことははっきりさせた。しかし、必ず完全な透明性は担保する。経営メンバーの誰かと話したら、その会話を要約した短いメモを常にエロップに送るつもりだとも伝えた。すると、私と自由に話してもいいと経営メンバーに言っておくと、エロップは約束してくれた。

エロップは自分の縄張りに私が侵入してくることを心配していたかもしれないが、私が実際に会長に就任する頃には、お互いにかなり打ち解けていたと思う。私は定期的にケトルベル（筋トレ器具）を使ったトレーニングを一緒にやろうと誘い、エロップはいつも決まって断る言い訳を探し出すのだ。

私は取締役全員と会い、何が最も重要な問題だと思うか、取締役会の役割のどこを変更したいかと尋ねた。古参メンバーからも、新しいメンバーからも、素晴らしい考えを聞くことができた。

前回の五月の年次株主総会以降、二名の新しい取締役が加わっていた。その一人、カリ・スターディはフィンランドの金融大手サンポコンツェルンのCEOだ。同社は北欧最大の保険会社や、大手銀行の二〇％を保有している。もう一人のヨウコ・カルヴィネンはフィンランドとスウェーデンに本社がある世界的な木材販売大手ストゥーラエンソ（同社の創業はコロンブスが新世界を発見する前まで遡る）のCEOだ。二人とも強い個性を持つ、百戦錬磨のビジネスリーダーだった。スターディは二〇一四年に《ハーバード・ビジネス・レビュー》誌の「世界のCEOベスト一〇〇」に選ばれている。そして、私にまだゴルフをする時間があった頃からのゴルフ仲間だ。彼はいつも良き仲間であり、ひねりの効いたユーモア感覚があり、何よりも素晴らしいのが、非常にしっかりとした意見を持っていて（特に、常に株主のために働くことの重要性に関してはそうだ）、歯に衣着せず伝えてくれるところだ。

カルヴィネンは、見た目は謙虚そうだが、スターディと同様ではっきりとした意見を持ち、それを隠そうとしなかった。映画の「ラブリー・オールドメン」に出てくるような愛すべき頑固者である。

私はこの二人を大いに敬愛していた。誰にもこびへつらわないことを知っていたので、二人が取締役会に加わってくれたときには本当に嬉しかった。彼らは、私が構築したい取締役会のメンバーとして素晴らしいロールモデルとなった（カルヴィネンはノキアの変革に計り知れない貢献をしてくれた後、二〇一六年に取締役会から抜けた。スターディは二〇一八年時点で取締役を続けている）。

その年の春の間に、エロップの協力により、私は経営メンバーと会う手はずを整えた。どの人と話しても参考になった。たとえば、ノキアの製造、物流、サプライチェーン管理に精通するユハ・プトキランタはこんな説明をしてくれた。ルミア９００のコンポーネントは八〇〇個にのぼるが、これはシンビアン搭載スマートフォンの二倍である。これは残念ながら、新しいプラットフォームでデバイスを開発するのがどれだけ大変であるかを如実に示している。というのも、ルミアの検査にかかる労力はシンビアンの一〇倍になるからだ、と。これはより大きな傾向を示しているのだろうか。もしもシンビアン以上にひどい混乱状況になったとすれば、私がその失敗の説明責任を負うのだろうか。

みんなと話すときには毎回「私は何を変えるべきか。また、どう変えればいいか」と聞くようにした。その後、私はメモを作成し、リストに加えていった。

新しい会長がこれほど多くのリーダーたちと深く関わるのはおそらく珍しいことだが、特に会社が危機に直面している場合、思慮深い人ならやるべきことだ。失敗したときに「そのことは知らなかった」というのは苦し紛れの言い訳にすぎない。ほんの少し頑張って頭を使いながら取り組めば、必要とする情報は得られたはずだ。

絶望のドラムビート

ノキアの次期会長になることを承諾したとき、どれほど状況が悪いかに私は気づいていなかったと言っても過言ではない。二〇一二年初めの数カ月が過ぎ、より多くのデータや人々にアクセスするうちに、ノキアの実情がどれほど危険であるかがわかってきた。

シンビアンは崩壊の一途をたどり、三月の取締役会ではシンビアンの中止計画に関する議論が始まった。サムスンは血の匂いを嗅ぎつけ、最終的にノキアを引きずりおろそうと、あらゆる市場でノキアを狙い撃ちするプログラムに資金をつぎ込んだ。サムスンは四月末に明確にノキアに取って代わり、**世界トップの携帯電話メーカーとなった**。[3]

一般の人々やメディアから前向きなフィードバックがあったにもかかわらず、ルミアの売上をめぐる厳しい現実には意気消沈させられた。覆面調査員による消費者テストにその理由がよく表れていた。関心を示す顧客に対して、販売員はたいていこう声をかけるのだ。「ｉＰｈｏｎｅかアンドロイドをお求めでしょうか」。ルミアの名前は一切出てこない。

まずいことに、メルテミについても悪いニュースがあった。

メルテミはもともとローエンドのスマートフォン用ＯＳ（ミーゴの簡略版）で、簡素化したＯＳにミーゴのコンポーネントを統合する単純明快なプロジェクトだと想定されていた。ところが、ミーゴのコンポーネントは「贅肉（ぜいにく）」のつきすぎ、つまり、大きな容量のメモリーと処理能力を持ったシステム用に設計されているので、スリム化したメルテミの基準に合わないことが判明したのだ。以前の報告では、メルテミの開発は順調だと聞いていたので、私たちは安心していた。それが今や、五カ月も遅れると言うではないか。

最も気の滅入る形で同じ歴史が繰り返されていた。シンビアンやミーゴにおける惨事と同じように、遅延の理由は複合的で、おなじみの腹立たしい状況が再び起こっていた。一つのプログラムが複数の開発現場に分散し、それぞれ現場の文化は異なっていて、現場間でコミュニケーションが不足し、注意を喚起するのをためらい、プログラムのリーダーは開発者と直接議論せずに、部下からの報告に頼り切っていたのだ。

財務状況の悪化により、五カ月の遅延（おそらく、その後さらに遅れる）に耐えられるかどうか、損切してメルテミ開発プログラムを打ち切るべきかが問題となってきた。メルテミは携帯電話戦略の重要な柱だ。それを打ち切れば、ノキアがまだ儲けを出している一事業が骨抜きにならないだろうか。

鳴り響く警鐘

四月一一日、ノキアは前回の業績予想に届かない見込みであることを発表した。[4] 第1四半期のD&S事業の売上は約四二億ユーロと、前年同期比で四〇％減少し、営業利益は約八億ユーロにまで落ち込んだ。[5]
ノキアの時価総額が約一〇〇億ユーロに縮小する一方で、アップルは約六〇〇〇億ドルに伸びていた。[6] 二〇〇八年時点でノキアとアップルはほぼ肩を並べていたのに、今ではアップルの時価総額はノキアの六〇倍となっていたのである。

公開企業は通常、当初の業績予想と実際の結果が大きく乖離しそうな理由がある場合に、業績を下方修正する。売上、キャッシュフロー、新製品の発売計画、利益など、ほぼすべてがその対象となる。

業績の下方修正はプラスに働くこともあるが、多くの場合はマイナスとなる。下方修正が意味することは二つのレベルで良くなかった。悪いニュースであることは明らかだが、その企業の経営陣が不意を突かれていることも示しているのだ。自社の予測プロセスが十分かどうか、重大事が起こって今回のサプライズに至ったのか、それは続くのかなど、疑問は尽きない。これは単発の出来事か、長期のトレンドか。従業員や顧客、サプライヤー、投資家が抱く経営陣に対する見解にどう影響するのだろうか。

四月一一日、デバイス事業の営業損失の増額が予想され、その損失が上半期の間継続することを発表したところ、ノキアの株価は一六％下落し、終値は四・二四ドルと一四年ぶりの安値となった。[7] そこから悪いニュースの連鎖が加速していった。ノキアの信用格付けは債務不履行の可能性がある「ジャンク」レベルに引き下げられ、アナリストは投資判断をダウングレードし、それによって株価がさらに下落して四ドルを割ったのだ。[8][9][10]

一月になると、ノキアは倒産するかもしれないという噂が初めて囁（ささや）かれるようになった。技術ニュースサイト《ギガコム》のコラムに、同じく創業一〇〇年以上の老舗企業のコダックが倒産したことを引き合いに出しながら、「ノキアは次のコダックになるのか。連中のことは好きだから、そうならないことを願うが、ノキアは間違いなくその有力候補だ」と書かれるなど、メディアでは相次いで否定的な話が報じられた[11]。四月一九日には、「ノキアは新たな問題を抱えている。破産する恐れがある」と、スターアナリストのヘンリー・ブロジェットが宣告している[12]。

四月の下方修正の発表は二度目であり、その前の二〇一一年五月の下方修正から一年も経っていない[13]。しかも、そこで打ち止めにはならなかった。六月に、三回目の下方修正の発表があった。二〇一二年上半期は四半期に一度のペースで下方修正したことになる。このとき併せて、一万人の人員削減をすることも発表された[14]。

六月の下方修正を受けて、ニューヨーク証券取引所のノキア株価は二・三五ドルに下がった[15]。一九九六年以来の最低水準だ。ノキアの時価総額は今では、アップルがｉＰｈｏｎｅを発売した時点から九二％減少していた[16]。

そのうえ、ノキアの悪いニュースはサプライヤーや下請け業者などすべての関係企業に打撃となった。投資家がバリューチェーンに含まれる関係各社の株式を一斉に売却したため、これらの企業の株価も落ち込んだのである。

かつてはノキアが何らかの発表をすれば、低迷する市場を押し上げたり、変動を鎮静化させたりすることができたのだが、そんな日はとうに終わっていた。

起業家的リーダーシップ――今後の道

振り返ってみると、この期間は、私がノキアに関わった中で最も暗い六カ月間だった。経営陣は報道機関や投資家に容赦なく叩かれた。従業員はやる気を失い、不安定な状態が続くことや、再編の可能性や厳しいコスト削減を恐れていた。国の威信を担ってきたフィンランドの最重要企業が消滅の危機にあり、経営陣がやることなすことのすべてで効果がないように見えた。

会長になるには難しい時期だった。最悪の事態が起こった場合、私の顔と名前がずっとその出来事と結びつけて語られることは重々承知していた。それのせいで、私だけでなく、家族もつらい思いをするだろう。

その中で、どうやって進み続けたのか。私は起業家的リーダーシップの哲学を活用したのだ。

「起業家的リーダーシップ」と呼ぶこの概念は、私がエフセキュアでの一八年間に形成し磨いてきたものだ。もっとも、起業家的なマインドセットを身につけるうえで、なにも会社を興す必要はない。起業家的リーダーシップのいくつかはリーダーの基本だと思うが、受付のスタッフからCEOまで、誰にでも、どんな役職でも完全に適用することができる。今日の複雑で動的な世界にうまく適応するには、こうした資質があらゆる人や組織に必要だと私は考えている。

大勢を率いる立場であれ、個人事業主であれ、こうした資質は育んだほうがいい。

起業家的リーダーシップには一〇個の要素がある。

1　説明責任を負う

第一に、事業、同僚、顧客、製品など、起こっていることのすべてに対して、細かく気を配る必要がある。毎回、オーナーシップを感じていることを示さないといけない。

ここでのオーナーシップとは何か。私はよく講演などで聴衆に向かって「レンタカーを利用したことがある人はどのくらいいるか」と聞いてみる。すると、ほぼ全員の手が挙がる。続けて「そのレンタカーを洗ったことがある人？」と尋ねると、大半の人が洗車しないことがわかる。これは、その車にオーナーシップを感じていないからだ。自分の職場がレンタカーと同じ、つまり、自分の人生の中である場所から別の場所へと移るためのものだと感じていれば、オーナーシップなど感じない。もうひと頑張りしたり、会社がやっていることを気にかけることはないだろう。しかし、オーナーシップを感じている人は、何か問題があるとわかると、自分の役割とは関係なく責任を感じる。そして、洗車をしようと思うのだ。

働くことは、仕事、キャリア、あるいは、使命として考えることができる。働く目的が、自分にとって本当に意味のあることをするためのお金を稼ぐことだとすれば、あなたはレンタカーを運転している。キャリアを通じて成長することが動機になる場合、自分がそこで従事していることとより深いつながりが持てる。仕事が使命のように感じられたならば、やりがい探しで苦労することはなくなるだろう。深く気にかけるものが持てるからだ。私たちの誰もが自分の使命を探求し発見する資格があると、私は信じている。

ノキアの状況を映し出す、卑近な例がある。ノキア本社の正面エレベーター・ホールの脇にコンピュータ画面が設置され、天気予報、市場ニュース、ノキアの価値観、製品PRなどおなじみの情報が表示されるようになったときのことだ。設置してから約一週間後に、エラーメッセージが表示されているのに、私は気づいた。翌日見ると、エラー表示のままになっている。三日目も修正されていなかった。

人は毎日、同じエラーメッセージを見ていると、周りの世界で何かが故障していても、それはそのまま放置してもいいのだと受け止めるようになる。あのシンビアンの開発時間をめぐる惨憺たる状況が、私の頭をよぎった。ここでもやはり、みんなは受け入れがたいことを受け入れられるものとして感じるようになったのだろうか。

エラーメッセージの修正状況を確認するよう、私は自分で自分を追い込んでいるような気がした。三日目の午後、ＩＴ部門の誰かに「これはいつ対処するのか」と聞くと、もちろん「今日中に」という答えが返ってきた（普通、会長にコンピュータの問題のことを尋ねられたら、みんなすぐに直すと言うものだ）。しかし問題は、なぜもっと早く直さなかったのか、少なくとも電源を切らなかったのか、なぜ七二時間ずっと同じエラーメッセージを点滅させっぱなしだったのか、というところにある。

この画面の不具合は、シンビアンの実装時間の例ほど深刻ではないが、私がノキアについて気になっていたことを示す良い機会となった。

身の回りのさまざまな壊れたものは、気配りの象徴として、自分のやっていることに対する誇りの象徴として捉えることが重要だ。そして、壊れたままにしておくならば、誇りと気配りが欠けている象徴となる。起業家的なマインドセットがあれば、すべての責任は自分にある。真剣に気にかけて、行動を通じて大声ではっきりとそのことを伝えるはずだ。

2　事実を直視する

説明責任を感じていれば、事実からは逃れられない。ほかの人はみんな事実から目をそらしてもいいが、あなたが事実を避けようとすれば、後で痛い目に遭う。たとえ他部門で起きた問題だとしても、その問題を見つけたときにあなたがやらなかったこと、あるいは、何かをしたにせよ、その問題が存在する状態のままにしていることに、説明責任を感じるだろう。

事実は常に歓迎すべき機会であって、決して否定的なものではない。だから、私の好きな言葉の一つは「悪いニュースはない。悪いニュースは良いニュースだ。良いニュースはニュースではない」というものなのだ。悪いニュースを受け入れることは、人々があなたやチームメンバーに実際に何が起きているかを伝える唯一の方法だ。事実に対して、特にそれを知らせてくる人たちに怒ってはならない。みんなが伝えるニュースが悪ければ悪いほど、感謝の気持ちをより強く持つべきだ。そうやって、将来的に悪いニュースを早めに共有するようみんなを促していく。

悪いニュースの原因を解決するために、みんなに手を貸すことができれば、みんなあなたに悪いニュースを知らせ続けようという気持ちになる。

3　粘り強さを持つ

ある事実に対して、好きにならなくてもいい。しかし、特にそれが気に入らないときは、すぐに向き合い、解決策を探す必要がある。起業家はあきらめてなどいられないのだ。

解決策は常にある。私は長年ずっとあまりにも多くの危機を経験してきたので、一歩前に踏み出すことを続けていけば切り抜けられると、心の奥底で知っている。乗り越えられない課題でも、それを回避する方法は見つけ出せる。到底勝ち目がない戦いならば、別の場所で戦えばいい。最後にきっと反対の結果になるとわかっていれば、どんな困難にも取り組み続けることができる。あなたの中にそういうものを見出した人は、自らもそう信じるようになる。

4　リスクを管理する

起業家はリスクをとる。新しい領域を探索しなければ、大きなことは達成できない。

リスクをとることは、目隠しをして飛び込むことと同義ではないように、リスクを管理することはチャンスをつかむのを避けるという意味ではない。リスクを管理することはリスクを最小化することでもない。大きく目を開けて意図的かつ分析的に、どのリスクをとるべきかを選ぶことを意味する。ＴｏＤｏリストをつくるのも重要だが、やらないと決めたことを書き出すほうが重要なこともある。

5　学習依存症になる

どのような課題であれ、問題であれ、悪いニュースであれ、学習と改善の機会となる。自ら学習依存症になって、他の人にも感染させよう。学習をやめることは、生きるのをやめることだ。

上級職に昇進したり、誰かに説明してもらう状況に慣れてしまったりすると、学習意欲を失ってしまうことに注意しなくてはならない。個人的に「学校に戻って」勉強する必要があるほど、会社にとって重要なテーマは必ずある（この本の結論の章で、そうした話を紹介する）。勉強は他人に任せればいいなどと、決して思ってはいけない！

6　焦点をぶらさずに保つ

ある課題について真剣に考えているなら、本当に重要なことはそれほど多いわけではない。いずれにせよ、すべてのことは回り回って製品や顧客に行き着く。何に集中すべきかがわかったら、そのレンズを通して、自分が行なっているすべてのことを見直さなくてはならない。気を散らすことは簡単だ。どこにでもボヤ騒ぎはあるので、そういう火事を避けることだけに集中してしまうと、小さな問題の解決に時間をとられ、大きなことが決して成し遂げられなくなる。「この活動に時間をかけることで、本当に重要なことにどれだけ役立つか」と自問しなくてはならない。

ノキアハウスのエレベーター・ホールのディスプレイの故障をめぐる私の懸念は、小さな問題に気を取られた事例だと思うかもしれない。しかし、私の考えでは、壊れたディスプレイはノキア社員に間違ったメッセージを送っていた。それは、ノキアの文化に、ひいては顧客や解決策に影響を及ぼす。そういうレンズを通して見ると、一見すると小さなものが実は大問題だったりするのだ。

7　地平線の先を見る

足元に火がついているときでも、常に地平線の先を見なくてはならない。特にリーダーにとっては、これは本当に難しいことだ。しかし、周りの同僚がみんな目の前の問題を解明するのに手を貸してほしいと言い出せば、あなたは細部にかまけて抜け出せなくなる。あなたの職務は、頭を上げて地平線を見ることだ。あなたがやらなければ、誰がやるのだろうか。戦略、競争、将来の中核技術、顧客の将来のニーズに照準を合わせれば、地平線に目を向けることができる。健全な組織では、トップマネジメントはより遠い未来の心配をすることに時間の大部分を費やしている。

8 好感を持ち尊敬する人たちでチームをつくる

起業家は、自分が勝つか負けるかはチーム次第だと知っている。しかし、それ以上に重要なのが、家族の中であろうと、職場であろうと、真の幸せにつながる唯一の源泉は人であることだ。あなたの周囲に本当に好感を持ち、尊敬する人たちがいないとすれば、本来得られるはずの幸せは手に入らないだろう。

幸せな人は、より長い時間、より良い仕事をする。忠誠心(ロイヤルティ)が忠誠心を育むのだ。ある有名な起業家的な企業について、私が問題を感じるのは、成功のためなら恐怖で人を動かすだけの価値はあるとは、思えないからだ。大多数の企業にとって成功する方法は、自分がやっていることを心から楽しんでいる人でチームをつくることだと、私は信じている。

9 「なぜか」と考える

これは非常に簡単なことだが、みんな忘れがちになる。特に「なぜ」と聞く頻度に比べて、「何」を聞くほうが断然多い。

たとえば、チームが戦略のプレゼンテーションをしたときに、「その主な目的は何か」、「行動計画は何か」という質問がよく出てくる。しかし、本当に考えさせられる質問は「なぜこれは良い戦略だと思うのか」である。

良い戦略の基準を事前に定義していない限り、これは実際には答えにくいことだ。戦略プロセスの最後に、なぜその結果が良い戦略であることの理由になるかの説明を求められるとわかっていれば、プロセスの進め方が変わり、そもそも最初に良い戦略の定義は何かと考えるだろう。

10　夢を見ることを絶対にやめない

アメリカの上院議員だったロバート・ケネディの有名な言葉に、「ある人は物事をそのまま見て、なぜかと尋ねる。私はこれまで存在しなかったものを夢見て、なぜ駄目なのかと尋ねる」というものがある（劇作家ジョージ・バーナード・ショーの言葉の引用）。この言葉には起業家のマインドセットが凝縮されている。これまで存在しなかったものを夢見て、「なぜ駄目なのか」と聞いた後で、その存在しないものをつくり始めるのが起業家だ。何か新しいものをつくり、それによって世界を変えることができる。

パラノイア楽観主義の力

起業家的リーダーシップの根幹で求められているのは、パラノイア楽観主義者として振る舞うことだ。パラノイア楽観主義は矛盾した言葉のようだが、そうではない。まさにコインの裏表の関係にある。

パラノイア楽観主義者であれば、周囲であらゆる恐怖と混乱が渦巻いていても、目の前の問題に対して解決策が見つかると確信しているので、楽観的になれる。しかし同時に、何かうまくいかないことがあるかもしれないと、パラノイアのように常に疑ってかかる。このため、たとえみんなが杞憂にすぎないと言ったとしても、そこに問題があるはずだと思って準備をする。問題を見つけてよく調べれば、それを避けたり最小限に留めたりする方法がわかってくる。たとえ問題に対して先回りできなくても、楽観主義者として、その問題に対処できるという絶対的な自信が持てるようになるのだ。

パラノイア楽観主義者になることは、困難な時期を乗り越える良い方法と言える。警戒や十分な量の現実的な恐怖と、積極的で前向きな見通しとを組み合わせるのだ。

実際に、パラノイア楽観主義に立って、最善のケース、最悪のケース、その中間の選択肢という、全範囲のシナリオを探索していく必要がある。考えられないような状況を想像することで不意を突かれることがなくなり、それを回避するのに役立つ戦略を考え出すことができる。その結果、起こりうる最悪のことはすでに想像し、その対策を固めているので、最終的に勝てるという揺るぎない確信を周囲に広げられる。

パラノイア楽観主義を実践すれば、先見性を研ぎ澄まし、選択肢を広げ、急速に変化する世界でリーダーシップをとる能力の強化につながる。これは危機に反応し、変化に対応するのに役立つことだ。自分たちの組織にパラノイア楽観主義を浸透させることで、戦略的に考える高業績組織になることは驚くまでもない。

二〇一二年、私は怖さを感じつつ、楽観的でもあった。起業家的リーダーシップの要素を信じていた。これまでのキャリアの中で、私は数えきれないほど多くの課題を経験してきたが、こうした要素は私を導いてくれるコンパスとなった。それが自信となって、目の前の混沌状態からノキアを導き、会社が生き残るだけでなく、再び成功するために、自分は役に立てると思えたのである。

物事が好転する前にさらに悪化しようとは、知る由もなかった。

第一〇章　黄金律　二〇一二年五月～六月

八つのルールは、取締役会の運営方法の枠組みと、ノキアが直面している混乱の収拾に用いる原則を示していた。

「フォロワーのいないリーダーは、ぶらぶら歩いているただの人だ」という古いことわざがある。組織文化を変革するには、トップのコミットメントが欠かせない。ただし、自分の習慣を変えてリーダーに従うよう、人々を説得する必要もある。

ノキアの取締役たちは全員、会社のために貢献したいと思っていて、悪意や怠慢さを目にしたことはない。私の理解では、問題は取締役が持てる力を発揮できなかったことにあった。

みんなと話をしてみて、ノキアの取締役会は長年ずっと「事態は収拾します」と言われ続けた挙句に、そうではなかったことが判明し、意気消沈しているように感じられた。何年も問題の核心にたどり着けず、経営執行チームの再建計画を額面通りに受け取るよう常に強いられてきたのだ。こうした経験によって、自分自身にも取締役会というチームにも脆さや不確かさを感じていた。良い仕事をしてこなかったと、私たち全員が思っていたのは確かだ。

私たちは、もっとうまくやれるという自信をあまり持てなかった。集団での失敗だったので、取締役たちが今後の自分自身の役回りについて疑問を抱いていたのは無理もない。新しい会長のリーダーシップを信用していなかったが、とにかく結論はまだ出ていない。ノキアは最後に勝てるという安心感や確信を持つ必要があった。

取締役会の役割について基本的な議論を怠る企業が多い。ＣＥＯを任命し評価するのが取締役会の主な責務だと往々にして信じているのだ。これは間違いではなく、非常に重要なことだが、最大限の貢献というには程遠い。

私見になるが、取締役は会社を確実に成功させるために必要なことは何でもすべきだ。そのくらいシンプルに考えればいい。その中にはＣＥＯの選解任も含まれるが、会社が直面している問題に応じて、やれることはもっと多い。

ノキアは崖っぷちでバランスをとっている状態だった。取締役会も含めて全員が協力し合って、安全な場所に引き戻さなくてはならない。

取締役や上級管理職との会話を書き留めたメモや、リーダーシップの教訓をまとめたリストを見返しながら、私が願う「取締役会におけるあるべき言動」の本質を抽出してみると役立ちそうだと思った。黄金律となる草案を、おそらく一〇案くらいは書いただろうか。二〇一二年五月三日の年次株主総会の直後に開かれた取締役会は、私が会長として初めて臨んだものだが、その場でルールの導入について提案した。

年次株主総会で浴びた厳しい批判

ノキアの年次株主総会は常にビッグショーだった。フィンランド最大のコンベンションセンター「メッスケスクス・ヘルシンキ」で開催され、来場者は例年一五〇〇人程度だ。私が最初に出席した四年前の総会では、出席者はかなり満足していた。今年の出席登録者は約三〇〇〇人にのぼり、やっつけてやろうと乗り込んできていた。

株主がそう思うのは仕方がないことだ。ノキアの営業損失は二〇一二年上半期に二〇億ユーロを超えていた。携帯電話の売上は下落に歯止めがかからず、何千人もの労働者が解雇され、今後数カ月間でさらなるレイオフが計画されている。ほんの四年前に二八ユーロだった株価がわずか三ユーロとなり、直近では信用格付けがジャンク債レベルに引き下げられた。飛び交う噂も、ノキアが破産申請するかどうかではなく、その時期がいつかということだったのだ（私たちに実際に不足していたのはキャッシュではなく、信用だった）。

私が聴衆の立場であったならば、やはり答えを要求しただろう。これからは、聴衆の質問に答える責任は私にある。

実は、この総会では私はまだ聴衆も同然だった。年次株主総会の後で初めて会長に就任することになるからだ。オッリラが会長としての最後のスピーチを行ない、エロップが二〇一一年中のノキアの事業に関する最新情報を提供し、株主からの山のような質問に答えた。

オッリラに加えて、古株の取締役だったベント・ホルムストロームとパー・カールソンの二人が辞任した。入れ替わりで加わったのが、ベッツィー・ネルソン、ブルース・ブラウン、マーテン・ミッコスだ。この三人は、私が取締役会にリクルートしてきた最初のメンバーで、いずれもテクノロジー系バックグラウンドと豊富なビジネス経験を併せ持っていた。ネルソンはシリコンバレーのソフトウエア企業数社でCFOを長く務め、監査委員長の経験も長く、積極的なベンチャー投資家でもある。ブラウンは消費財大手のプロクター・アンド・ギャンブル（P&G）のCTO（最高技術責任者）で、同社の経営に長年携わってきた。ミッコスはMySQLなど多数のテクノロジー系スタートアップでCEOを務めてきた。

ノキアの変革を始めるにあたって、彼らは力強い貢献者になってくれるだろうと、私は確信していた。三人とも最も困難な状況の中で、非常にプロフェッショナルでかつ完全に利他的な態度を持ち続けられることを示してきたからだ。その後、ネルソンは監査委員会の委員長を、ブラウンは人事委員会の委員長を務めた（二〇一四年にHPがミッコスの会社を買収し、ミッコスはHPの経営陣に加わった。ノキアとHPは同じ市場で競合していたので、ミッコスはやむなくノキア取締役を退くことになった）。

取締役会の行動モデル

年次株主総会の夕方、新任会長と取締役たちとで最初の取締役会が開かれた。会社全体がいわば大火災の渦中にあるので、火消し対策に絞り込んだ議題になるだろうと、普通は思うかもしれない。

私たちは違っていた。

実質的に議論した唯一の内容は、取締役会のあるべき運営方法、つまり、私たちがどのように行動したいかについてだった。

こうした考えは、危機に直面した際の最も賢明な対応はあらゆる選択肢を検討する前に、一歩下がって深呼吸することだという、私の信念から来ていた。取締役会もしくは危機に瀕するチームは当然ながら、直ちに問題解決モードに飛びつきたいと思うものだ。何が中心的な問題か、どんな解決策があるか、どんな計画で、いつから始めるか、というように。

しかし、人はそれぞれ異なる意見を持っている。そして、切羽詰まった状況のせいで、つい声を荒らげ、自尊心がズタズタになり、傷ついた感情を抱えてしまうようになるのだろう。

そこで、私は取締役たちにこんなメッセージを伝えた。「我々は一蓮托生です。ノキアを再び成功させるために一緒に協力しようではありませんか。まずは、どのように意思決定するかという原則から話し合いましょう。共有する価値観を考えてみましょう。そうすれば、目の前の現実的な問題に自在に対処できるようになります」

たとえば、「従業員を尊重しながら事業を行なう」ことに同意したとしよう。レイオフの話を始める場合、非常に幅広いやり方があり、関連コストの幅も非常に多岐にわたる。しかし、すべての出来事の中で、従業員を尊重することにしたのであれば、極力安上がりなやり方でレイオフするという選択肢はありえないし、その検討すらしないだろう。合意された一連の信条に沿って選択肢を限定すれば、おのずと一定の物事の進め方をとるようになる。おまけに、取締役間の対立も減少する。

この種の議論は実践的ではなく、一刻を争う局面でとるような対応ではないとして却下されたり、考慮すらされないことが多い。しかし、こうした議論をしておけば、長期にわたって取締役会がより効果的に役割を果たし、経営執行チームにより良い助言を行ない、気持ちよく協業できるという良い成果につながるのだ。

八つの黄金律

私たちが考え出したガイドラインは「黄金律」に凝縮させた。運営方法の枠組みと、ノキアが直面している混乱の収拾に用いる原則を、八つのルールに整理したのだ。二〇一二年のルールは以下に挙げる最新版とは少し違うところもあるが、中心となる哲学は変わっていない。

1　常に他者の行動から善意を汲み取る。オープンで、誠実かつ率直に活動し、ほかの人にも同じことを期待する。

疑うことのメリットをみんなで分かち合う。自分が聞きたくないことを誰かから指摘されれば、激しく非難したくもなるものだ。しかし、「デフコン1」（アメリカ国防総省の規定で、完全な戦争準備態勢を意味する）にワープするのではなく、「その人から善意を汲み取ろうと最大限の努力をするのだ」と自分に言い聞かせて、相手の意図を明確にするための質問をする。このルールを守れば、自分と他者の言動は変わってくるだろう。

もちろん、これはいいと賛同するのは簡単だが、積極的に実践するのは難しい。しかし、このルールが合意されていれば、リーダーが批判者を脇に連れ出して舌戦を根絶した後で、建設的な議論に戻す良い機会になる。「会議中に起こったことについて話し合いましょう。あなたは本当にその人からの善意を汲み取りましたか」と言えばいい。

2　私たちの哲学はデータを重視し、分析に基づいている。我が社のために将来の代替シナリオを分析的に策定し、常にそのシナリオに関連するトリガー（きっかけ）とレバー（目標達成手段）を理解しようと努める。この作業をすることで、他社の取締役会よりも時間がかかる場合もあるが、長期的には効果があると私たちは信じている。

「データ重視」という要素は当たり前のように聞こえるかもしれないが、取締役には実態を知る義務がある。データがあれば、自分が聞きたくないことを避けたり、無視したり、曲げたりすることなく、質問せざるをえなくなる。これは私の言う「悪いニュースはない。悪いニュースは良いニュースだ。良いニュースはニュースではない」という考え方に通じるものだ。

このルールにより、私は会長として、チームが必要な分析をするように要求する権利と責任を持つことになる。分析を重視することは、必要に応じて余分な時間をかけることに合意したということでもある。

ノキアの取締役会にとって、このルールは特に重要だった。というのも、私たちはこれまで慣れ親しんできた習慣から言動を変えざるをえなくなったからだ。また、経営執行チームも成功に向けて取締役たちとの連携方法を変える必要があった。

3　自社が手掛ける事業について十分に学び、経営執行チームとの話し合いに深く関与する。経営執行チームには、取締役がより多くを学べるよう支援し、オープンでかつ率直になって取締役会との対応に当たることを期待する。

会社が手掛ける事業について学ぶことは非常に多様なレベルで重要だが、なにも執行側に回ろうということではない。取締役会はそこには関与しないことが多い。ＣＥＯや幹部チームに疑念を抱いたり、代わりを務めようというのではなく、問題点とそれに対応する担当者のことをよく知れば、取締役会全体の経験から引き出せる恩恵を戦略的に共有しながら、経営執行チームを支援する準備と能力を備えた専門顧問として貢献できるようになると言いたいのだ。

ノキアの文化において、これは取締役と経営執行チームの関係における非常に大きな変化だった。これからは、経営執行チームが第一線で戦っている間、取締役が安全地帯で高みの見物をするのではなく、全員が並んで立つことになる。何かで失敗したときには、双方に説明責任があり、一緒にその結果を背負う。非難する代わりに、先に進んで何か別のことを試みようとするだろう。

4　議論に応じるが、情報に基づき、感情的にならないで、礼儀正しい形で行なう。議論で自分の意見が通らなかった場合でも、決定事項を前向きに支持する。

取締役は事業や業務上の問題について反対意見を述べてもいい。そうする必要があるのだ。会議の中で懸念を表明せずに、「そういうことが起こるかもしれないと心配していたけれども、何も言いたくなかった」と後から言い出すのは絶対にやってほしくないことだった。

5　経営執行チームが成功して初めて取締役会が成功することを肝に銘じるとともに、敬意を払いながらも毅然とした態度で経営執行チームに疑問を投げかける。

経営執行チームが最善の戦略を策定するのを支援したくても、ただ同意するだけでは役に立たない。私たちは経営執行チームの計画や思考プロセスに疑問を投げかける必要がある。ただし、これを実践するときには、自分たちの成功を最大化するために反論してくれているのだと、経営執行チームが頭で理解し、腹にも落ちるようにしないといけない。経営執行チームが成功して初めて、その企業は成功する。とことん駄目出しをして、とことん支援するのだ。

6　私たちは何事に取り組むときでも常に向上を目指す。仕事、ツール、プロセス、さらにはチームとしての協力体制をより良いものとするために、全取締役が貢献することが期待されている。

継続的な改善を意味する概念である日本語の「カイゼン」は通常、製造分野で用いられる。だからといって、取締役会の仕事に当てはまらないということではない。取締役はいかにチームワークを発揮するかとともに、より良い仕事を目指して貢献することが期待されている。これを徹底するためには、自分たちにどのように改善できるかと、全員に定期的に尋ねなくてはならない。私はよく会議の終わりに、全取締役に向けて、どうすれば今回の会議はより良いものになったか、考えを聞かせてほしいと頼むようにしている。

7　取締役会以外でも、経営執行チームと取締役が互いに関わり合うことを奨励する。

以前の体制では、取締役会以外の場でCEOが取締役と会うことは、非公式ながらも禁じられていた。取締役がCEOの部下と会うことはもっと少なかった。しかし、会社が直面している課題をより深く探るために、正式に開く会議以外で話をするのはおかしなことではない。

私たちはあえて、取締役たちがこうした会話をしても構わないというルールを設定し、次の重要な但し書きもつけた。経営メンバーは、取締役を高給取りのコンサルタントとみなし、その意見やアイデアを取り入れようと思ったならば自由に使うことができる。ただし、それは経営メンバーたちの自己判断に委ねる。このことを経営メンバーが理解していることが非常に重要だ。個々の取締役は取締役会の声を代表するわけではなく、同意せよという圧力があるわけでもない。その一方で、取締役は関係者と会って話したらすぐに、誰もが学べるようにメモを作成し、自分の所見を他の取締役やCEOと共有する義務がある。

誰かと会うときには必ずCEOと会長に事前に共有する。これは、会う回数や誰が誰と会うかを調整し、適度な形に近づけるためだ。

8　取締役会は形式にこだわらず、中身を大事にする。

声に出して笑うことのない会議は惨めな失敗である！　これは楽観主義とパラノイアのバランスをとるのに役立つ。笑いがないと、ただのパラノイアになるという罠に陥ってしまう。私はいつも会議の最初の一〇分間は、取締役たちに大笑いしてもらおうと努めている。そうすれば、正常な精神で物事が進むようになる。暗いニュースであればあるほど、笑う理由を見つけることもいっそう重要になる。

ちなみに、取締役会でのスーツとネクタイの着用は必須ではない。

こうしたことは、どの企業でも話し合うべき健全な内容だが、危機に瀕して抜本的な変革が必要な企業では特にそうだ。皮肉なことに、会長中心のノキアの歴史は私にとって有利に働いた。私が提案した黄金律に反対する人はいなかったのだ。やがて、こうした変更が良い結果をもたらすことをみんなが認め、自主的に実行し始めた。

黄金律は揺り戻しを防ぐバックストップ（防御策）にもなった。取締役というと、誰もが人目を引く人物で、その多くは強い自我の持ち主だが、そういうリーダー気質の人材をどのように御していけばいいのだろうか。私の場合、合意された行動から誰かが逸脱しても、いともたやすく個別に話ができる。「プレッシャーが大きいのはわかります。いろいろと思うところもおありでしょう。ですが、あなたの猛烈な批判を受ける人がどのように感じ、みんなで同意して育もうとしている取締役会の力関係にどう作用するかということに気づいていますか」と言えばいいのだ。これはその人を批判することには当たらない。ただ当人がすでに約束したことに言及しているだけなのだ。相互尊重という固い基盤があったので、すべての取締役が最終的に言動を変えてくれた。少なくとも、いくらかは。

こうしたルールは固定されたものではない。さまざまな状況に合わせながら、その時々で必要に応じて柔軟にカスタマイズできる、生きた有機的な枠組みだ（たとえば、二〇一二年には六つのルールだった）。私は毎年の年次株主総会の前にルールを見直し、同僚たち（ここにはＣＥＯやコーポレート・セクレタリーも含まれる）の考えを聞き、現在直面している課題や過去一年間に犯した過ち、生じた誤解をより良く反映させたルールに変更できるか、変更すべきかを考えてみる。

破壊が起こって混乱しているときにも、通常の浮き沈みのときにも、ルールはチェックリストとして役立つ。実際に、二〇一二年に私たちが直面した厳しい日々の間、そして今日も、黄金律は私たちのガイドとなってきた。

透明性を担保する

黄金律が承認されたことで、取締役会は一定の取り組み方を是認し、私は変革を始める自由を手にした。「猫をテーブルに載せる」（フィンランドのことわざ。疑問点や問題を提起する意）ことができて、ほっとした。もっとも、私たちの問題は猫よりもはるかに大きかったので、「ヘラジカをテーブルに載せる」という冗談も出てきたが。私たちが危機に瀕していることを疑う人も、透明性と信頼の雰囲気を醸成すべく、今までのやり方を改める必要があることに異議を唱える人もいなかった。

二〇一二年のスケジュールを立てるときに、私は当初から意図的に取締役会の会議の時間を三〇％

追加した。この数字に特に根拠はないが、そこは重要ではない。私たちは窮地に立たされていて、一緒に過ごす時間が長いほど相互理解や信頼が深まると、私は知っていたのだ。

チーム運営やチームの支援を得る最善のやり方は、メンバー全員に意見を述べる機会を与えることだ。以前の取締役会では、反対意見は無視されたり、つぶされたりすることが多かった。それは、直ちに変えたいと私が主張した部分だ。私は最初の会議で、テーブルの周りを歩きながら、重要なテーマについては全員に意見を求めた。任意ではなく、全員に意見を言わせたのだ。その結果、チームワークの感覚や信頼感をより持てるようになり始めた。

また、取締役を信頼するよう経営執行チームを説得する必要もあった。会長に就任してから数カ月間、私が経営メンバーに連絡をとれるよう、エロップが手を尽くしてくれた。私たちは共同で次のようなメッセージを発信した。「皆さんが私たちの尊敬を勝ち取りたいなら、率直に打ち明けてほしい。私たちに助言を求めない人よりも、『大きな課題があって、どう対応していいかわからない』『三つの計画があるが、どれがベストかわからない』と言ってくれた人を、私たちははるかに尊重するだろう。また、単独の解決策だけで売り込もうとする場合、私たちから支援は得られたとしても、敬意の対象にはならない」

成功につながる議題づくり

取締役会の内容を変更すべきことも、私はわかっていた。ノキアを成功軌道に戻すための議題にしていく必要があった。

エロップと私はそのために、コーポレート・ガバナンス、株価、コンプライアンス、メディア・カバレッジ、社会的責任などの副次的テーマに充てていた時間を減らそうとした。いずれも意味のあるテーマだが、船が沈みかけているときには重要ではない。代わりに、自社の技術、製品、人材、顧客、競合、現在と将来の競争力といった基礎部分を重視した。これはどの企業でも話し合うべき適切なテーマだが、とりわけ苦しんでいる企業にとっては重要だ。

私たちは、ノキアの市場における成功をどう定義するかについて経営執行チームに説明を求めた。これは単に「今は何々をする必要がある」と宣言することではない。その理由を理解したいのだ。つまり、なぜこの技術や機能が重要になると思うのか。なぜこの施策を打てば、この件がうまくいくのか。なぜ正しい道を進んでいると言えるのか。なぜこのアプローチが進捗状況を追う最良の方法なのか。

こうした各テーマについて、前に進むための選択肢を常に探すことを目指した。目の前に道が一つしかなければ、それをとるしかない。複数の選択肢があれば、そこから選ぶことができ、主導権がとれるようになる。

経営メンバーの一人は、過去の取締役会と新しい取締役会の違いを端的に述べていた。古いアプローチは「解決策のないまま、平気な顔で悪いニュースを持ってきてはいけない」で、新しいアプローチは「悪いニュースは良いニュースだ。解決策を見つけるのを手伝おう」というものだ、と。

それは変革の実行という事実に基づく側面だ。私たちは透明性という文化的な道筋においても第一歩を踏み出した。

それから少し後に、私たちは社内のスター人材と朝食をとるようになった。毎回、取締役会を開く前に、四人のハイポテンシャル・マネジャーと一時間の朝食ミーティングの予定を組むようにしたのだ。各マネジャーには一五分間ずつ、自分のことや今抱えている重要な問題について話してもらう。私たちはいつも決まって「あなたの仕事がもっとうまくいくようになるためには、何を変える必要がありますか」と聞く。基本的にマネジャーたちが不満に思っていることを聞き出して、取締役会で企業経営のやり方で改善すべき点を理解できるようにするためだ。

戦略的にシンボルを使う

その他の変化は形式的なものだが、メッセージ性は実に強かった。

ノキアの伝統では、個々の取締役には必ずお抱え運転手がいて、取締役会関連のイベントにはアウディA8やメルセデスSクラスの高級セダンで乗り付けていた。しかし、二〇一二年の年次株主総会以来、ミニバスで夕食会場に向かうようになった。私も同乗する。これは小さなことだが、取締役会の文化をつくるための異なるアプローチを示していた。古いやり方は外観や慣習を重視していたのに対し、私たちのやり方はチームづくりと結果を出すことに力点を置いていたのだ。

翌朝（私にとって会長としての初出勤日だ）、私はまず家具を移動させた。ノキア本社では、CEOを含めて大多数の人がオープンなオフィス環境で仕事をしていたが、前会長は自分の個室を持っていた。そこは他のオフィス空間と青いガラスで仕切られ、「ブルールーム」と呼ばれていた。そこで過ごす時間について、社内では「ブルーモーメント（憂鬱な瞬間）」とも言われていたようだ。

壁を動かしてもらうと、その空間はオープン・オフィスに変わった。私は他の人たちと同じように机を置いた。そういうオープンな環境で、私はみんなと会い、質問し、話を聞き、学習を始めたのだ。

私が会長に就任する前の数カ月間、前会長がノキアの伝統に則り、辞任前に正式な肖像画を描いてもらうために、優秀な肖像画家を求めて世界中を探してもらっていたことを聞かされた。アメリカ人画家を選んで、数カ月間フィンランドに滞在してもらい、会社用と自宅用に二枚の肖像画を完成させたという。危機の最中に、個人の肖像画に多額のお金をかけるという考えが正しいとは思えない。今後CEOや会長が辞任するときには写真で十分だと、私はスタッフに知らせた。

こうしたことを含めて、小さな行動をいろいろと組み合わせながら、文化を変えるスピードを上げるのだというシグナルを送り、みんなの感情に強烈に訴えかけていった。

そして二〇一二年六月一八日、マイクロソフトがノキアを打ちのめしたのである。

事業再生は信頼から始まる

初期の頃、なぜそうしたのかという理由を完全に理解しないまま、直観的に実施したことがたくさんあった。後になってからようやく、どのやりとりも主に信頼構築を目指していたことに気づいた。

信頼基盤を築くことは何よりも最優先すべきだ。トラブルや複雑な状況に置かれている時期には、信頼はギアをスムーズに動かす潤滑油になるとともに、すべてのものを一緒に結びつける接着剤にもなる。

信頼構築は、私が初めての取締役会にみんなを迎え入れた瞬間から始まった。議題には明記されていなかったかもしれないが、それは暗黙のうちに私の最優先課題となっていた。全取締役が互いに信頼し合い、グループとして会長を信頼できるようにしないといけない。CEOと経営メンバーは取締役を信用することができ、従業員、サプライヤー、パートナー、投資家にもそれが伝わらなくてはならないのだ。

信頼は透明性と平等という二つの柱で構築される。透明性には、データ共有、規律ある分析の構築、取締役たちがCEOをはじめとする経営メンバーと話し合うのを奨励することや、そこで議論した内容を共有することなどが含まれる。平等には、全員に平等な機会を与えることから、同じバスに乗ってチーム精神を養うことに至るまで、さまざまな意味がある。

私たちはオープンかつ平等という精神に立って、経営執行メンバーが受ける三六〇度評価と同じようなプロセスで取締役を評価するようになった。

私が採り入れたのは、年一回の匿名による数値評価プロセスだ。全取締役が過去一年間の貢献について個人的な評価と、将来的に貢献が期待される能力についての評価を受ける。取締役の貢献度については、その取締役と実質的な関わりのあった経営メンバーにも評価者となってもらう。取締役は突如として、手出しできない存在ではなくなったのだ。取締役会の全般的な行動や個々の取締役の行動に関するフィードバックを経営メンバーが安心して伝えられるようになったという事実により、取締役会は自社の将来をしっかりと守るために積極的に貢献する権利を持てるようになった。信頼はバランスが重要になることが多い。この場合では、チェック・アンド・バランスが肝心だった。

信頼は絶えず強化していく必要があり、当たり前に得られるものではない。どんなときにも揺らがない手本を示すことで、初めてその強化が図られる。たとえば、悪いニュースを探し出して共有するよう人々を奨励する。悪いニュースを知らせた人を罰しない。説明責任を果たせば常に報いる。もともとそういう考え方の人を採用する。こういった範を示すのだ。

私は信頼が要求される変革も行なった。たとえば、私がCEO直属の部下と一対一で面談し、CEOを定期的に評価し始めたこともその一つだ（これは私が会長を務めるすべての企業で実施している）。当然ながら、そこで見聞きした結果は取締役会で議論する。取締役会は、CEOのタイプ、強い分野、弱い分野をしっかりと理解すべきなのだ。

こうした面談は少なくとも年一回、新任CEOの場合はやや多めに行なう。私たちが見るのは次の五つの分野だ。CEOがどのように企業文化を発展させるか。経営執行チームをどのようにまとめているか。被面談者とCEOとの関係がどのように進化しているか。取締役会がどのように経営執行チームをより良くサポートできるか。そして最後に大事なのが、被面談者は個人的にどんな将来の計画があり、将来的にこの会社のCEOになることに関心があるか、である。

会議の議題をどのように作成しているか。CEOがどのように対立を処理しているか。どのくらいCEOと連絡が取りやすいか。どのように個人的な成長をサポートしてくれるか。私はこういった実用的な質問も織り交ぜて聞くようにしている。こうした話をする過程で、そのCEOについて別の角度から知ることができるが、同時に、チームの力関係の理解も進む。面談が終わると、何がわかったのか、どうCEOを支援するのが最も良いのかをじっくりと考えてみる。そして、面談した相手の名前は伏せたまま、私が調べた結果や得られた所見のすべてについて、歯に衣着せずに物申す精神で、CEOと話し合う。

エロップもその後任のラジーブ・スリも、最初に評価の件で話し合ったときに、このプロセスをまったく歓迎していなかったことを覚えている。しかしその後、これはノキアの標準的なルーチンとなり、どちらのCEOにとってもより良い経営をするうえで役立った。

組織全体に信頼感が醸成されていれば、コミュニケーションがより明確になり、透明性が増していることが見て取れる。そのすべてが、従業員や同僚から幅広いアイデアや提案が出てくる状態につながっていく。それこそが、企業再建をジャンプスタートさせるために欠かせない革新的なアイデアや提案となるのだ。

第一二章　プランB、そしてプランC、プランDもある

二〇一二年六月～一一月

シナリオ・プランニングを使えば、重要なことを見落とす可能性を最小限に抑え、最終的にどのシナリオになったとしても準備万端で臨める可能性を最大化することができる。

誰もそんな状況になるとは思っていなかった。

二〇一二年六月一八日、マイクロソフトはタブレット「サーフェス」を打ち出すことを発表した。まさに寝耳に水である。それはマイクロソフトのハードウエアに関する全パートナー企業への威嚇射撃となる警告だった。

マイクロソフトは創業以来、四〇年近くソフトウエアの会社としてやってきた。マイクロソフト帝国は、パソコン・ベンダー経由で販売されたＤＯＳ（ＰＣ向けＯＳ）やウィンドウズの上に築かれたものだ。マウス、キーボード、ゲーム機の「Ｘｂｏｘ」などでハードウエアにも恐る恐る足を踏み出していたが、マイクロソフトはソフトウエア会社で、ずっとそうあり続けるだろうというのが大方の

見方だった。

マイクロソフトのCEO（当時）のスティーブ・バルマーは前年九月に株主向けの年次書簡の中で、当社はデバイスとサービスの企業だと次第にみなされるようになるだろうと匂わせていた。[＊1] そこには、ノキアの未来を託して提携した相手が将来的に競争相手になるという、あまり嬉しくない可能性が言及されていた。ウィンドウズ搭載スマートフォンをつくるためにノキアがマイクロソフトと排他的関係を結んだ際に、契約書にはマイクロソフトが自らデバイスを製造することを制限する条項が含まれていなかった。理由は単純、そういう代替シナリオが理論的に考えられることさえ誰も気づかなかったのだ。

六月、マイクロソフトはサーフェスを発表したが、パソコンメーカーやOEM（相手先ブランド製品を製造する企業）の間で大きな衝撃が走った。こうした企業はマイクロソフトに多額のロイヤリティを支払い、同社のソフトウエアを自社デバイスに組み込んでいた。そういう提携が何十年もパソコン業界の屋台骨となってきたのだ。デルを創業したマイケル・デルは、マイクロソフトのやり方やその内容をどう感じているかについて、私に打ち明けてくれた。HPのパソコン事業責任者も同じく、マイクロソフトが最も関係の深いパートナーを信頼せず、早めに注意喚起しなかったことに驚いていた。サーフェスを極秘案件として厳重に守り、発表日まで二週間を切ってようやく一部の最も親しいOEMに知らせたという事実は、業界全体で敵対的行為として受け止められた。

そのニュースを聞いて、ノキア中に激震が走った。マイクロソフトがタブレットを作り始めたとすれば、スマートフォンを作り始めないとも限らない。自前のスマートフォンを作り始めれば、ノキアはどうなるのだろうか。

選択肢を挙げて考える

マイクロソフト・ショックをきっかけに、私たちは代替シナリオを策定しないといけないという判断に至った。

ほとんどの人とすべての経営執行チームは、シナリオ・プランニングという概念を多少なりとも知っているだろう。そのルーツは軍事情報活動にある。作戦をシミュレーションしながら、間違いから安全に学んでいくのだ。中には、ロイヤル・ダッチ・シェルのように、数十年間という非常に長期のシナリオを作成して、将来を予測し準備しようとする企業もある。

私はミクロレベルでも、それと同じ概念を愛用している。どれほど困難な状況でも、個人や企業がどのような意思決定をするか、あるいは、どれだけ多くの人が投票行動や財布で意思表示するかに基づいて、起こりうる未来の道筋を二つ三つ挙げることはできる。異なる道筋を挙げて、それを一つずつ検討し、自分たちにとってプラスかマイナスかを見極め、そうした未来に影響を及ぼすために、現時点もしくは今後とりうる具体的な行動を明らかにしていけば、成功する可能性がより高まる。

パラノイア楽観主義者として考えれば、ほぼ強制的にシナリオ・プランニングを実践せざるをえなくなる。さまざまな成功や失敗のシナリオ、あるいは、その結果に影響を及ぼす方法が次々と頭に浮かんできて止まらなくなるだろう。

シナリオ・プランニングは、未来について考える方法に規律をもたらすメソッドで、大きな問題を扱いやすい単位に分解し、それぞれ個別に対処できるようにするツールだ。この演習の強度は個々人の視点の幅と深さで決まる。すべての関連する選択肢を挙げていった後で、それぞれの可能性について重要な詳細項を掘り下げていく。

時には、どの可能性も途方もなく複雑で、まとまりのある絵姿が描きにくいこともある。あるシナリオから別のシナリオへ、一つの枝から別の枝へと思いを巡らせる。必要な深さと全体の俯瞰とを併せ持つためには、シナリオを木として考えてみるといい。幹の最下部が現時点であり、そこから成長させて将来の代替シナリオを描いていく。枝が複雑なときには、異なるチームに割り振って各枝を伸ばしてもらう。その後、みんなの考え出した成果を集めて、くまなく調べていけばいい。

シナリオ・ツリーは生きた有機体であり、成長していく。調べた結果を話し合うたびに、さらに探求すべき新たな枝が見つかる。新しい可能性が絶えず明らかになり、それはプラスのこともあれば、マイナスのこともある。

そして、そこにポイントがあるのだ。シナリオ・プランニングで大事なのは、すでにある選択肢をただ確認するのではなく、いろいろな可能性を常に想像しながら、代替シナリオを策定し、その後でそれぞれの案に関連するアクションを突き止めていくことだ。言い換えると、現実的なシナリオを挙げて関連するアクションプランを作成することに留まらず、非現実的だが好ましいシナリオを実現可能にするアクションも考えることができる。自分なりの視点で起こりうる最善のシナリオを自由に想像し、それを木の枝として追加していこう。

アクションを考えるときには、前向きな結果になる可能性を高め、マイナスの結果になる確率を減らすことを目指す。こうした考え方を用いれば、最終的に体系的なプロセスを用いて仕事に取り組めるようになる。

シナリオ・プランニングは取締役会や経営陣が従事すべき健全な規律と言える。この活動を通じて、自分の会社や業界の現状を深く掘り下げ、同じ学習プロセスを経験せざるをえなくなる。重要なことを見落とす可能性を最小限に抑え、最終的にどのシナリオになったとしても準備万端で臨める可能性を最大化することができる。決して起こらないシナリオを考えたときでさえ、業界動向を学ぶことができ、思考が研ぎ澄まされるだろう。

運転手か、乗客か

シナリオ・プランニングは、私たちが黄金律で合意したデータに基づく分析的アプローチの典型だ。私たちの言動にこのやり方を少しずつ叩き込み、二〇一二年を通じて定着を図っていった。

取締役会は当然ながらこのやり方を歓迎した。私たちはこれまで管理不能だと感じたり、主要データを満足に見られなかったりして苦悩してきた。自社の将来を多数の異なるシナリオで説明できれば、誰もが全体像を把握できる。そして全体像がわかれば、選択ができる。選択すると、誰もが事態を掌握しているという感覚を持てるのだ。

取締役会としては、経営執行チームと一緒に疑問点や可能性をリストアップし、経営執行チームに分析して推奨案をつくるよう求めて、その結果を点検し、新しいシナリオを考え出すことは簡単でかつ楽しくもある。一方、経営執行チームはこうした宿題をすべてこなさなくてはならないため、重い負荷がかかった。すでに業務量が多いところに余分な作業が積み重なるため、当然ながら、時には抵抗も見られた。しかし、先を読み、サプライズに翻弄されないことが非常に重要だという点では、みんな一致していた。

私たちは皆、驚かされることに心底うんざりしていたのだ。アップル、アンドロイド、シンビアン、メルテミ、ミーゴ、そしてマイクロソフトと、非常に多くのことで意表をつかれてきたが、もうたくさんだった。

シナリオ・プランニングを用いれば、不快なサプライズを間違いなく回避できる。取締役会に対して代替シナリオを提出するよう経営執行チームに求めることで、そういう状況に持っていくことができる。私たちは代替案のない、完全に固まった計画はもはや受け入れられないことを強調しつつ、それよりもむしろ生煮えの代替案が豊富にあるほうがいいと説明した。そうすれば、後から取締役と経営執行チームが一緒になって、どの方向性をとるべきかについてじっくりと議論することができる。また、取締役としても、経営執行チームと進むべき道のりを共有し、経営執行チームが早い段階でさまざまなシナリオのリスクやメリットを見極められるように支援しやすい。

ノキアが過去数年間に遭遇してきた主要な課題を振り返ってみれば、どこがうまくいかなかったかを突き止めるのに、パラノイア楽観主義が役立つという結論に達するはずだ。シンビアン全体、シンビアン財団、ミーゴ、タッチ方式、アンドロイド、中国……。驚かされた事案のリストは長々と続く。

早い段階でこうした問題についてシナリオ・プランニングを実施しておけば、どれほど状況が違っていたかを想像してみてほしい。

想定されるシナリオの検討にもっと多くの時間をかけたいのはやまやまだが、この演習を充実させるには、想定外のシナリオの探求にかなり時間をかけたほうがいい。もっともらしさを早まって判断せずにシナリオをたくさん挙げていくには、心の鍛錬が必要だ。起こりそうもないシナリオを軽視しないようにするにはさらなる鍛錬が求められるが、あえて重要性の低いものを考えるアプローチは可能性に対して心を開く鍵となる。そのため、選択肢Ｂについて考える時間を割り当てたならば、たとえそれが時間の無駄だと思ったとしても、その時間中は選択肢Ａについて考えてはいけない。こういう取り決めをしておくと、勝てるシナリオの検討時間になったときに、みんなは頭を絞り、どうやってそれを実現させるかを考え出そうとするだろう――たとえ奇跡を起こす必要があったとしても。

シナリオ・プランニングは何といっても可能性に対して心を開くものだ。選択肢が本当にあることがわかる。

それがどれほど重要であるかは強調してもしきれない。選択肢がない場合、自分が決めるというより、そう決まるようになっている。反対に、選択肢が多ければ多いほど、運命は自分に手中にあるという認識が強まる。危機の真っ只中であれ、日常的な意思決定を扱うときであれ、シナリオ・プランニングは、自分が運転手になるか、乗客になるかの分かれ目となるのだ。

代替シナリオを作成する習慣を身につけることには、複数のメリットがある。アクションプランを作成することは、漠然とした恐怖やはっきり説明できない脅威ではないため、不安が軽減される。計画を立てれば管理できるようになる。そして何よりも、最悪の場合でさえ、実際に起こったことに少なからず似たシナリオについて対策を考えているので、素早く反応することができる。

「カサンドラ役」を指名する方法もある。カサンドラとはギリシャ神話に登場するトロイの王女だ。呪いをかけられたせいで、実際に起こること（トロイの崩壊など）を予言しても誰も信じてくれなかったという。ビジネス環境において、カサンドラ役に指名された人は誰でも、本当に悪いシナリオを想像することが許されるのだ。これは役立つやり方だが、ノキアの取締役会の場合、そこまでやる必要はないと感じた。「免罪符」を必要とする人はいなかったのだ。十分に信頼関係ができていたので、誰もが心置きなく否定的なシナリオを考え出すことができた。

幸いにもシナリオはたくさん出てきた。

企業孤児を忘れるな

取締役会では長年、ノキアの競争力の中心となるテーマの多くは軽く触れられるだけだった。それに対して、この頃の私たちの会議では、戦略的テーマに絞って取り上げるようになっていた。私たちは特に重点的に関与すべきテーマが二つあることにすぐに気がついた。そこで、取締役会では二つの特別委員会を設けて調べていくことにした。戦力を分ければ、二倍の仕事ができる。産業動向委員会が担当するのは、スマートフォンと携帯電話というノキアの中心的事業だ。遠回しな言い方をしているが、要するに「マイクロソフトは一体何をするつもりか、それにどう対応するか」について検討してもらう。もう一つの委員会には、ＮＳＮを非中核事業として取り込むための投資案について検討してもらった。

以前のノキア取締役会では、ＮＳＮは忘れられた継子扱いで、ある取締役は「企業孤児」と呼んでいた。議題に挙がることは稀で、挙がったとしてもリストのはるか下にあり、ほとんど議論されなかった。二〇一一年九月、私たちは五億ユーロを投じるのと同時に、筋金入りのリストラ専門家であるイェスパー・オヴェセンを執行役会長に登用し、ＮＳＮのＣＥＯであるラジーブ・スリが取り組む企業再建の支援に当たってもらった。当時はノキアの諸問題によって、ＮＳＮで起こっていることが覆い隠されていたのだ。

ＮＳＮはノキアの一事業ではなかった。シーメンスとノキアが五〇対五〇で出資した独立企業で、ノキアがゴールデンシェア（拒否権付株式）を持つ形になっていた（つまり、シーメンスより一株多く保有していたのだ）。ＮＳＮには独自の取締役会、ブランド、文化、運命があった。私がノキアの取締役会に参加した時点で、ＮＳＮの従業員数はノキアの携帯電話事業と同じで、売上は三分の一だった。ノキアの携帯電話事業が急降下するにつれて、全体の売上に占めるＮＳＮの割合が増していった。私たちの中にＮＳＮの事業を熟知している人はいなかったが、それではよくない。私たちは優れた資産管理人になる責任を負っていた。

ＮＳＮから発せられていた危険信号の一つが、借入契約に違反してしまう可能性だ。ＮＳＮが発行した債券は財務制限条項に抵触すれすれの状態だった。ＮＳＮ再建中に契約不履行は何としてでも避けたい。だが、そういう事態が目前に迫っていても、今の私たちの立場ではＮＳＮ救済を検討するのが難しかった。

ＮＳＮの問題を突っ込んで調べていくと、このシーメンスとの合弁事業は、初期段階の終わりに近づいているが、危機的状況にあることもわかってきた。次の交渉を最良の形に持っていくには、ＮＳＮに対する理解を深め、思慮深いアプローチをとる必要がある。つまり、ＮＳＮ経営メンバーと知り合いになり、ノキアの取締役会のことも知ってもらうという意味だ。とりわけＮＳＮ経営執行チームには、ノキアに対して忠実であり、シーメンスへの忠誠心は最低限必要なレベルに留めてほしい、と私たちは望んでいた。

マイクロソフトによるダブルパンチ

二〇一二年七月上旬、第２四半期の収益報告書を見越して、ノキアの米国預託証券の価格は二ドルを下回り、一・六九ドルの底値となった。[23] ノキアの時価総額は約五〇億ユーロだが、そのうちネットキャッシュが約三五億ユーロなので、実際の企業価値はわずか一五億ユーロだ。これはノキアクラスの規模やブランドの企業にとって無きに等しい。ＩＰ（知的財産）ライセンス事業単独の評価額は、企業全体の価値を軽く上回っていた。

業績発表の後で、エロップと私は我々の信頼の証としてノキア株式を買い入れた。ノキアが最終的に破産するのではないかと懸念する人が多かったのだ。それはありえないシナリオではなく、評価額が下がって買いやすいとはいえ、株式購入は危険な投資だった。

数週間後、いくつかの明るいニュースにも支えられてノキアの株価は緩やかに回復した。第３四半期は予想を上回る結果を報告できそうだったのだ。

おそらく最も目覚ましい前進が、マッキンゼー組織健康度指標の数値が大幅に改善されたことだろう。自社の抱える問題を明らかにし、それに対処しようと、エロップが絶えず尽力してきたことで、私たちは危機を脱し、同指標における企業ランキングが着実に上がり始めた。まだ望んでいるレベルには遠かったが、対象企業の上位半分に入ったのだ。驚きなのは、これがどのような状況で達成されたかという点だ。絶え間ないレイオフ、否定的な報道、業績悪化の只中で、ノキアの従業員は急速に元気を取り戻しつつあった。これは、ノキアの全歴史において最も正当に評価されていない功績の一つだろう。

だが、私たちが大いに期待をかけていたルミアは、壁に突き当たっていた。それはマイクロソフトが意図せずに築いてしまった壁だ。

春も終わりに近づいた頃、マイクロソフトは「ウィンドウズ８」に「ウィンドウズ７・５」とのバイナリ互換性（デバイスの機種やＯＳが異なっても同じプログラムを動かせること）を持たせないことを発表した。つまり基本的に、全アプリを新しいＯＳ用に再構築しなくてはならない。また、最新鋭のデバイス用に構築された新しいアプリは古いデバイスでは動かないことも意味する。ルミアの既存デバイスはウィンドウズ７・５で動いていたが、発売から一年も経たないうちに旧式となってしまったのだ。

それと同時に、マイクロソフトはウィンドウズ８のリリースが遅れることも発表した。[✣4]

どこかの時点で互換性の問題が起こることはわかっていたが、マイクロソフトは私たちに相談することなく発表した。仮にマイクロソフトが注意喚起してくれていたなら、私たちはこう言っただろう。「それは現時点の顧客に、もはや誰もアプリを作成しないプラットフォームに投資するように言っていることになりますよ。ウィンドウズ搭載デバイスが欲しい人はウィンドウズ8が出るまで待ってくれるでしょう。しかし同時に、ウィンドウズフォン7・5は買うなと、世間に言っていることになります。おまけにウィンドウズ8はもうしばらく発売されないとも発表したのです。当面は別のプラットフォームを選ぶようにけしかけたことになりますよ」と。別のプラットフォームとは、もちろんアンドロイドかｉＰｈｏｎｅである。

ビジネスでは往々にして勢いが重要だ。一から始めるよりも、勢いを維持するほうがはるかに簡単だ。こうしたニュースは私たちには重荷となり、これまで徐々に築き上げてきた勢いを殺いでしまったのである。

スマートフォンの代替シナリオ

九月中旬の取締役会に向けて、マイクロソフトのサーフェスとバイナリ互換性に関するニュースが私たちの心に重くのしかかる中で、私はエロップと経営メンバーに、携帯電話事業、特にスマートフォンで何が起ころうとも、ノキアが生き残れるようにする代替シナリオを考えてほしいと頼んだ。すると四つの選択肢が示された。

シナリオ1：マイクロソフトとのパートナーシップについて再交渉する

契約で定めたパートナーシップ期間は一〇年だが、三年か五年後に、販売数量が合意レベルを下回った場合にノキアが契約を終了させることのできる「解除条項」が含まれていた。販売数量が急加速で伸びていかない場合、最短で二〇一四年一一月に解除条項を発動しうる。目標が達成されず、ノキアがこの権利を行使しようとする可能性を、マイクロソフトはすでに視野に入れているかもしれない。

私たちがこの権利を行使する場合、分離する頃には新しい計画がフルスピードで実施されている状態になるように、かなり前から準備しておく必要がある。マイクロソフトにとって最悪なのは、ノキアが秘密裏にアンドロイド・プログラムを開始することだ。ノキアが権利を行使できるようになった時点で「すまないね。もう終わりにしよう」と電話で告げられるまで、マイクロソフトはノキアと一緒に全力で取り組んでいくだろう。契約で定められている通り、三カ月の間隔をあけた後で、ノキアが用意しておいた全種類のアンドロイド搭載デバイスを発売する。マイクロソフトはびっくり仰天し、ウィンドウズフォンの命運は尽きるだろう。

マイクロソフトはノキアと同じくらい容易にこのシナリオを想像できるはずだ。マイクロソフトにできることは何か。解除条項の取り下げについて同意が得られるかを見るために、もっと早くにノキアとの交渉を始めなくてはならない。このシナリオを魅力的なものにするために、マイクロソフトは譲歩せざるをえないだろう。

ノキアがこれを織り込み済みだとマイクロソフトがわかっていることを、私たちは承知していた。

ノキアには一定の影響力があるので、マイクロソフトに働きかけて再交渉を求めることもできる。私たちの目標はマイクロソフトとの関係を守ることなので、次のステップは再交渉に向けた戦略を立てることだった。

シナリオ2：セレニティ・プロジェクトで市場全体を破壊する

「セレニティ」とはＨＴＭＬ５を用いた新しいクラウド・デバイス・プラットフォームのコードネームで、開発者がどのＯＳやブラウザでも利用可能なアプリをつくれるオープン・ウェブ・プラットフォームだ。二〇一一年時点では、三年以内にこのプラットフォームを立ち上げる予定だった。

マイクロソフトとの再交渉とセレニティの立ち上げは相互排他的ではない。マイクロソフトとの契約で言及されていたのは、グーグルのアンドロイドのみだ。したがって、セレニティを進めるか、マイクロソフトと再交渉するか、あるいは、その両方を進めることも可能だった。

シナリオ3：アンドロイド以外の選択肢を探す

アンドロイドは市場を席巻していたが、唯一のプレイヤーではなかった。他の多くのプラットフォームにも大きな可能性があり、大きな賭けに出ようとする大企業を引きつけていた。たとえば、「ファイアフォックス」ＯＳは結局うまくいかなかったが、それが判明するまでの間、テレフォニカ、スプリント、ドイツテレコムから強力な支援を受けていた。フェイスブックは自前のデバイスを導入しようと考えており、私たちは提携先を探していた。フェイスブックがメルテミのようなプラットフォームを用いれば、低価格製品が重要な鍵となる途上国で多くの利用者を引きつけるうえで役立つだろう。

ウィンドウズフォン、セレニティ、フェイスブックという三つの選択肢はすべて同時並行で起こりうるが、全部やろうとすれば、私たちの注意やリソースは分散するだろう。

シナリオ4：アンドロイド

アンドロイドについては、二つのサブシナリオがあった。

シナリオ4Aは「有機的アンドロイド・プラン」と呼ぶもので、私たちはアンドロイド搭載デバイスファミリーを構築できるかもしれない。ただし、これはマイクロソフトと結んだ契約条件下では非常に困難だろう。

最短で二〇一四年一一月に解約条項を発動できるとすると、二〇一五年の初めに一連のデバイスの発売準備が整っていなくてはならない。しかし、新しいプラットフォーム上でデバイスを構築するには、少なくとも九〜一二カ月はかかるので、二〇一三年末までに着手する必要がある。そして今、二〇一二年は終わりに近づいていた。

第一世代のデバイスはベータ版のようなもので、失敗から学ぶ時期となる。第一世代のルミアは最も優れていたわけではないが、その後、欠点が克服されてきたので、ルミア920には完璧さが求められていた。仮にノキアのアンドロイド搭載デバイスが完璧だったとしても、利益が出るのは最善シナリオで少なくとも二〇一六年になってからであり、最悪シナリオでは確実に多大な痛手を受けることが予想された。

さらに、そうしたプログラムを極秘に開発するのはほぼ不可能だ。ノキアとＯＤＭ（相手先ブランドでの設計・製造受託会社）との間で、何百人もの人々がアンドロイド搭載デバイスに取り組むことになれば、そういう情報は必ず漏れてしまう。「ノキアはウィンドウズフォンへの信頼を失った」と報じられるのは想像に難くない。私たちは信頼しなくなったわけではない。今のところは。

シナリオ４Ｂは「非有機的アンドロイド」だ。すでに多くのアンドロイド搭載デバイスの出荷実績を持ち、開発に必要なものを完備している企業を買収する方法である。ファーウェイ、モトローラ、ＨＴＣ、おそらくシャオミなどもその候補で、私たちはすでに「お近づきになる」ための議論をしてきた。もちろん、そのような買収をすれば主導権を失うことにもなりかねない。私たちは手持ちのキャッシュが乏しく、自社株式にあまり価値がない。自社の独立性を失わずに意味のあるものを獲得することは不可能かもしれなかった。


私たちはこの五つのシナリオのすべてを検討していくことにした。計画立案、情報収集、選択肢の比較検討を粛々と進めるが、後戻りできないことは一切行なわない。

これはシナリオベースの計画の美点と呪縛でもある。認識された経路をすべて進めながら、理解を蓄積し、計画を立てておくことで、いざ行動すべきときが来たら、誰もが準備万端で、戸惑うこともなく、何をやるべきかを心得ている。これは美しい部分だ。呪縛となるのは、多様な未来に備えているので、同じ作業を数回繰り返すことになってしまう点だ。厄介な作業負荷を引き受けることと、将来のシナリオのために準備することの間でバランスをとるのは難しいスキルだ。絶対確実な教科書も存在しない。自分が正しいことをしていると信じて、前に進んでいると感じるほかないのだ。

新しい取締役会の最初の半年は、素晴らしい成果を上げた。シナリオ思考に取り組むことで、未来を覆っていた深い霧が、いくつもの明確な道筋が示された想像上の風景に置き換えられた。私は取締役会に参加してから初めて、何がノキアの問題か、それに対して自分たちは何をしているか、そして、その先にはどのように違う未来があるかがわかっているという実感があった。

問題がまったくなかったわけではない（実は問題が多いことにかえって気づいた部分もあったかもしれない）が、物事がよく見えるようになり、注力すべきことを選択し、先のことをより掌握できていると感じたのだ。

ルミアにスポットライトを当てる

ホリデーシーズンが近づくにつれ、ノキアの主力スマートフォンであるルミア９２０が注目されるようになった。私たちの知見のすべてがルミア９２０に詰め込まれていた。売れ行きが良ければ、マイクロソフトとの結婚は続くかもしれない。あまり売れなければ、敗北を認めざるをえないだろう。

これは、私たちの多くにとって、ウィンドウズフォンのフランチャイズの実行可能性に関する最終テストだった。一一月に発売されたルミア９２０は、二つの重要なシグナル市場であるアメリカとイギリスの両方で絶賛を博した。テクノロジーブログ《エンガジェット》には「これは、ノキアで最も素晴らしいウィンドウズフォンだ」というレビューが載った。[5] イギリスの《インデペンデント》紙は見出しで「大きく、美しく、おそらく市場で最も進んだスマートフォン」と讃えていた。[6] 《ニューヨーク・タイムズ》紙は「エクセレンスが実現された。あとは市場原理で決まる」と端的に述べたのである。[7]

こうした市場の力は良いことのように見えた。チップセットの入荷が逼迫し、売上には供給上の制約が大きく響いたが、需要の追いつかないルミア920をぜひとも買いたいと顧客が思っているのは非常に良い気分だった。

ルミアの波に乗って、D&S部門は予想を上回る業績を達成した。二〇一三年一月上旬、NSNの好業績とキャッシュリザーブ（現金準備）を強化しようと、本社であるノキアハウスを一億七〇〇〇万ユーロで売却した（すぐにリースバックした）ことが重なり、私たちは前年の春には考えられなかったことを行なった。第4四半期に業績を上方修正すると発表したのだ。アナリストが予想したように、一〇%もの損失を計上するどころか、収支トントンになるか、黒字転換すら見込まれていた。[8]

アメリカでは、すぐに株価が一九%近く跳ね上がった。[9] ノキア株式を「買い」と評価したアナリストも多かった。ニュースブログ《ギガオム》は読者に「この件は慌てなくてもいい。ノキアは実際にかなり好調だ」と伝え、インターナショナル・データ・コーポレーションの影響力のあるアナリストの一人は「ノキアのスマートフォン、ルミアシリーズは以前のシンビアン携帯電話とは月とスッポンだ」、「私たちが今、目にしつつあるのは、ノキアの運勢が着実に好転することだろうと思う」と述べた。[10][11]

社内では、エロップの計画がついに動き出したという感覚があった。最新のノキア従業員調査では、従業員のエンゲージメント（会社に対する愛着心）は六五％、経営陣のエンゲージメントは七一％、文化の変化を実感している割合は七一％と、平均して健全な結果となった。過去二年間で大幅な改善が見られ、生き残りをかけて戦っている企業としては目覚ましい進歩と言える。エロップは二〇一二年一二月末のＣＥＯレターに、「二〇一二年の締めくくりとして、慎重ながらも楽観的な印象で、次に向けて準備が整っていることが感じられると、みんなが言っていた」と書いた。

私の楽観主義的な半分も同意見だった。だが、その双子のパラノイアもまた、一歩も引かない構えだった。

シナリオ思考を深く根付かせる

リーダーが代替シナリオで考えるやり方を習得するだけでは十分ではない。自社の文化に刻み込む必要がある。言うのは簡単だが、これを一貫して行なうようになるのは相当難しい。スムーズに始めるやり方は次の通りだ。

誰かがプランを提示するたびに「他の選択肢は何ですか」と聞く絶好の機会となる。「すみません。

これを進めるべきなのは明白だったので、代替案について考えませんでした」という答えが返ってくる場合、少し時間を取って一緒にいくつかのシナリオを考えてみることで、文化の一部として選択肢を考えるやり方を強化することができる。その人は、今回は選択肢を検討していなかったとしても、次回はきっと用意しているはずだ。また、次に自分のチームメンバーがプランを出してくるときには、選択肢を求めるようになるだろう。

リーダーシップの手法として導入したそのやり方は、やがて文化と戦略的思考に密接に結びつき、分かちがたいものとなる。自社の文化について聞かれた社員が「選択肢についていつも考える」と答えているのを耳にしたならば、私はおそらく幸せいっぱいになるだろう。

第一二章　この結婚を維持できるか　二〇一三年一月〜四月

ゲームはやり方次第で大勝もすれば、大敗もする。

「お話ししたいのですが」。二〇一三年一月三〇日の夜分に、マイクロソフトのバルマーから電話がかかってきた。会話はほんの五分で終わった。両社のパートナーシップの今後について話し合うために、二月末にバルセロナで開かれるモバイル・ワールド・コングレスで個人的に会えないかと彼は言った。

それを聞いても、私は驚かなかった。こうした電話が来るだろうとわかっていたのだ。ウィンドウズフォンの提携について、エロップは元上司のバルマーとよく話をしていた。二人がすぐに連絡を取り合えるのは、ノキアにとって非常に役立つ。二〇一二年終盤から、マイクロソフトが進展状況に満足していないことを、エロップはそれとなく聞かされていた。ノキア側も不満を抱えていた。マイクロソフトが自社ブランドのスマートフォンを出すことに興味を持っているとの噂があったからだ。

マイクロソフトの計画はノキアにとって深刻な結果をもたらしかねないと理解していたので、私たちはバルマーに対する警戒レベルをほんの少し上げていた。現状のパートナーシップを超える話には、会長の私を交えるべきだと、エロップはバルマーに知らせた。

バルマーが会いたいと言ってきたことは、事態が深刻になりつつあるサインだった。

事業構造に関わる契約交渉であれば、私が交渉の主導役となり、マイクロソフトとの重要なコミュニケーションはすべて私だけを通すことにした。通常はＣＥＯ同士が交渉するが、エロップはマイクロソフト時代にバルマーの部下だった。バルマーがエロップに影響力を及ぼしうると見られるのは避けたい。バルマーならやりかねないことだと、エロップも私も懸念し、確信もしていた。バルマーにとって私は未知数の人間で、それはノキアにとって有利に働く可能性があった。

パートナーシップを守る試み

私たちのパートナーシップがどこに向かっているのかは判然としなかった。ウィンドウズフォンは確かに成功しているとは言いがたかったが、失敗と呼ぶには時期尚早だ。パートナーシップが開始して二年になるが、製品を出荷するまでに一年近くかかったので（ノキア単独のときよりは、かなり短期間だが）、浮き沈みが予想された。

これまでは、「沈む」たびに、じきに「浮上する」と固く信じられる理由が常にあった。失望させられるたびに、私たちの活力維持につながる説明がなされたのだ。ノキアの最初のウィンドウズフォンはODMで急ごしらえのデバイスで、ノキア固有の差別化要因がなかった。ルミアの第二世代モデルはよりノキアらしかったが、やはり未熟なOSで動いていたので、多くの重要な機能が欠けていた。ルミア920は第三世代の主力モデルであり、マイクロソフトがつくれる最高のOSとノキア独自の差別化要素が多数装備された素晴らしいデバイスだが、当初は供給が追いつかず、売上が思うように伸びなかったのだ――このような説明である。

第三のエコシステムを立ち上げることは、私たちが予想していた以上に困難だった。アンドロイドとアップルはかなり前から好循環で回り始めていたので、そのスピードについていくのはほぼ不可能だ。ましてや追いつくことなど考えられない。有利なスタートを切っていたアンドロイドとアップルは成長曲線のはるか先を行き、数量ベースのシェアを見ると、アンドロイドの七五%、アップルの一五%に対し、ウィンドウズフォンはわずか二%にすぎなかった。[1]

早く好循環に持っていこうと、私たちは努力し続けた。私たちのデバイスは素晴らしく、ユーザー体験も、業界の専門家のフィードバックも良好だ。電気通信事業者との打ち合わせでは圧倒的に好感触を得ている。次世代ウィンドウズフォンに組み込まれる予定の機能に、私たちは胸を躍らせていた。

だが、消費者との間にある壁は乗り越えられそうになかった。アクティベーション（対象機能を利用可能にするためのライセンス認証手続き）件数は夏の間は毎週二〇万件で横ばいだったが、その後一〇月と一一月にかけて三〇万件へと着実に伸び、クリスマス直後には五五万件に達した。これはかなりの成長と言えるが、アンドロイドのアクティベーション件数は二〇一一年時点ですでに一日三〇万件以上となっていた。クリスマス以降、ルミアのアクティベーション件数は週に約三〇万件へと後退したが、アンドロイドは一〇〇万回を超えていた。それも一日当たりである。[2] ルミア920は相変わらず供給不足が足枷となっていたので、ノキアは二〇一三年第1四半期も目標を下回ることが見込まれた。

生き残るためのシナリオ・プランニング

古代中国の軍事戦略家の孫武(そんぶ)は「孫子(そんし)の兵法」で、戦いに勝つ最善策は戦う前に勝つことだと指南している。私がバルマーと会う前に、私たちは取引銀行の担当者を交えて代替シナリオを検討し、話し合いの進め方について多くの議論を重ねた。

私たちが最初に試みたのは、マイクロソフトの立場でノキアの選択肢を分析することだ。何らかの出来事が起こったり、私たちの視点が変わったりするにつれて、私たちの考えは少しずつ発展していったが、基本的な枠組みは次の通りである。

プランA：マイクロソフトがノキアを買収する

○A1　ノキアは最終的にM&A（合併・吸収）取引に応じる。その対象範囲は何パターンか考えられる。

A1a　マイクロソフトはノキア全体を獲得する。

A1b　マイクロソフトはノキアの携帯電話事業に加えて、ヒア（旧ナブテック）の地図およびナビゲーション関連サービスを獲得する。

A1c　マイクロソフトはヒア以外のノキアの携帯電話事業を獲得する。

A1d　マイクロソフトはスマートデバイス事業のみを獲得する。

○A2　取引が成立しない。

A2a　ノキアは何とか新契約を結んでウィンドウズフォンの排他的パートナーシップを解除する。ノキアはウィンドウズフォンOSに加えてアンドロイドも採用する。

A2b　排他的関係は継続させるが、マイクロソフト側にマーケティング投資額を増やしてもらう。また、さまざまなウィンドウズフォンのライセンシー間で競争させるのではなく、ノキアだけをサポートしてもらうようにする。

A2c　既存の契約を続ける。

プランAが先に進んだ場合、私たちは前向きにM＆A取引に応じるかどうかを決める必要があるだろう。同時に、プランBとプランCを防ぐために交渉を開始しなくてはならない。

プランB：マイクロソフトが他の携帯電話会社を買収する

バルマーが台湾の家電大手ＨＴＣのファンであることは広く知られていた。ＨＴＣのデバイスはルミアのモデルよりも薄型だ。そして当時は、メディアが注目する主な機能は「薄さ」にあった。

○Ｂ１　マイクロソフトはＨＴＣを買収する。

Ｂ１ａ　ノキアは何とか新契約を結んで排他的関係を解除する。ノキアはウィンドウズフォンＯＳに加えてアンドロイドも採用する。マイクロソフトはノキアに妥当な補償金を提供する。

Ｂ１ｂ　ノキアはマイクロソフトを訟える。

○Ｂ２　マイクロソフトは別の携帯電話会社を買収する。

Ｂ２ａ　ノキアは何とか新契約を結んで排他的関係を解除する。ノキアはウィンドウズフォンＯＳに加えてアンドロイドも採用する。マイクロソフトはノキアに妥当な補償金を提供する。

Ｂ２ｂ　ノキアはマイクロソフトを訴える。

プランＢは最悪の結果になるだろう。ノキアはマイクロソフトとの契約に拘束されたままになってしまう（私たちは愚かにも、最初の契約交渉中に、マイクロソフトがこの選択肢をとれないようにしようと特に考えなかったのだ）。その結果、マイクロソフトはノキアの計画をすべて知ったうえで、私たちと競争しながら、より良いデバイスをつくろうと尽力するだろう。したがって、いかなる犠牲を払ってでも、このシナリオは回避する必要があった。

プランC：マイクロソフトは自力でモバイル製造業者になる

○C1　基本的にB2aと同じである。

○C2　B2bとまったく同じであり、ノキアはマイクロソフトを訴える。

プランCになる可能性は低かった。マイクロソフトが最大限にアウトソーシングしたとしても、世界規模に成長するまでには長い時間がかかるからだ。とはいえ、これが実現した暁（あかつき）には、ノキアとの関係は大きく損なわれるだろう。

各シナリオとサブシナリオについて、私たちにできることは次の通りだ。

○可能な限り正確な情報を得るために、シナリオに沿って継続的に情報収集するプロジェクトを立ち上げる。

○シナリオが起こる可能性に影響を及ぼすためにとりうる大小のアクションを継続的に考えるためのプログラムを立ち上げる。そうしたアクションを戦略的に実行する。たとえば、HTCのCEOと連絡をとり、ノキア自身が同社を吸収合併する可能性について話し合い、同時に、マイクロソフトにとって状況が複雑になるよう仕向ける対応が考えられる。

○マイクロソフトとの訴訟に備えて

第一に、私たちの持ち駒の中でこのシナリオになる確率がどれだけ高いかを知る必要がある。非常に高ければ、交渉の切り札として、交渉の雲行きが怪しくなったときに利用できるだろう。可能性が低くても、やはりこうしたシナリオを理解しておくことは大切である。

第二に、準備があれば、マイクロソフトがＨＴＣの買収計画を発表した直後に提訴することができる。ノキアは不意打ちを免れるだろう。

私たちはさまざまなシナリオ用のプレスリリースの骨子も用意した。これは少なくとも、自分の頭の整理になり、対外的にその結果がどう見えるかを全員にしっかりと理解してもらうための良い訓練になる。

正しいやり方でゲームをする

ゲームはやり方次第で大勝もすれば、大敗もする。もちろん、これはゲームではなく、ノキアにとって非常に深刻な状況だ。どのような結果になろうとも、直接的に何万人もの人たちに、間接的には何百万人もの人たちに影響が及ぶことになるだろう。これは、両社ともに、やり取りの際に多大な誠意をもって臨まなくてはならない戦いだ。しかし同時に、やり取りの巧拙によって大きな差が生じる可能性があった。

一定の制約がある中で、その段階では時間がノキアに味方してくれると、私たちは感じていた。ルミアの最新世代モデルにはゲームを変えるチャンスがあり、ノキアのデバイスとビジネスモデルで嵐を乗り切る可能性があるとまだ信じていたのだ。私たちの最優先課題は、マイクロソフトがＨＴＣなど他の携帯電話会社を買収するシナリオを避けることだ。このシナリオになれば、ノキアには最悪な事態となるだろう。

私たちにはまだどういう状況でイエスとするかノーとするかを話し合える用意ができておらず、マイクロソフト側の提案をじっくりと検討する時間が必要だと感じていることを、先方にうまく伝える方法を何とか見つけたかった。とはいえ、私たちがあまりにも後ろ向きなために、マイクロソフトを他社へと走らせてしまうのは本意ではない。私たちの目標は、ドアを開けるが、通過はさせないことだった。

二〇一三年、一四年、一五年初めの大型Ｍ＆Ａから私が学んだことの一つは、重要な分岐点に立ったときに、適切な言葉の力を使うことだ。近々バルセロナでバルマーと会うときに用いる戦術について議論しながら、私はまずこの教訓を頭に叩き込んだ。マイクロソフトにノキアの利益を損なう選択肢をとらせないようにしながら、いかに時間稼ぎをするか。そのためには、バルマーにどんなことを言えばいいのだろうか。

私たちはこの議論にかなりの時間をかけた。最終的に、ＪＰモルガンのゲイリー・ワイス（同行から二人の幹部がこの議論に加わっていたが、そのうちの一人だ）がごくシンプルに次の言い方はどうかと提案してくれた。「あなたがたははるか先まで進んでいるが、我々は突然のことで驚いている。提案された内容やその対応について考える機会が必要だ。第二に、結びつきの深いビジネス・パートナーとして、私たちは一心同体で、自社にとっても、お互いにとっても、これが本当にウィンウィンのパートナーシップにできるか考える機会にすべきだ。したがって、経営監査を入れて、現行のパートナーシップ内で各社が本当に望んでいることが実現できない要因を分析してみたいのだが」

バルマーの狙いを探る

バルマーと私はバルセロナで、まず互いの会社の状況について話し合った。まるでフェンシングの試合で対戦しているようだった。アップルの「ｉＰａｄ」や他のタブレット、携帯電話の売上が伸びてパソコンの販売台数に大打撃を与え、マイクロソフトのコア事業のソフトウエアに影響が及んでいるという噂を耳にしたと、私は述べた。バルマーは気まずそうな顔をした。

私は大規模なレイオフを行ない、世間では破産の噂が飛び交うなど、二〇一二年にノキアが味わってきた痛みについて話すとともに、第３四半期と第４四半期は事業展開が好調である点を強調した（その時点で、私たちは嵐の只中に出航し、最悪の状況がこの先に控えていることを知らなかった）。私のメッセージは基本的に、「ノキアは適切な方向に進んでいる。ただもう少し時間が必要だ」というものだ。

その後、バルマーは具体的な話に入った。

スマートフォンのゲームに後発参入したプレイヤーとして、マイクロソフトが採算をとるためには一億台のデバイスを売る必要があると、バルマーは見積もっていた。彼はその種のマーケティング費用をかける妥当性が見出せないという。「二〇ドルのロイヤリティ収入を得るために、ウィンドウズフォンの販促に二〇ドルを投資する必要があるとすれば、そのどこに意義があるのか」と、私に尋ねてきた。

携帯電話事業から撤退するか、マイクロソフトのブランドでデバイス製造を始めるべく企業買収をするかで、バルマーがプレッシャーにさらされている理由は見て取れた。しかし、M&Aへの道に一歩踏み出したいとは思わなかったので、私はブレーンストーミング・モードに入って矢継ぎ早に質問をすることにした。携帯電話事業やマイクロソフトの目的について、バルマーの考えを探るためだ。マイクロソフトがマーケティングにもっと多くの費用をかけるべき理由があり、それで数量が伸びた分の粗利を両社で分け合えるようなシナリオをいろいろと提案した。微調整する案から、異なる事業を組み合わせる案まで、さまざまな選択肢を持ちかけた。

メディアは多くの場合、バルマーについて「大きくて、荒々しく、強気」、「炎のように熱く、情熱的で、残酷」、「大胆不敵」と描写する[✣345]。私の性格とはほぼ正反対だ。しかし実のところ、私たちはなかなか相性が良かった。一緒にブレーンストーミングをする中で、信頼と相互尊重の基盤ができたのだ。

しかし、マイクロソフトが垂直型ビジネスモデルを追求し、どうにか自前のデバイスを製造しようと、バルマーはすでに心に決めていると、私は感じた。彼がどんな提案をしてくるのか正確にはわからなかったが、マイクロソフトのプランAはノキアのスマートフォン部門の買収のようで、プランBは他社を探すことだった。

バルマーのスケジュール感を聞いてみると、「ノキアがぐずぐずしていれば」プランBを進めないといけないと、彼は語った。マイクロソフトがHTCに打診すれば、私たちは法的措置を検討せざるを得ないと、私は釘を刺した。ただし、それは回避したいシナリオであることも、繰り返し伝えた。

私はあらかじめ練っておいた「あなたがたははるか先まで進んでいる」という表現を用いて、経営監査でこれまでの関係を調査し、既存のパートナーシップの枠内で両社がそれぞれの目的を達成できるプランを作ってみようと提案した。

バルマーはそれで何かが変わるとは信じていなかった。ノキア側が監査に二、三週間かけるだろうと言い張ったのだ。おそらく、私が意図的に買収手続きを遅らせようとしているのを察知していたのだろう。バルマーは逆に私たちにプレッシャーをかけてきた。

私はヘルシンキに舞い戻ったが、まるで光速で新しい現実へと飛び込んでいくかのように感じられた。マイクロソフトとのパートナーシップを維持できるか。それが無理だとすれば、HTCなど他社ではなく、ノキアが主要な買収候補であり続けるためには、どうすればいいか。買収はノキアにとって救いなのか。そのせいで沈んでしまうのか。

ノキアは三つの事業部門で構成されていた。D&S事業はいわゆる携帯電話事業で、スマートフォンも含めてノキア単体の売上全体の九〇%を稼ぎ出していた（合弁会社のNSNを含めた連結売上高ではない）。そして、位置情報サービスのヒアと、貴重な特許ポートフォリオを扱うノキア・テクノロジーズがあった。しかし、売上面でも、一般的な見え方においても、ノキアは携帯電話の会社だった。D&S事業全体または一部の買収に応じた場合、ノキアに何が残るのだろうか。

身も蓋もない言い方をすれば、たいして残るものはない。ノキアの終焉となる可能性もあった。

時間稼ぎをする

三月いっぱいをかけて、ノキアとマイクロソフトの両経営陣はアイスランドのレイキャビクで数回会議を行なった。なぜレイキャビクかというと、シアトルとヘルシンキのほぼ中間にあり、何よりも、会合を持つうえでかなり安全な場所だったからだ。

私たちは情報漏洩に神経を尖らせていた。ノキアの事業は十分に困難な状況にあり、マイクロソフトとの関係をめぐって世間であれこれ憶測が飛び交ってほしくはない。第４四半期は黒字だったとはいえ、ノキアの携帯電話事業全体の業績は低調で、中国では深刻な問題が続いていた。

マイクロソフトとＨＴＣ間のＭ＆Ａの可能性についても、私たちは過敏になっていた。マイクロソフトは自社開発する選択肢をあきらめている様子だった。そうした能力や機能が備わっていなければ、自前で開発するには時間がかかりすぎる。これで、オリジナルのプランＣがなくなった（アルファベットの文字数が足りないわけではないのだが、私たちはシナリオの目線をノキア視点に移したときにＣを再利用したため、残りのプロセスでは、修正版のパートナーシップ契約に基づいてマイクロソフトとの協力を続けるシナリオがプランＣとなった）。

プランＡは、マイクロソフトとノキア間で何らかの取引を行なうものだが、マイクロソフトはどうやらプランＢ、つまり、ＨＴＣとのＭ＆Ａを優先させようとしていた節があった（後日わかったことだが、マイクロソフトはなんと台北にチームを派遣して予備的なデューデリジェンスを実施するところまで進んでいた）。

マイクロソフトのＨＴＣに関する噂は、単なる交渉戦略か、それとも確かな脅威なのか。それを探るため、私たち自身もその年の晩春にＨＴＣの関係者に接していた。ＨＴＣはウィンドウズのライセンシーだが、主にアンドロイドのプレイヤーだったので、マイクロソフトにとって完璧なパートナーではない。そのため、依然として非常に不安定な立場とはいえ、この議論では私たちにいくつか強いカードがあると感じた。

経営監査プロセスによって数週間の時間稼ぎをしながら、マイクロソフトの目的や考え方に関するデータも多数入手することができた。監査が終わった四月一日、バルマーと私は話し合った。ノキアとマイクロソフトは、真剣に大成功を目指してパートナーシップを始めたのだから、最後に一緒にもうひと踏ん張りしようと私は提案した。もう二週間待ってもらえれば、パートナーを続けるための最善の譲歩案を用意できるだろう、と。バルマーは渋々同意した。

この間のプロセスを通じて、両社のＣＬＯたちは定期的に連絡をとり合っていた（ノキアのＣＬＯであるルイーズ・ペントランドは、私がこれまで一緒に仕事をしてきた中で最も素晴らしい弁護士の一人だ。彼女のカウンターパート（相手組織で同等の役割を果たす人）であるマイクロソフトＣＬＯのブラッド・スミスも尊敬すべき人物だとわかった）。これは、それぞれが相手に知ってもらいたいことを探るうえで有益な裏ルートであり、両陣営の信頼構築にも役立った。

四月一一日木曜日、私たちはマイクロソフトとの新しい関係について提案した。マイクロソフト側は非常に注意深く耳を傾けた。次の日曜日にバルマーから電話がかかってきて、マイクロソフト側のフィードバックを聞く機会を持つことになった。マイクロソフトがこの提案を断ってくることは十分に予想され、実際にその通りになった。しかし、私たちは真剣勝負の交渉に向けて大急ぎで必死に準備していたので、少しは時間稼ぎができた。

バルマーはすぐにＭ＆Ａの議論を始めたがっていた。一週間後、私たちはニューヨークで会うことになった。

私たちは準備の一環として、マイクロソフトがノキアをどう評価しているか、ノキア単独で見る場合とＨＴＣと比較した場合の両方とも分析するよう努めた。仮にノキアかＨＴＣかいずれかの買収をマイクロソフトが本気で考えたとしよう。マイクロソフトがＨＴＣを買収した場合に、ノキアの時価総額がどのくらいになるかを計算できれば、ノキアにとっての下限値がわかる。この下限値を上回るオファーであれば理論的に受け入れに値する。というのも、ノキアの株主からすれば、マイクロソフトをＨＴＣという選択肢に走らせるよりはましだからだ。私たちがオファーを断ってマイクロソフトをＨＴＣ買収へと促した場合、ノキアの価値はもっと下がるだろう。

ＪＰモルガンのＭ＆Ａチームに分析を手伝ってもらい、一緒にＤ＆Ｓ事業の評価額（マイクロソフトがＨＴＣを買収した後のもの）をまとめたところ、最悪で一六億ユーロ、楽観的な上限値は五五億ユーロとなった。したがって、マイクロソフトのオファーが五五億ユーロ以上であれば受け入れ、一六億ユーロ未満であれば断ったほうがいい。この範囲内の金額だった場合は、私たちが悲観的なケースと楽観的なケースのどちらを信じるかで判断する必要がある。

私たちは「違う惑星」にいた

二〇一三年四月二二日、ニューヨークで最初の交渉が行なわれたが、部屋の中に集まったのは、ノキアとマイクロソフトの中心的な経営層、双方を代表する弁護士、バンカーであるゴールドマン・サックス（マイクロソフト側）とＪＰモルガン、サポートスタッフのグループと、総勢三〇人近かったはずだ。

交渉のときには、バンカーや弁護士が特に精通する所定のプロセスがある。多くの場合、勝つのは片方だけなので、手続きの冒頭から敵対的なムードが底流に流れている。その後、相手をおじけづかせ、お供の人々に威信を示すために、大きく見栄を張る。俳優がそれぞれ指定された役を演じ、観客はそれぞれの役回りを承知のうえで見ているという、昔ながらの劇場を髣髴とさせた。バルマーは部屋の中で頭一つ出ていて、その禿げ頭がまぶしかった。彼独特の自己主張を何とか抑えていたが、自由奔放な彼は最大かつ最悪の交渉相手だった。

マイクロソフトから話を持ちかけたので、マイクロソフト側が最初に話すのがマナーだ。私は参加者を迎える言葉を述べ、バルマーもそれを繰り返した後、私は彼に発言権があると伝えた。

バルマーは大きな身振りで、マイクロソフトの携帯電話戦略について簡単な説明を始めた。彼の声は大きくなり、ほとんど怒鳴り声に近くなった。興奮状態の彼が自分の考えを話すときの様子について聞いたことがあったが、実際に体験したのはそのときが初めてだ（「モンキーダンス」と呼ばれる彼の身振りを動画で見たことがある。[6] もちろん、まったく違うレベルの興奮状態だったが）。私がバルセロナで会った人物とは別人のようだった。

その後、ゴールドマン・サックスの担当者がマイクロソフト側の提案を示した。そのバンカーは自分の役割を完全に心得ていた。世界最強の銀行の一つを代表してやってきた交渉の達人で、大型M&Aをいくつも経験し、当然ながら人々に威圧感を与えるのに慣れていたのだ。

バンカーが話し始めると、部屋の中は静まり返った。

マイクロソフトは買いたい企業に大枚をはたくことで有名だった。数年前、ヤフーに対してすでに過大評価されていた株価に六〇％以上も上乗せした五〇〇億ドル近い金額を提示している！[7] ノキアに対するオファーは少なくとも八〇億ユーロになるだろうと私たちは信じていた。

ところが、D&S事業に加え、ヒアと多数の特許ライセンスも含めて、四二億五〇〇〇万～五二億五〇〇〇万ユーロという金額を提示してきたのだ。予想をはるかに下回っているではないか。ヒアが二〇億ユーロ以上、IPライセンスが一〇億ユーロ以上とマイクロソフト側が評価したとすれば、D&S事業全体については一〇億～二〇億ユーロということになる。これは、プランBの最低評価額とした一六億ユーロに近かった。

私たちは全員唖然としたが、驚きを隠しながら質問した。というのは、どのようなやりとりでも、より多くのデータを集める機会になるからだ。その後、私は中断を申し出て、別室でその提案を議論できるように取り計らった。

こうしたM&A取引ではたいてい、先方からオファーがあり、こちらもオファーを出し、数週間程度の交渉を経て、どちらか一方が呑めないものでない限り、結果は中間付近に落ち着くという流れをとる。ノキアがマイクロソフトのオファーに同意できないことは明らかだった。しかし、私たちがこのままオファーを提示しても、希望するレベルにはたどり着けないだろう。彼らのオファーがあまりにも低かったので、中間で着地させるには、こちらのオファーをとんでもなく吊り上げなくてはならない。たとえば、Ｄ＆Ｓ事業とＩＰライセンスで六〇億ユーロを得るには、一二〇億〜一三〇億ユーロを提示しなくてはならないが、そこまで高いと完全な非現実的なオファーだと相手に読まれ、おかしな雰囲気になってしまうだろう。

マイクロソフトにそのオファーがまったく問題外だと明確に伝えることが唯一の道だと私たちは感じたが、スタンドプレーや対立抜きで、それをやってのけなくてはならない。

私はバルマーを探しに行き、脇に引っ張っていった。「スティーブ、いただいたオファーについてお話ししたいのですが、あなたと経営メンバーだけにしませんか。バンカーや弁護士、サポートチームは外して、少人数のコアチームで状況について話し合いましょう」と、私は提案した。

まさにその瞬間、マイクロソフトのＣＬＯのスミスがこの場に到着した。ワシントンＤＣで開かれていた会議が終わって合流したのだ。両社のＣＬＯとＣＦＯ、エロップとそのカウンターパートでウインドウズフォンのプログラムを運営してきたテリー・マイヤーソン、バルマーと私が集まり、部屋にいるのは八名となった。

私はできる限り毅然としながら、礼儀正しく、提示されたオファーでは無理だと伝えた。「評価額に関して、私たちは二つの違う惑星にいるみたいです。あまりにもかけ離れていて、議論のしようがありません」。わざわざニューヨークまで足を運び、話し合いをしてくれたマイクロソフトのチームに心からの謝意を伝えたが、再開するには新たな方法を考え出す必要があるとも告げた。極力言葉を選んだつもりだが、かなり厳しい内容を伝えることになった。

バルマーはかなり良い方に解釈してくれた。彼は立ち上がり、私のフィードバックに感謝した後、「議論すべきことがなければ、私たちも帰ったほうがよさそうですね」と返し、やや不気味な口調で付け加えた。「これから数週間のうちに、厄介な瞬間が来ると思うのでご注意を」（HTCという脅威を指すのだろうと私は推測した）。ほんの五分前に席についたスミスは、これまでに参加した中で最も短いM&A交渉だったと、冗談を言おうとした。

しかし、私たちが揃って部屋から出たときに、誰の顔にも笑みはなかった。

常に人の問題である

ビジネスはビジネスだとよく言われる。しかし私の経験では、ビジネスは単にビジネスだけではない。常に人の問題である。

当事者間の最初の会議は、個人的な力関係が錯綜する弱肉強食の世界だった。自分が話しているときに、ほかの人が沈黙している状況に慣れている人や、成果を出すために外圧をかけてくる人が多かったのだ。

バルセロナでバルマーと最初に会ったときが、二人の剣士が初対戦する状況に近かったとすれば、ニューヨークでの会議は二つの軍隊が戦場で対峙するかのようだった。

後から考えてみると、私たちは最初の会議の前に、もっと個人的な関係作りに注力すべきだった。その前夜に私がバルマーと夕食を共にしたり、ノキア側のバンカーが先方のカウンターパートと深い会話をしたり、おそらくCLOやCFOたちがそれぞれ一緒に夕食をとってもよかっただろう。

どちらも自分のカードを完全に開示したくはないので、非常にデリケートな状況になるが、悲惨なサプライズを避けるために、一定の期待値を伝えられるようにすることは大切だ。M&Aの交渉は多くの場合、サイエンスというよりはアートであり、それをアートにするのは人間なのだ。

これが、このチームで最初に臨んだ主要な取引の顛末である。私たちはその後の二〜三年間で、M&A取引のサイエンスとアートの両面ではるかに腕を上げていった。次の章でそこで学んだことについて取り上げたい。

第一三章 何度でも「再起動」する 二〇一三年四月〜六月

私たちはもっと良い交渉のやり方を考え出した。それが四×四のアプローチだ。

交渉が決裂したことに、誰もがショックを受けていたと思う。マイクロソフトのアプローチではこの取引を適切に捉えきれていないという明確なメッセージを伝えることが非常に重要だったので、私たちは思いきってオファーを断った。

同時に、敵対的にならないように努めている点を強調することも大切だった。たとえ交渉が決裂しても、少なくとも当面は、協業を続けなければならないのだ。両社ともに、後戻りする余裕がないのは承知の上だった。

このため、両社のトップがそれぞれのカウンターパートに繰り返し言ったのも次のような言葉だ。

「私たちはまだパートナーです。冷静に考え直し、もう一度連絡を取り合いましょう。希望を失わないようにしましょう」

（この交渉について、マイクロソフトは「ゴールドメダル」プロジェクトというコードネームをつけていた。その中でマイクロソフト自身はアメリカの陸上競技の偉大なハードル選手エドウィン・モーゼスにちなんで「モーゼス」と呼ばれていた。ノキアについては「フライング・フィンランド人）」の愛称で有名なランナー、パーヴォ・ヌルミからとって「ヌルミ」と呼んでいた。少なくともコードネームに関しては、マイクロソフトがウィンウィンのアプローチをとっているのがわかってよかった。ノキア側では、主要プレイヤーを「ナム」（鯨の名前）（映画「殺人鯨ナム」よりとったもの）と「ミノー（小魚）」、ＨＴＣを「オヒョウ」としていた。）

ニューヨークでの会議から二日後の四月二四日、私はバルマーと話した。ニューヨークで起こったことは私の責任であり、あなたの責任であり、両社のチームの責任だと、私は述べた。経営監査は現状の関係維持に重点が置かれていた。その結果、Ｍ＆Ａの観点からお互いを理解するのに必要なテーマをカバーしていなかったのだ。「それぞれが求めているものについて、多くの誤解がありました」と私は説明した。「少し前のステップに戻って、互いに空白を埋めるために助け合えるかどうかを確認しましょう」

バルマーは同意し、私たちは元の軌道に戻った。ただし、今度は別のやり方をとるつもりだった。

バンカーの論理を制する

私たちの見解は一致していた。バンカーは、双方の当事者が準備不足で交渉に臨むのを放置していたのだ。バンカーはどちらに有利だろうが関係なく、M&A取引をすることにインセンティブがあるため、時には偏った条件で成約へと進めていくことがある。マイクロソフト側のバンカーは、マイクロソフトがノキアに対して侮辱的な提案をするのを容認した。ウィンドウズフォンを成功させる望みをノキアがまだ捨てていないことを彼らは理解しておくべきだった。逆説的だが、彼らの評価が示すようにウィンドウズフォンの実現可能性に疑義があるなら、彼らはおそらくこのM&Aにそもそも関心を示さなかったはずなのだ。

　私たちはバンカーの扱いについて検討する中で、起業家的リーダーシップのルールの一つを思い出した。それは、役割にとらわれてはいけないこと。つまり、バンカーを従来の役割に縛られたままにしておいてはいけないのだ。

　その結果、アドバイスをくれるバンカーは真のパートナーに変わってくれた。これを実現させるために、完全に透明性を持たせ、外部の主任弁護士とバンカー二名に社内のM&A関連の戦略的議論に加わってもらったのが奏功した。偏った分析と思われる節(ふし)があれば、私はJPモルガンのTMT（テレコム、メディア、テクノロジー）分野担当グローバル・チェアマンと率直に話し合うようにしていた。「あなたがたを完全に信頼できて初めて、一緒に仕事を続けられる」と伝えたのだ（M&Aアドバイザリーの仕事は住宅販売と似たところがある。住宅販売では、家が売れて初めてお金が入ってくる。アドバイザーにとっては取引を成立させることが大切であり、取引さえ実現すれば、販売価格はたいして重要ではない。一方、住宅所有者にとっては販売価格がきわめて重要だ。損な取引には背を向けて、しばらく所有し続けたほうがいい）。JPモルガンの分析が同行の収益モデルの影響を受けていると感じられる場合もマイナスの結果につながるだろうと、私は警告した。実務担当チームにも同じ話をした。

それ以後、私が苦言を呈すことは一切なかった。ＪＰモルガンのマーカス・ボーザーとゲイリー・ワイスは質の高いプロセスを主導し、私たちは最終的に担当チームに大いに満足したのだ。これ以上に勤勉で有能なチームは望めなかっただろう。

四×四のアプローチ

バルマーと私は、当該事業に関して情報交換し、誤解のあった部分を明確にするために経営メンバーに集まってもらうことにした。この会議は「情報共有イベント」と呼ばれた。

その一方で、もっと良い交渉のやり方を考え出した。私がバルマーに指摘したのが、最初の交渉が部分的に失敗した一因として、余計なメンバーが多すぎてかき乱されたのではないか、ということだ。そこで、今後はこうした人々を締め出すことにした。

代わりに考え出したのが、四×四のアプローチだ。バルマーと私、エロップとマイヤーソン、二人のＣＦＯ、二人のＣＬＯというように、両社から四人ずつ出して、二人一組で作業を進めて、合同会議を開く。

この組み合わせは機能面でも相性が良かった。特に、バルマーと私は意気投合した。バルマーは常に非常に論理的かつ率直で、高潔さを備えていた。私は彼をとても尊敬している。バルマーは怒鳴り散らすことで有名だが、私たちの会合では一度も声を荒らげることはなかった。後日知ったことだが、マイクロソフトのチームはこの点について、私の名を取って「リスト効果」と呼んでいたそうだ。

信頼構築には、小さなグループをつくって個々人が定期的に一対一で会うのが一番だ。四人だけでは専門知識が足りないことはわかっていたので、より大きなチームを近くに待機させたが、四×四のグループには加えなかった。

興味深いことに、マイクロソフト側のバンカーやチームメンバーは、バルマー自身に交渉に当たらせたくなかったそうだ。私が目にしたのはバルマーが完全に論理的に考える姿だけだったが、彼には時折何をしでかすかわからない危険人物という定評があった。いくつかの事例から察するに、マイクロソフトの担当チームや取締役会の面々には、バルマーが私と二人で議論するときに何をペラペラと話したのか、後から「リストにこれを提案したぞ」と彼が言ってくるまで、見当もつかなかったのだろう。

ノキアでは、そういうことはなかった。

ノキアの取締役会は事前に何もかも話し合うようにしていた。あらゆる詳細に精通し、すべての選択肢について何度も議論し、何が許容できるかを正確に把握し、合意形成をしていた。私はあらかじめ設定された成果目標と最低限度と、みんなで決めた条件に沿ってM&A取引をまとめる明確な（時には大まかなこともあったが）権限を常に持っていた。

言うまでもなく、取締役会は私の中核チームなので、みんなにほぼリアルタイムに最新情報を知らせるのは、私としては当然のことだ。ただし、その必要性を感じたのは、ノキアの状況があまりにも不安定で、社内の不信感や混乱が致命傷となりかねなかったという事情もある。怒りや誤解のせいでM&Aが失敗に終わるよりも、コミュニケーションと会議をやりすぎて失敗したほうがましだと思ったのだ。

もちろん、私が毎回会議に参加するときには、取引成立に関する全権を持っているとは、バルマーに決して明かさなかった。「取締役会でこの件を討議した後で返事をさせてください」と言えるほうが、都合が良いからだ。

時間切れが迫る

二〇一三年三月にマイクロソフトとの協議を開始したとき、私たちはまだ時間があると感じていた。二〇一二年第4四半期は好調で、ウィンドウズフォンのルミア920の売上が加速することが見込まれた。交渉を遅らせれば遅らせるほど、ノキアの評価は高まり、有利な取引ができるだろう。春が来ると、そうした望みはすべて吹き飛ばされた。

第1四半期の結果が惨憺たるものだったのだ。デバイス事業の売上目標を約二〇%下回り、スマートフォンの売上一〇〇ユーロにつき一八ユーロの損失が出ていた。携帯電話では数量ベースでシェア三〇%を目標としていたが、二五%下回った。純売上高は計画を五億ユーロ下回り、ネットキャッシュは五億ユーロ減少する状況に追い込まれたのだ。

第2四半期の業績予測も少なくとも同じくらい不調で、D&S部門の売上予測はさらに四億ユーロの減少となっていた。

ところが、ルミアの売上実績を分析し続けていくと、こうした悲惨さなど取るに足らないことがわかった。ルミア920の需要が落ち込み始めていたのだ。以前の計画では、三〇〇ドル超の価格帯のスマートフォンで二・八％の市場シェア（金額ベース）を達成するはずだった。最新の見通しでは二・二％に修正されていたが、現実はもっと低い一・三％となっていたのだ。

現実を直視すべきときである。ノキアはルミアに企業生命を賭けてきたが、それが失敗したのだ。

私たちは、指標が一定の数値になったときに自動的に実行に移せるよう、二つのトリガーを設定していた。D＆S部門が計画を大幅に下回った場合に、追加のコスト削減を実施するためのトリガーと、ルミアの業績が現実的な予想をすべて下回った場合に、戦略を完全に変更するためのトリガーである（これもシナリオ・プランニングの成果だ。特定のシナリオの範囲内で、事前に計画を策定し、実行に向けたトリガーを定義しておく。そうすれば、トリガーに相当する出来事が起こったときに、すぐに行動に移せる）。

五月の業績予想では、戦略変更用に設定した第2四半期のトリガーに引っかかる可能性が高いことがわかった。このときのトリガーは目標営業利益率マイナス一八％であり、予測値はマイナス一九％だった。小さな差異でも、基準に達しないことに変わりはない。トリガーに抵触すれば、さらなるレイオフ、いっそうのコスト削減、ウィンドウズフォンからの撤退を含むウィンドウズフォン戦略の大幅変更となる。

私たちにはもはや時間が残されていなかった。問題は、マイクロソフトがこれに気づいたかどうかだ。彼らがゆっくり進めれば進めるほど、私たちの状況は悪化し、捨て身にならざるをえなくなる。マイクロソフトには全デバイスの数量データがあり、ルミア920の推移についても私たちと同じく理解していた。しかし、そのデータの意味することに気づいただろうか。

四月にマイクロソフトのチームと会ったときに、私たちが理論的に許容できると感じた最低オファーは、プランBで分析した一六億〜五五億ユーロという幅の上限付近だった。五月になると、下限の一六億ユーロのほうがひどく現実的な評価に見えていた。そして、ノキアの状況が引き続き悪化すれば、その最悪ケースの評価が楽観的にさえ見えるようになるだろう。

かすかな希望は、マイクロソフトがノキアを買収したいのであれば、健全な企業を買収したほうがいいことだ。結局のところ、マイクロソフトはノキアを崩壊させるのではなく、ノキアの基盤上に構築したいと考えていた。マイクロソフト側も待ちの姿勢をとっていれば苦労するだろう。

契約締結は両社にとって最善の利益であり、早ければ早いほどいい。徐々にそう見えるようになっていた。

価値の三角測量

五月一日、両社の経営執行チームは情報共有会議を開いた。マイクロソフトの最大の関心事の一つが、ヨーロッパにおける従業員数だった。そのせいでノキアの価値は下がっているというのが、彼らの見解である。特にフィンランドは労働組合が強く、レイオフに費用がかかるので、怪物のように見えたようだ。ヨーロッパの人員削減にかかる実際のコストについて、私たちはマイクロソフトチームを啓蒙する必要があった（ここから思い出されるのが、政治家やビジネスリーダーが海外直接投資のときに相手国に対する認識や偏見にも影響されることだ。驚くことに、さまざまな取引交渉の過程で、ビジネスリーダーは国家や地域に対する固定観念を疑いもせず、本当かどうかもわからない前提に部分的に基づいて意思決定してしまうことが多々ある）。

さらに重要な点として、マイクロソフトが算定した評価額が大幅にずれていると感じられたことも大きな障害になっていた。私たちは最初の交渉でマイクロソフトが用いたデータポイントをすべて使って、三つの異なる観点からノキアの時価総額を計算してみた。「価値の三角測量」と私たちが呼んでいるやり方だ。

最初のシナリオは、三月時点に戻ってマイクロソフトの最初のオファーを起点とした。マイクロソフトがどのようにノキアを評価したかというデータポイントと、どのような考え方をしたと思われるかという両面を検討したのだ。彼らの計算方法にはきっと誤りがあるはずだ。見落としや考慮に入れていない要素、あるいは、単純な間違いがあり、それを全部足し合わせれば、ノキアの価値ははるかに高くなるだろう。正しいデータを用いたときに、彼らの計算方法で評価額がどうなるかを、マイクロソフトに見せたかった（将来に関するマイクロソフトの前提の一部は私たちが考えているよりも楽観的で、その全部ではないが一部については私たちも疑っていたことを認めなくてはならない）。

第二のシナリオでは、マイクロソフトがノキアではなく、ＨＴＣを買収したときのコストについて検討した。マイクロソフトはその対価をどう考えるだろうか。私たちはノキアとＨＴＣの強みを比較し、ノキアが優る領域をあれこれ挙げて確認した。私たちの結論として、マイクロソフトはＨＴＣよりも、ノキアに対して数十億ユーロを支払ってもいいと思うはずだ。マイクロソフトの求めているものに、ノキアのほうがはるかに合致するからだ。

第三のシナリオでは、ノキアの本質的価値、つまり株主の視点に注目した。基本的に、単体事業として割引キャッシュフローモデルを使ったのだが、このシナリオが最も高い評価額となった。というのは、最新の長期計画はまだ正式に発表するタイミングではなかったため、ハイエンドのウィンドウズフォンの展開に失敗したことが織り込まれなかったからだ。

理想の世界では、三つの異なる手法を用いても、最終的に同じ評価額になる。マイクロソフトがノキアを正しく評価するための道筋を、私たちは三つの経路として捉えていた。これは実際にうまいやり方で、私たちがそれぞれの観点について説明すると、マイクロソフト側は違うと考える理由を説明せざるをえなくなった。その説明を聞くたびに、私たちはマイクロソフトの評価モデルをさらに学んだ。こうして、マイクロソフトがノキア用にエクセルソフトで構築した評価モデルをリバース・エンジニアリング（分解することで構成要素や仕組みを解明すること）することができた。

五月三日、バルマーから再び電話がかかってきた。私たちは状況について話し合い、双方の違いは克服できないものではないことで一致した。五月二四日と二五日の週末に、ロンドンで対面での交渉プロセスを再開することになったのである。

「クソ！」会議

両社はともに小さなコアチームでロンドンの会議に臨んだ。弁護士、バンカー、警備員、サポートスタッフを引き連れていたが、その日の初めに行なわれた四×四の会議の間、これらのスタッフはそれぞれ別室で待機した。

バルマーは、特定事業のことを詳しく分析したいと思うと、エクセルのスプレッドシートを作成する癖がある。このときも、ノキアの位置情報事業における価値の可能性をもっと探ろうと、ヒアに関するスプレッドシートをつくり始めた。バルマーが計算式を入れて、いろいろな計算結果をまとめ、何枚もスプレッドシートを作成する様子を、ほかの七名は座って見守った。

かなりの時間が経ったと感じられた後で、バルマーのエクセル活用力を観察するよりも有益なことがしたいので、控室で待ちたいと私たちは提案した。バルマーは三〇分で作業が終わるだろうと見積もったが、二時間後にようやくマイクロソフト側の最新結果がノキアチームに届けられた。

それは複雑な提案だったので、細かく調べて対応を話し合う時間が必要だった。ある時点でドアがノックされ、マイクロソフト側のバンカーが顔をのぞかせ、どのくらい時間がかかるかと聞いてきた。マイクロソフト側がスプレッドシートでの検討に二時間かけたことを思い出し、「そのくらいかかる」と、私は素っ気なく述べた。彼はドアを閉め、それを伝えるために仲間の元に戻った。

突然、バルマーの「クソ」という怒鳴り声が聞こえた。「ああ、これでバンカーが一人減ったな」と、私は思った。そっと通路側のドアを開けてのぞいてみると、バルマーが顔中を血だらけにして床に横たわり、声を限りに悪態をついていた。どうやら低いガラス製のコーヒーテーブルにつまずいて、頭を切ったようだ。幸いにも、警護スタッフが応急処置キットを持っていて、手当が行なわれた。額に深い切り傷を負ったにもかかわらず、バルマーは交渉を続けると言い張った。私たちはみんな彼の失態に大笑いし、その会議は「クソ！」会議として知られるようになった。

とはいえ、その日が終わる頃、私たちは上機嫌とはいかなかった。長い時間をかけて議論したが、実質的な進展がなかったのだ。バルマーら中心メンバーに、一緒に夕食をとろうと私は声をかけた。それが楽しい集いになったことで、変化が生じた。建設的な雰囲気に転じたのだ。夕食後、マイクロソフトチームはさらに作業するため会議場に戻り、ノキアチームは翌日の計画について話し合うためにレストランに残った。

二日目が終わった後、互いの見解の差が狭まってきていることが感じられた。会議を終えたときには、実際に取引を実現できるという前向きな感触を双方が初めて持つことができた。

五月二七日、バルマーは最初のオファーより評価額を少し高めた新たなオファーを提示した。しかし私たちから見ると、そのオファーでは、こちらが提供し先方も納得したはずの追加の評価額データが考慮されておらず、複雑な評価方法によって算定額が実質的に下がっていたのだ。どういうことかというと、仮に先方の最初の金額が一〇〇〇ドルだったとしよう。私たちは見落とされている五〇〇ドル分の価値があることを示すハードデータを見せて、マイクロソフト側もその通りだと認めた。新しいオファーが一二〇〇ドルだとすれば、当初のオファーを七〇〇ドルに減らしたうえで、お互いに同意した五〇〇ドルを加えたことになる。これでは呑めなかった。

しかし、バルマーとは良い議論ができた。バルマーは電話での話の最後に、「私たちはまだ目的地へ到達できていませんが、どこに向かうべきかは理解していますね」と言ったのだ。それは心強い言葉だった。

五月三〇日、フィンランド時間の午前一時に、私はバルマーと話をすることになった。約束の時間から一時間経った後に、電話がかかってきた。バルマーは不機嫌で、マイクロソフトの最大パートナーの一人と会って話をしたばかりだが、ひどく不愉快な思いをしたと話すではないか。そうだとすれば、仮定上の一二〇〇ドルと一五〇〇ドルとの差を埋められると逆提案するには、あまり良いタイミングではなかったのかもしれない。バルマーは頭に血がのぼっていたようで、私はノキア側のオファーとその背景理由の説明を三回繰り返さなくてはならなかった。

おそらくバルマーは腹立たしさを抑えきれず、せっかちになっていたのだろう。マイクロソフトの取締役会は六月一二日と一三日に予定されているので、六月一一日までに合意に達するか、すべて白紙に戻すかを決めないといけないと、彼は強調した。

取引の時間は尽きかけていた。

ノキアも待ったなしの状態になりつつあった。第2四半期の予想はさらに二億ユーロ下がり、二〇一三年上半期のD&S事業の売上予測を二二億ユーロ引き下げざるをえなかった。二五%もの急落には参ってしまう。この予測が正しければ、直ちにトリガーを引いて、さらなるレイオフ、コスト削減、戦略変更に着手することになるだろう。

マイクロソフトからの返事はその二、三日後に来た。ノキアの逆提案はお気に召さなかったようだ。バルマーの基本的なメッセージは「これはうまくいかない。時間の無駄づかいはやめよう」というものだった。

二度目の交渉でも、取引は白紙撤回となった。

最悪のシナリオも含めて、あらゆるシナリオを検討する必要があった。議論ができなくなることほど、悪いニュースはない。もちろん、取締役会ではシナリオ・プランニングの一環として最悪の結果を検討していた。ここに来て初めて、私は非常に高く評価していた同僚であるCFOのイハムオティラと内密に、理論上のシナリオではなく現実的な事実として、ノキアがこの苦境をうまく切り抜けられない可能性について話し合った。

絶望は発明の母

それから数日間というもの、私たちは正しい軌道に再び乗せるための方策を必死に探した。エロップが魅力的な提案を思いついた。これまでのように両本社の中間地点で会う代わりに、私たちにとって最も貴重な時間を犠牲にしようというのだ。

「もう一度お会いして話をしたいのですが、ロンドン、ニューヨーク、レイキャビクまでお越しいただくには及びません。最も重要なのは、あなたがたの考え方を理解することですから、よろしければ、私たちが来週末にそちらに伺います」と、私はバルマーに話した。

バルマーは承諾した。そのせいで、バルマーは息子の高校卒業パーティーに出られなくなってしまったが。こうして六月一日の週末に、ノキアチームはワシントン州レドモンドにあるマイクロソフト本社に向かい、彼らの本拠地で話をすることになった。

明るい初夏の土曜日を誰もが満喫しており、マイクロソフト本社の駐車場は閑散としていた。バルマーのオフィスの近くにある会議室へと私たちが向かうと、空っぽの廊下に私たちの足音が響き渡った。私たちの前にはまっさらなスマートボードが置かれ、グラフやチャートが書き込まれるのを待っていた。

私たちは四×四のアプローチを続けたが、少し枠組みを変えた。まず全員が一堂に会して、大きな問題を確認し合う。その後、各組に分かれて専門知識の観点から異なる論点を精査する間、私はバルマーと一対一で話し合う。その後でそれぞれ自社チームだけで集まる。それから再び全員で集まり、検討した内容をまとめていく。このプロセスを何度か回し、辛抱強く、労を惜しまず、パートナーシップ精神に則って、残された弱点部分を少しずつ切り崩していったのだ。

そしてついに、取引金額に関してバルマーと折り合いがついた。買収対象にはD&S事業全体、ヒア、必要な特許ライセンスが含まれ、評価額は六二億五〇〇〇万ユーロ。今後五年間のアーンアウト条項（買収対価の分割払い方式。対価の一部については、一定期間内に対象事業が一定の基準を達成したら支払う形をとる）つきだ。マイクロソフトが相応の市場シェアを達成できた場合、アーンアウトは九億ユーロになる。

私たちは握手を交わし、それぞれのチームに報告するために戻った。取引成立である。

互いに労をねぎらった後、私たちはフィンランドに戻った。疲れていたが、満足していた。自分たちが合意したことの大きさに少し震えそうな想いもあった。この取引を成功させるには、まだノキアとマイクロソフトの取締役会の承認が必要となる。しかし、ノキアの取締役会にはあらゆる段階で進捗を知らせており、交渉前に私に権限が与えられていたので、承認をとるのは手続きにすぎない。これでいけると、私は思った。

ところが、そうは問屋が卸さなかったのである。

マイクロソフト・サプライズ

六月一三日、バルマーから電話がかかってきた。マイクロソフトの取締役会でこのM&Aが否決されたという。

数年後にようやく詳細がわかったのだが、このときマイクロソフトの取締役会は二日かけて開かれていた。その初日に、私たちが交渉したM&Aの条件概要書が提示され、いったん承認された。その晩、バルマーは取締役会の夕食会を欠席し、息子が出場する高校バスケットボールの試合を観戦しにいった。万事順調だと確信していたのだ。

ところが、夕食会の途中で風向きが変わった。取締役たちは交渉について知っていたが、細部については知らされておらず、M&Aの理由や金額などの面で腹に落ちていなかったようだ。価格が高すぎるうえ、構造が不明確だと感じ、何よりも最新情報が知らされていなかったことに苛立っていた。そして、ビル・ゲイツを筆頭に反旗を翻したのだ。CLOのスミスは慌てふためき、バスケットボールの試合を観戦中のバルマーに「問題が起きている。すぐ戻ってきてほしい」と知らせた。

しかし、後の祭りだった。

CEOが取引成立の握手を交わした後で、取締役会から赤信号を示されることはきわめて珍しいことだ。バルマーは怒り心頭に発し、取締役会の二日目に賢明ではない対応をしてしまった。取締役たちと協力して契約上の問題点を把握し、受け入れられる解決策を考え出す代わりに、「私は自分のオフィスに戻るから、今日の終わりまでに、ノキアへの提案をまとめてくれ」と言って、最後通牒を突きつけたのだ。

取締役たちはそれに従ったが、誰も満足していなかった。

三度目の正直？

バルマーは電話口で私にひたすら謝罪した。約束を果たせなかった。非常に申し訳なく思っている。明日、ヘルシンキに向かうので、そこで代替のオファーを直接説明させてほしいという。「どのような提案でしょうか」と私は尋ねた。彼は説明せず、細かな調整が必要だと言うだけだった。

「だめだ。取引がつぶれた」と私がエロップに電話で伝えると、せめてもの救いはマイクロソフトが経営メンバー総出で取り組んでいることだと、エロップは心中を吐露した。あのときは安堵から絶望の淵（ふち）へと突き落とされたような気分だったと、彼は後日明かしている。ノキアの経営陣にとって、重要資産の売却で譲歩したり、自分たちの采配下でこれほど苦境を招いたことを認めたりするのは容易ではない。さまざまに感情が変遷する中で、最初の障害物に折り合いをつけたばかりなのだ。それが振り出しに戻ってしまった。

これで一巻の終わりではないと、私はなだめた。「交渉を続けて、この取引を実現させよう。どうすればいいか私にもわからないが、とにかくみんなでやろう」

六月一四日、バルマーがフィンランドの緑豊かな田園地帯にあるノキアの研修センターにやってきたとき、私は軽く芝居してみることにした。いったんまとまった交渉が後からひっくり返されたことに、ノキア取締役会は激怒していると、大げさに伝えたのだ。バルマーは恐縮して何度も謝罪し、春の間に自社の取締役会で十分に進展を伝えなかったことについて責任を認めた。

バルマーと私の間だけでなく、四×四の各ペアの間でも、五カ月間かけて信頼関係を築いてきた。交渉の中では、尋常ではない数の挫折を味わったが、私たちはそれに耐え忍んできた。常に立ち上がり、交渉を再開したのは、すべて信頼関係があってのことだ。適切な人間関係を築いていれば、たとえ敵対的な状況になっても、人は相手に便宜を図りたいと思うものなのだ。

バルマーは明らかに、私たちの信頼を裏切りたくないと思っていた。だからこそ、彼はマイクロソフトの取締役会に対して、ノキア側に何らかの提案をしないといけないと言い張ったのだ。だからこそ、直接説明するからと一日前に予告して、シアトルからはるばるヘルシンキまでやってきたのだ。

その提案は非常に複雑だった。煎じ詰めると、買収ではなく、ノキアへの出資であり、現状のパートナーシップ契約をいろいろと変更する内容である。残念ながら、ノキアとしてはまったく受け入れられるものではなかった。ノキアからすれば、あらゆる選択肢が封じられ、後戻りできない形でウィンドウズフォンに縛られてしまう。今となっては、私たちの誰もが、もはや同プラットフォームの実現可能性を信じていなかった。

三度目の取引交渉も決裂した。

唯一の明るい材料は、ＨＴＣの買収計画もなくなったと、バルマーが教えてくれたことだ。少なくとも、私たちは最悪の事態を恐れなくても済む。バルマーがそのニュースを話してくれたという事実は、私たちが良い関係を築けたことのさらなる証だった。

「私たちは前進しなければならない」

絶望に屈してしまうのは容易いことだったろう。

マイクロソフトの取締役会が提案を却下したとバルマーから言われたとき、私の中に嵐のような感情が湧き起こった。CEOがまとめてきたM&A取引を取締役会が却下するのは尋常ではないという驚き。これがマイクロソフトにとって何を意味するのかという好奇心。自社の取締役たちを全プロセスに十分に巻き込み続けなかったバルマーへの不満。

しかし、一秒もしないうちに、「これはここまでだ」と私は思った。それよりも重要なのは「私たちは前進しなければならない。どうすればそれができるか」である。

私たちはチーム一丸となって気持ちを引き締め、徹底的に調べ上げていった。主要な課題の一つは、ヒアやノキアの製造・物流部門で何千人もの従業員を抱えていることに、マイクロソフトの取締役会が難色を示したことだ。彼らはその分の事業運営費を嫌い、人員削減によって悪夢のような事態を招くのを恐れていた。マイクロソフトの懸念を考慮に入れつつ、取引構造をどう変更できるか、私たちはブレーンストーミングを行なった。

エロップが提案したのが、ノキアのスマートデバイス事業、つまりウィンドウズフォンのみを売却し、スマートフォン以外の携帯電話を継続する案だ。ノキアは世界第二位の携帯電話メーカーで、四半期ごとに八〇〇〇万台近くのデバイスを製造していた。[1] ローエンドの携帯電話はスマートデバイスほど利益率が高くなかったが、インド、中国、アフリカなどの大きな市場で順調に推移していた。

さまざまなシナリオを検討したが、この戦略が実現するとは考えにくかった。ノキアには、営業、流通チャネル、サプライチェーンが一部門ずつしかなく、電話事業を二つに分ければ、全体が半分になってしまう。半分の体制では長続きしないだろう。

それでも、これが端緒となる。六月二〇日、私はバルマーに電話をかけ、エロップとマイヤーソンの間で、スマートデバイスという選択肢について話し合いたいと提案すると、バルマーは承諾してくれた。

ただし、そこには問題があった。ノキアはクアルコムから知的財産権のライセンス供与を受けていたが、一度に二カ所で使用できなかったのだ。スマートデバイス事業をマイクロソフトに売却して携帯電話を維持する場合、どちらか一方はライセンスを使用できない。新たに許諾を受けるには、多額の費用がかかった。

六月末に、スマートデバイスの選択肢ではうまくいかないことを互いに認めた。

あと数週間で「ルミア１０２０」が発売予定となっている。先行した同製品を見たアナリストやレビュアーは、競合品をはるかに超えるスピード感で写真機能を体験できることに驚いていた。技術情報メディアの《ザ・バージ》は、四一メガピクセルの「素晴らしい」カメラに「ほれ込んだ」と報じた。[2]《CNET》には「ノキアのルミア1020はウィンドウズフォンのカメラの王様であり、私たちが二年間心待ちにしてきたものだ」とあった。[3]

しかし、もはやルミア1020がノキア復活の先駆けになるとは、私は思っていなかった。何とももどかしい。私たちは素晴らしい製品をつくっているのに、遅すぎたのだ。

それでも……私たちはまだ死んでいない。状況を改善し、交渉を再開する道が必要だ。ほかでもないノキアの将来が脅かされているのだから。

感情を活用して戦略策定に役立てる

感情を排して、純粋に合理的根拠に基づく意思決定をしたいとつい思いがちだが、それは現実的ではない。私たちはロボットではなく、私たちの論拠はおのずと感情に影響される。特に、このうえなく危険にさらされている場面ではそうなってしまう。

私たちは戦略策定プロセスから感情を取り除くのではなく、感情をうまく活用して戦略策定に役立てていった（その詳細はアメリカ経営学会の年次総会で発表された調査報告書に書かれている）[4]。たとえば、過去の過ちに対する罪悪感を共有したことで、取締役会と経営執行チームがより意図を持って取り組めたうえ、より幅広い代替シナリオを考えようと心がけるようにもなった。

私たちはさまざまなシナリオを何度も繰り返し分析することで、早い段階で感情を表出させた。人は瞬間的に熱くなると、実に愚かな意思決定をしてしまうことがある。私たちも交渉を進める中でいくつもの浮き沈みを経ることとなった。結局のところ、私たちは自社の運命だけではなく、フィンランドという国の象徴としての運命についても話し合っていたのだ。しかし、取締役の一人は後でこう述べている。「検討過程で感情を露わにできたことで、その意思決定が事実に基づいていると確証を持って言えた」[5]

あえて否定的な感情を抑えつけないほうが、罪悪感や恐怖感を認めて、先に進めるようになる。「最悪の結果について話し合っておけば、実際に恐怖心が薄れて、その後は自分たちで計画を立てて準備することができる」と取締役の一人は指摘する[6]。パラノイアになって身をすくめる代わりに、楽観主義を奨励できるようになり、そこから今度は積極的な行動へと踏み出せるようになるのだ。

第一四章　最善策は大胆に動くことだ

二〇一三年四月〜七月

マイクロソフトは海外でキャッシュを溜め込んでいて、それをどこかに投資する必要がある。その投資先はノキアでもいいではないか。

私たちがやるべきことは、マイクロソフトとの交渉だけではなかった。二〇一三年四月一日、シーメンスがNSNの保有株式を売却する意向を公表した。[1] NSNは合弁契約により二〇〇七年に発足したが、その契約はこの春、一方のパートナーがもう片方に持ち株を強制的に売らせるという新段階に入ったのだ。シーメンスはすでに株式を保有し続けるよりも売却したいという意向を、ノキア側に密かに知らせていた。しかし、シーメンスは世間に公表することで、そうせざるをえないように自らにプレッシャーをかけたのだ。そして、ノキアは窮地に追い込まれたのである。

NSNは遠い親戚として長年ないがしろにされてきたが、今や、法定推定相続人とまでは言えないものの、ますます興味をそそられる魅力的な対象へと確実に変貌しつつあった。

ここまで長くつらい道のりだった。ノキアとシーメンスの通信ネットワーク事業が統合されたとき、

ＮＳＮは統合マネジメントの不手際に悩まされたり、スウェーデンのエリクソンが席巻する業界内で高コストと従業員数の多さに足を引っ張られたり、中国のファーウェイ・テクノロジーズの安価な通信設備に脅かされたりと、勢いに乗り切れずに苦戦を強いられた。六年間で数十億ユーロもの累積営業損失を計上している。ノキアとシーメンスはＮＳＮの売却準備を進めてきたが、提示された買収金額が低すぎて売る気になれなかった。二〇一一年九月には、最後の悪あがきで、両社は五億ユーロずつ新たに資本注入していた。

同年末、ＮＳＮを持て余していたノキアとシーメンスは、ＮＳＮの経営陣が年間一〇億ユーロのコスト削減に向けて、従業員数を約二〇％減らし、大規模な事業再建計画を始めることを承認した。[2] 一ユーロでも節約するというデモンストレーションとして、従業員に無料コーヒーを提供するのをやめた。一杯飲みたいなら、自分で払えということだ。

企業が経済的な苦境を乗り切るには、三つのステップがある。第一に、ただ生き残るだけではなく、将来の主要なソリューションへの投資を増やせるだけのコスト削減をする。一部の従業員を解雇し、収益性の低い事業を売却したのはそのためだ。第二に、成長と収益性の向上を目指して、長期的にコア事業を育て続ける。私たちは利益率の最も高い地域（日本、韓国、アメリカ）を選択し、利益率の低い地域よりも研究開発や対顧客業務を優先させた。第三が将来に向けた投資だ。私たちの場合、第五世代移動通信システム（５Ｇ）とクラウド化がこれに当たる。このプロセスは二〇一一年後半に始まり、二〇一三年初めに成果が出始めていた。

そしてもちろん、従業員は常に大切にしなくてはならない！　特に危機の際にはそうだ。レイオフを余儀なくされた人々は敬意を持って処遇し、自分たちは節度あるやり方をしていると信じるに足る理由を、残りのチームメンバーに示す必要があった。

出口を探す

二〇一一年九月に、執行役会長のイェスパー・オヴェセンが再編を推進するためNSNに送り込まれていた。デンマーク人のオヴェセンはブルドーザーのような迫力があり、数字には徹底的にこだわる男だ。会社を健全な状態に戻す節約方法があるならば、彼は絶対にノーとは言わないだろう。

NSNのCEOはラジーブ・スリだ。インド出身のスリは、一九九五年にNSNの前身であるノキア・ネットワークスで働き始めて以来、着実に昇進を遂げてきた。ノキア・ネットワークスとNSNでアジア太平洋地域とグローバルサービスのトップを務めた後で、二〇〇九年にNSNのCEOに就任している。オヴェセンと同じく、スリも数字に強いが、性格はまったく違う。スリはいつも非常に礼儀正しく、どちらかというと穏やかな話し方をする。やや内向的だが、部下には手を差し伸べる。営業担当者だった頃は、どんな状況でも顧客に約束したことは守ろうとすることで名を馳せ、電話オペレーターたちからの信望が厚かった。

二〇一二年初秋、私は取締役会を開き、特別委員会を設置した。ネットワーク・インフラ事業を理解し、NSNの経営執行チームとの親交を深める時間を大幅に増やすためだ。二、三カ月もすると、私たちはNSNの状況を十分に把握し、一連の戦略シナリオ・プランニングを実施できるまでになった。いずれのシナリオも何とかしてＮＳＮを手放そうという内容だ。私たちはその時点では、ノキアの携帯電話事業に全精力を傾けようと考えていたのだ。

プランＡは、アルカテル・ルーセント（ＡＬＵ）を全体もしくは部分的に合併し、ファーウェイを大きく飛び越えて、エリクソンに次ぐ二位になることだ。上場企業のＡＬＵと合併すれば、ＮＳＮも自動的に上場企業となり、その後でノキアは持ち株を売れば、手離れして終了する。この選択肢が妥当だとする理由はいくつもあったが、一番の理由は、ＡＬＵがモバイル・ブロードバンドにおけるＮＳＮの規模を、ＥｔｏＥ（エンド・ツー・エンド）のソリューションを届ける範囲の広さで補完することだ（実は、私たちが最終的にＡＬＵを買収した理由もそこにある。それについては第一八章で取り上げる）。

プランＢはプライベート・エクイティを用いるソリューションだ。この案では、プライベート・エクイティ投資家に株式の過半数を売却し、ＮＳＮの変革を続けた後、「真珠の首飾り」と私たちが呼ぶプロセスで一連の買収を行なう（最も可能性が高いのはＡＬＵだが、ほかにも数社が候補に挙がっていた）。これは基本的に、私たちが以前実現できなかったことの焼き直しだ。しかし、ＮＳＮが生き延びる兆候を示しているので、おそらく今回はうまくいくだろう。この新しい会社が業界を統合していく中で、ノキアは少数株主として留まり、より小規模な形で、何が起ころうともそこから利益を獲得できるだろう。

プランＣは北欧ソリューションだ。この案では、私たちがよく知る北欧諸国の投資家グループを集めて、シーメンスが保有するＮＳＮ株式を買収する。私たちはＮＳＮを上場審査に通る企業へと生まれ変わらせ、ヘルシンキかストックホルムの証券取引所に上場させる。

時間が経つにつれて、私たちは二つ、場合によっては三つのステップで、シナリオを順番に精緻化していった。

最初のステップは、シーメンスの持ち株を買い取ることだ。ノキアにはその資金がないので、プライベート・エクイティ投資家か北欧コンソーシアムから資金調達する必要がある。

シーメンスから買い取った後の第二ステップは、ALUと完全合併または部分的に合併することだ。その後、NSNはALUの名前の下で上場企業となり、ノキアは持ち株を売却することで出口戦略となる。

あるいは、シーメンスの持ち分を買い取るための資金調達のパートナーを探す部分を省略して、ALUとの合併を始めてもいい。

ところが、そうこうしているうちに、NSNは生命維持装置を外して自力呼吸を始めた。リストラの成果が出始めたのだ。しかも、インターネット・サービスの伸びは著(いちじる)しく、必要な帯域幅も増え、それを支える新しいモバイルブロードバンド・インフラへの需要が高まったことも相俟って、NSNは少しずつ黒字化へと向かっていった。

二〇一三年初めになると、NSNの業績は大幅に改善し、低迷するノキアのD&S事業を下支えするようになっていた。これは、スリをはじめとする経営執行チームが困難な状況下で見事な手腕を発揮したことに、4Gへの投資の波が重なった結果である。

私は最初に監査委員会会長として、その後はノキアの会長として、NSNの財務状況を他の取締役たちよりも間近で見守ってきた。というのも、私たちがＮＳＮの財務制限条項に違反しないように確認する必要があったからだ。しかし、その私でさえ、ＮＳＮの回復が実際にどれほど持続可能かと疑問を持たずにはいられなかった。ＮＳＮには長年、手を焼いてきたのだ。ＮＳＮは引き続き力をつけていけるのか、それとも、つかの間の事象にすぎないのだろうか。

そこで、私たちは習慣化してきたことを実践した。経営執行チームと一緒に、徹底的にデータを分析し、さまざまなシナリオを検討したのだ。体系的なやり方で新しいデータポイントを掘り下げ、ＮＳＮ経営執行チームを質問攻めにした。パラノイア楽観主義の精神に立って、否定的なシナリオも用意したが、見え始めているプラスの機会を十分に開拓するプランへと、バランスが傾き始めていた。

私と同僚の大半（全員ではないが）は次第に、ＮＳＮの前向きな勢いは持続しうると確信するようになった。

考えが変わる

シーメンスはＮＳＮに留まることに関心がない旨を明らかにした。持ち株を処分したいとのシーメンスの意向に対し、私たちには直ちにとれる選択肢が四つあった。

1　シーメンスがＮＳＮを再建後にできる限り早く売却することがわかっているので、シーメンスにノキアが保有する五〇％の株式を買い取らせる。

2　ノキアがシーメンスの保有する五〇%の株式を買い取る。ただし、ノキアのキャッシュポジションは低下しており、すでに神経質になっている投資家が取締役会に対して行動を起こすのは時間の問題だろう。

3　シーメンスの持ち株を買い取ってもらう相手（おそらくプライベート・エクイティ会社）を探し、基本的にシーメンスをそのパートナーに置き換える形でＮＳＮを共同保有する。

4　基本的にお手上げだとして負けを認め、ノキアとシーメンスはそれぞれの株主にＮＳＮ株式を分配する。

ノキアＣＦＯのイハムオティラがシーメンスのカウンターパートと一対一で話し合う中で、さらに別の角度の提案を思いついたとき、私たちはまだプランＡ、Ｂ、Ｃの路線でＮＳＮの売却を考えていた。その提案とは、ＮＳＮを買い戻し、そのまま保有し続けるというものだ。

キャッシュポジションが改善され、収益力をつけてきた今、ＮＳＮはノキアの事業ポートフォリオに追加する対象として魅力的だ。Ｄ＆Ｓ事業を手放すか縮小せざるをえない場合、ＮＳＮが新たにノキアの中核事業になる可能性を秘めていると、イハムオティラは示唆した（ＮＳＮを中心に新生ノキアをつくるという考えは私も持っていたが、その時点では、その可能性は低いと思っていた）。

シーメンスは脱出を図ろうと、銀行にＮＳＮのバリュエーション（企業価値評価）を頼んだ。それに対抗して、私たちはコンサルティング会社にＮＳＮの資産価値を分析してもらい、セカンドオピニオンを得ることにした。コンサルティング会社の調査結果は驚くほどシンプルだった。ＮＳＮを格安に買う大きなチャンスがある。また、合弁会社のマネジメントは常に難易度が高く、その分の価値が自動的に割り引かれるため、丸ごと保有したほうが企業価値は高まる。

二〇一三年六月に開いた取締役会のうちの一回はＮＳＮの問題だけに絞って議論した（その六月はとにかく忙しくて、私たちは何回も会議を開いたが、それに追加する形となった）。私たちは複数のシナリオを調べ、データを用いて細部まで入念に確認していった。買収の根拠は二つの点に集約された。市場価格で買い取ることから、一定の株主価値が生じること。そして、インフラ事業中心の新会社をつくる機会を通じてオプション価値が生じることだ（資産の本質的価値に、オプション〔この場合は新会社を売却する権利〕を行使するまでの時間的価値が加わるという意味）。

経営執行メンバーと取締役の意見は割れた。この第二の要素における状況を一変させるような可能性に心が揺れた人もいれば、とにかく格安で優良事業を獲得した後で利潤を上乗せして転売したがっている人もいた。取締役間でも意見が異なり、ところどころ矛盾する部分が見られたが、私たちは最終的にコンセンサスに至った。シーメンスと交渉して妥当な価格で折り合いがつけば、ＮＳＮを買うべきだが、良い機会が現れたら後で売却する可能性を残すことで、全会一致で合意したのだ。

このすべてがマイクロソフトとの交渉と同時並行で起こっており、もう一つの大きな「仮定条件」となった。会社全体に不要なリスクが加わることなく、この取引の資金調達を行なう方法が実際に見つかるのだろうか。大きな取引だが、徐々に目減りしている積立金を取り崩して、不確実性が増すようなことは避けたい。また、マイクロソフトに携帯電話事業を売却する可能性があるので、その件が決まるまで、公開市場を使った資金調達はできなかった。

新たな取引の可能性

興味深いことに、別の企業が嗅ぎまわっていた。無線インフラ市場で四番目に大きなプレイヤーであるALUがノキアに急接近してきたのだ。私たちと同じく、ALUも、NSNと合弁を組むか、完全に買収することで、ファーウェイを大きく飛び越えて、業界リーダーのエリクソンに対抗できると考えていた。[3]

まさに息つく暇もない展開だ。私たちはこの一カ月間でマイクロソフトとNSNの取引に膨大な時間を費やしてきたが、ここで第三の機会が生まれた。後から考えても、私たちが最終的にこの三つの取引をすべてうまく着地させたのは、ほとんど考えられないことのように思える。あの六月をもう一度やれと提案してくる人がいたならば、私個人としては、その人を黙らせるためにクッション壁の監禁室に連行することだろう。

シーメンスとは、三四億ユーロの評価額で何とか交渉をまとめた。そのうち半分はJPモルガンからのブリッジファイナンス（新たに資金調達するまでの橋渡しとしての短期融資。その分、金利が高い）を受けて一二億ユーロを工面し、残りの五億ユーロはシーメンスから借り入れる[4]（イハムオティラはシーメンスCFOのジョー・ケーザーに電話で、シーメンスが八億ユーロを貸し付けてくれれば、買い取りに応じると伝えた。ケーザーはこの提案をよしとせず、電話を切ったが、その三〇分後に折り返してきて五億ユーロならいいと約束していた）。ただし、ブリッジファイナンスとシーメンスからの借り入れは高くつく短期資金である。

株式市場から見ると、これは好ましい動きだった。二〇一三年七月一日にこの取引について発表すると、数日もたたないうちに、ノキアの株価は一〇%急上昇した。[✣5] 私たちからすれば、ずいぶん得をした気分だ。証券会社のアナリストがサム・オブ・ザ・パーツ（SOTP）分析（複数の事業や資産を持つ組織の企業評価手法）でNSNの評価額を算定したところ、四〇億から一〇〇億ユーロまでの幅があった。私たちは、少なくとも六〇億ユーロの価値があると考えていたので、三四億ユーロで株式を買い取ったことにより、この日はノキアの株主のために良い働きをしたと感じられたのだ。

お金があるところを狙う

七月上旬、私はマイクロソフトのバルマーに、NSNの取引に関する最新情報を電話で伝えた。バルマーはNSNの取引を好意的に見ていた。そして、その資金を工面するのに高くつく調達方法を使ったことを話すと、彼は同情的だった。

バルマーに莫大な融資を頼もうと思っていた私にとっては心強い反応だ。

イハムオティラ率いる財務チームは、問題だらけのノキアのバランスシートに起因するリスクを減らすために、いくつかの方法を考え出した。その一つは、NSN案件の資金提供をマイクロソフトに頼むという、素晴らしく勇猛果敢な案だった。

アメリカの銀行強盗であるウィリー・サットンが銀行を狙った理由を聞かれたときに、「そこにお金があるからだ」と答えた話を思わずにはいられなかった。マイクロソフトは海外でキャッシュを溜め込んでいて、それをどこかに投資する必要がある。その投資先はノキアでもいいではないか。

二週間前に、バルマーと私が結んだ合意をマイクロソフトの取締役会に拒絶されて、足元の地面が突然崩れ落ちたにもかかわらず、主要メンバー間でオープンなコミュニケーションを続けてきた私たちの決意や努力は良い結果につながった。私たちはD&S事業を二つに分ける（おそらくその過程で少なくとも片方をなくす）案を検討した後で、そこまで極端ではない選択肢として、マイクロソフトがまだ断っていないことを提案してM&Aの対象範囲を見直せないか考えてみた。

私たちが前進するためにとった方法は、ヒアの位置情報事業を方程式から外すという、シンプルな変更だった（実は第一二章で説明したシナリオ・プランニングのプランA1cである）。

位置情報事業を除外することで、この取引の見え方が大きく変わり、マイクロソフトの取締役会も見方を変えることを厭わなかった。実のところ、位置情報事業は売却したくなかったので、私たちとしてもこの新しいアプローチは好都合だ（その本質的価値に対する私たちの見方は正しかった。一八カ月後、私たちはヒアをドイツ車メーカーのコンソーシアムに二八億ユーロで売却した[†6]）。

私たちはマイクロソフトとの交渉を再開したが、本物の勢いのようなものが感じられた。それと同時に、私たちはシーメンスのNSN保有株買い取りの真っ只中にあった。

そのタイミングで、私はバルマーに異例の提案をしたのだ。

「ご存知の通り、あと六日もすればニューヨークでお会いすることになっています。私たちがそちらに参りますが、最初にいくつか議論すべきことがあります」と言って、私はその項目を挙げていった。

「この取引交渉を本当に続けるために必要なことが五点あります。これらは非常に重要なので、そのすべてに同意できない限り、交渉の席についても意味がありません。これがオーソドックスなやり方でないのはわかっていますが、身構えないでください。どれも非常に合理的かつ実用的なお願いですから」

ノキアの事業は悪化の一途をたどり、片足を墓に突っ込み、もう片足でバナナの皮を踏んづけているような状態だった。ワイヤレス充電機能、手袋をはめたままでもスワイプできるほど反応の良いタッチスクリーン、市場で最高とされるカメラを装備していたにもかかわらず、最新のルミア機種はiＰｈｏｎｅとサムスンの「ギャラクシー」という大艦隊に対抗しきれなかった。[7]シンビアンとウィンドウズフォンを合わせて、世界のスマートフォン市場におけるノキアのシェアはわずか三％に急減していた。[8]キャッシュは流出し続けていた。

「交渉疲れ」でマイクロソフトに屈することは、文字通り許されない。しかし、まだ私たちには引けるレバーがあると、私は感じていた。というのは、土壇場でマイクロソフトの取締役会が前回のＭ＆Ａの合意を破棄したことで、バルマーが罪悪感を持っているのを知っていたからだ。うまい形で説明できれば、私の頼みをバルマーが聞き入れてくれるかもしれない。さらに、前提条件で同意が得られれば、両社ともに真剣であるというメッセージを送ることになり、また土壇場で驚かされる事態は防げるかもしれない。

その前提条件は次の通りだ。

交渉会議の構造：それぞれ四人の代表者を出し合う四×四モデルで交渉を続ける。

ヒアの分離：ヒアを交渉内容から外す。これは複雑だが、マイクロソフトに技術ライセンスを供与することになれば可能で、両社ともに前向きでもある。

デューデリジェンスの条件とタイミング：デューデリジェンスはほんの二週間で終わるはずだ。マイクロソフトはすでにノキアのことをよく知っているので、デューデリジェンスの期間を長くとる必要はない。短いほうが情報漏洩リスクを最小限に抑えられると、私は指摘した。

資金調達：ＮＳＮ買収で資金が不足しているノキアを支援するため、マイクロソフトは無条件で市場金利にて二〇億ユーロを貸し付ける（ここでバルマーが激しく息を呑む音が聞こえた）。これはマイクロソフトとのＭ＆Ａ取引が成功するかどうかに関係なく実施される。

無罪放免カード：マイクロソフト側はノキアが二社間契約を打ち切り、アンドロイドの採用を許可する。この交渉が決裂に終わったとしても、これがあれば、ノキアは選択肢を持てるようになる。

私の見たところ、マイクロソフトにとって受け入れやすい条件も、そうではない条件もあった。しかし、マイクロソフトはこれが単なる駆け引きをはるかに超えたものだと知っている。私たちの要求は常識と、両社にとって最良な解決策を考え出したいという誠実な願いに根ざしていた。

私はバルマーを「ひたすら」説得して同意を求めなければならなかった。

バルマーは私の説明を聞き、「ノキアから見ればこれは無理もないですね」と言ってくれた。これは、信頼基盤を築こうと努力してきた賜物だ。バルマーは、マイクロソフトから見ればこの前提条件が妥当だとは言わなかったし、どちらかというと反対の意向も示していたが、この話し合いはそれなりに前向きな調子で終わった。

私はCLOのルイーズ・ペントランドに、マイクロソフトCLOのブラッド・スミス宛てに、前提条件の概要をまとめた文書を送るように依頼した。スミスは四八時間以内に回答すると約束した。

掌中の珠（たま）である資産を売る

七月二〇日の週末にニューヨークでマイクロソフトと会議をする予定がすでに組まれていた。ノキアの交渉チームメンバー間には「今しかない」という感覚があった。マイクロソフト側が前提条件に同意しなかったとすれば、私たちは自国に留まることになるだろう。

そうなれば、ノキアにとって大打撃となる。

チームの中では毎日連絡をとり合っていた。マイクロソフト側がノキアの要求を満たせる方法を探そうとしているのは明白だったが、私たちがニューヨークに出発する前にはまだはっきりと同意していたわけではなかった。しかし、これまで十分な進展があったので、この出張が無駄にならないことに私たちは賭けてみることにしたのだ。

ここまで何カ月もずっと交渉してきたが、それでもD&S事業をそっくり売却することはまだ想像できなかった。携帯電話はノキアの中核事業というだけでなく、ノキアを、すなわちフィンランドを有名にした立役者だ。特定世代のフィンランド人にとっては、アイデンティティを形成するプライドの源泉だった。

私たちは再び、我が社と我が国の掌中の珠である資産を売ろうとしていた。取締役や経営陣と議論しながらこの提案にたどり着くまでずっと、これがどれほど痛みを伴う意思決定であるかを、私は目の当たりにしてきた。携帯電話事業の継続がもはや現実的な選択肢ではなくなったと認めるのは大きな打撃だ。自分たちの監督下でそうなってしまったことに、私たち全員が罪悪感を抱いていた。誰もが無敵だと信じていた最愛の組織の死を目撃するのも、とてつもなく悲しいことだった。

せめてもの慰めが、戦略的プロセスをとってきたことだ。あらゆる選択肢を入念に吟味し、あらゆる側面について交渉と議論を行ない、可能なこと、現実的に期待できること、非現実的なことの理解に努めた。私たちはすべての選択肢を十分に調べ、駆使してきたのだ。

電話事業全体を売却する案について、私自身は最初は疑問に思ったし、正直なところ怖くもあった。しかし、私たちが最終決定を下す頃には、疑念は一切なかった。私が確信を持っていたのは、取引に夢中になっていたからではない。これまで多くの時間をかけて他の選択肢を分析してきた中で、それがノキアの株主と従業員にとって最善の選択だとわかっているという事実があったからだ。

千載一遇の会議

ニューヨークに到着したとき、記録的な猛暑で気温は三七・八度を超え、真夏の湿気に息苦しさを感じるほどだった。通りに人気（ひとけ）はない。街から逃げ出せなかった人はみんなエアコンの効いた部屋に引きこもっていたのだ。

マイクロソフトの弁護士事務所の会議室に、いつもの四組が集まった。ほんの三カ月前にこの部屋で行なわれた、あの悲惨な「異なる惑星」会議の記憶が否応なしに蘇ってきた。

この交渉の論点は白か黒かで決着がつく。マイクロソフトが許容できる最高額で取引が成立するか、あるいは、私たちの代替シナリオに沿った最低要件を上回る金額を支払ってくれなければ、取引は失敗に終わる。

ここ数カ月間、特にハイエンドのカテゴリーでルミアが伸びていなかったため、残念ながら、スタンドアローンという最悪シナリオになる可能性が最も高いことは明らかだった。この取引が成立しなければ、ウィンドウズフォンはノキアを墓穴の縁（ふち）へと追いやるか、直ちに墓に葬ることになるだろう。ルミアは明らかにノキアの価値を押し下げていた。携帯電話は過去二年間で売上が大幅に減少したとはいえ、依然としてプラスの価値があった。純粋に経済的に見れば、D&S事業を無償で譲渡するか、マイクロソフトの興味を引くために持参金をつけることもやぶさかではない。この事実はノキア側の交渉における最大の極秘事項だった。

ノキアの計画では、売上目標が達成された場合に五年間で九億ユーロを支払うというアーンアウト条項つきで、四七億五〇〇〇万ユーロから交渉を始める。取締役会で議論し、私に一〇億〜二〇億ユーロの範囲に収まる増減であれば受け入れる権限が与えられた。私としてはそれよりも、低いレベルで交渉が始まる場合に備えて、最下限に関する権限を与えられたほうがよかった。そうすれば、バルマーに対して「キャッシュで三六億ユーロと、すでに話し合ってきたアーンアウトをつけることが、私の出せる最低額です」といった言い方ができる。

そこまで低くない場合は、ノキアの取締役会は待機し、開始価格からどこまで引き下げるかの許可を与える段取りにしておけばいい。

再びマイクロソフトが口火を切ることになった。今回は、同じ惑星上だけではなく、同じ球場内にいたのでほっとした。さらに良かったのは、マイクロソフト側のオファーがノキア側の許容金額の下限をはるかに上回っていたことだ。実のところ、私たちが現状で把握していること（アーンアウト条項は実質的に価値がないこと）を考慮したうえで、最初に提示しようと思っていた金額よりも高かった。マイクロソフトがその日に提示してきた最初の金額から引き上げられなかったとしても、私たちには依然として素晴らしい取引になるだろう。申し分のない形で会議は始まった。

私たちはポーカーフェイスを保ち、いつもの手続きに従って、部屋の中に四組が集まり、それから各組に分かれ（他の人たちに話し合うべきことがない場合は、バルマーと私だけのこともあった）、その後、両チームで分かれて話し合い、再びみんなで集まって進捗を見ていくという作業を順番に進めていった。私たちはここに一億ドル、あそこに一億ドルと値札をつけながら、少しずつ詳細を練り上げていった。六月の教訓をふまえて、何らかの同意をする前にはそれぞれの取締役会から事前承認を取り付け、必要があればすぐに取締役会を開く準備をするよう、双方の取締役会に依頼しておいた。

七月二一日の日曜日に話がまとまり、バルマーと私は二度目の握手を交わした。ノキアはマイクロソフトに、D&S事業全体と必要な特許ライセンスを五四・四億ユーロ（七一・七億ドル）の現金で売却する。三六億ユーロとほぼ無価値のアーンアウトと比べると、素晴らしい結果だ。許容可能とした下限額と比べれば、夢のような結果と言える。取引がまとまらず、生き残るために引き続き事業経営で苦戦を強いられる状況とは、もちろん比べるまでもない。

私たち自身がウィンドウズフォンで勝ち目はないと思った事実があるからといって、マイクロソフトが成功しないということではない。二社間の協業には常に摩擦がつきまとう。一つの傘下に全体のオペレーションをまとめたほうが、大きな違いが出てくることもある。さらに重要な点として、マイクロソフトには大きな財布があり、私たちの能力をはるかに超えるやり方でマーケティング投資ができる。このため、双方が良い取引をした可能性がきわめて高いのだ。少なくとも、私は心からそう願っていた。

主に資金の貸し借りの件でいくつか問題があったが、それも水曜日の晩には解決された。空港に行く途中で私はバルマーに電話をかけて、大まかな借入条件を確定させた。

それはほろ苦い瞬間だった。

同一条件で比較するならば、最初のオファーの四七・五億ユーロから、最終的に八二・四億ユーロ（一八カ月後に売却したヒアの最終価格を含めた金額）まで持っていった。特に、そのプロセスの間にノキア内部で算定したD&S事業の評価額がどれだけ急落したかを考えると、これは良い結果だ。ノキアがどれほど絶望的な状況にあったかをマイクロソフト側が認識していたならば、かなり悲惨な結果になっていたかもしれない。私たちはいろいろな点で幸運に恵まれていた。

同時に、私たちの、そしてフィンランドの心臓の一部を売り払ったことは否定できない。

それでも、これがグローバル・テクノロジー大手としてのノキアを救う唯一の方法であることには間違いない。私たちは今、自社の運命の主導権を取り戻すことができた。私たちには未来があるのだ。その未来がどう見えるかは、これから解決すべき課題だった。

パラノイア楽観主義者の成功する交渉戦略

マイクロソフトとの交渉がほぼ三回で（最後の交渉の前にマイクロソフトには受け入れにくい五つの前提条件を出したことを勘定に入れると四回だが）片付いたのは、驚くべきことだ。私たちが生み出したパターン（一部は設計したもので、一部は偶然の産物）は、マイクロソフトとの円満な結末だけでなく、二年後にALUを一五六億ユーロ（一七〇億ドル）で買収したことを含めて、その後の交渉においても私たちを成功に導いてくれた。

M&Aの交渉は、両チームが互いに対立し合うなど、どうも敵対的になりやすい。そうした状況の中で私が試みたのが、自分自身をプレイヤーというよりも審判員だとみなすことだ。私が自分の役割をうまく果たせば、どちらも同じ土俵で同じ試合に臨み、同じルールを守り、そのスポーツが楽しくなるような形で取り組める。そういうプロセス運営がうまくいけば、チームは喜んで再び取り組もうとするだろう。そのように促すことができれば、私は成功したことになる。

より高い目標としては、私と同じくやや遠く離れたところから戦いに参加するよう、対戦チームの主将を誘導することだ。私たち二人が一つの試合だけに目を向けるのではなく、全体像を考えていれば、ウィンウィンの結果に達する可能性がはるかに高くなる。

主な成功要因を整理しよう。

・交渉で顔を合わせる時間を最大化する。
・交渉チームを小さくして、打ち解けた議論だと感じられるようにする。
・カウンターパートと釣り合う交渉者でチームを組む。たとえば、CLO同士、CFO同士というのは自然な組み合わせだ。私はバルマーの適切なカウンターパートだった。
・事前に交渉戦略を練る。あらゆるシナリオを準備しておく。
・要求内容を体系的に整理し明確にする。自分の限界を知り、取引交渉を難航させる要因を知り、あきらめるべき時機をわきまえる。
・あらゆる段階で取締役会に状況を伝え続ける。
・交渉の勢いを維持する。次のステップについて必ず当事者間で合意を得る。
・必要なことは大胆に求める。その理由を明確に説明する。限界に挑むのを恐れてはいけないが、その際は希望する結果を最も得やすい方法をとることに注力する。
・関係構築は交渉の重要な要素である。信頼関係があれば、交渉が決裂しても引き続きコミュニケーション・ラインは保たれ、手続きを再開することができる。信頼はすべてのことをよりスムーズに進める潤滑油である。

・障害は信頼を生むチャンスになる。

・自我はドアの外に置く。

基本的な教訓：従来の交渉や取引のやり方に囚われてはいけない。それよりも、状況に応じて筋を通すために自分の頭を使うことだ。大胆でかつ控えめに、熱心にかつ辛抱強くあれ。役割をこなすのではなく、自分らしくあれ。直観と厳密な分析を組み合わせ、とにかく慎重を期すこと。代替案を用意しておけば、不意打ちを食らうことはなくなるだろう。

それがパラノイア楽観主義者の交渉アプローチである。

第一五章　M&A取引の実施　二〇一三年七月〜一一月

「この取引は、頭で考えると全面的に筋が通っているのですが、複雑な気持ちになります」

条件規定書や借入契約書などいくつかの文書に署名するとすぐに秒読みに入った。バルマーと私は大まかな取引条件で合意し、両社の取締役会も歓迎した。しかし、取引に同意することと実現させることはまったく別物である。最も重要な条件が決まったからといって、全体の手続きを停滞させてしまう多数の厄介な要因がなくなったわけではない。

このような取引は二つの重要な出来事で特徴づけられる。まず、事実上、不可逆的な買収契約を結んだことを公表する。次に、実際に資産が譲渡された時点でクロージング（経営権の移転を終了させる最終手続き）となる。クロージングにこぎつけられるかどうかは、当事者間で合意された要件を満たし、株主承認を経て、規制上の要求事項を満たせるかどうかにかかっている。この三つの要素を達成するには数カ月、場合によっては数年かかることもあり、このうちどれか一つでも失敗すれば、M&A取引は破談となりうる。

私たちは二〇一三年九月三日を目標公表日とすることで同意した。発表を急いだ主な理由は、デューデリジェンスのプロセスや最終契約の締結までに時間がかかるほど、また、関与する人が多くなるほど、情報漏洩リスクが急増することにあった。ノキア側としては、手続きが長引くほど、マイクロソフトが決定を覆(くつがえ)す機会が増える。また、パラノイア楽観主義で考えると、取引が失敗するというシナリオでは、実現が遅れた分だけ他の選択肢に取り組む時間が奪われてしまう。

カウントダウンが始まる

交渉すべきことはまだたくさんあり、その多くは高い価値を持つ項目だった。

その一つが価格調整である。これは、旧所有者側にまだ事業責任があるが、異なる利害を持つかもしれない新所有者のために事業経営をしなくてはならないので、必ずしも通常のやり方で物事を進められない期間の業績が絡んでくる。今回の例で言うと、携帯電話が不採算事業であり、赤字を垂れ流していた。ノキアが自己利益を優先させれば、キャッシュの流出をなるべく食い止めようとするだろう。つまり、マーケティング活動を控えて、研究開発をそぎ落とし、全体の費用を圧縮する。しかし、それではマイクロソフトにさらに腹をすかせた駄馬を残すことになってしまう。

ノキアの株主に迷惑をかけずに、マイクロソフトが望む形で事業運営を行なうモデルを考え出す必要がある。それはとてつもなく複雑な力関係だった。

価格調整ではたいてい、当該事業の業績が予想を上回ると、買い手は事業価値の上昇分だけ多く支払う。私たちはこの慣習を覆し、携帯電話事業の業績が悪化した場合にマイクロソフトが多く支払うことを提案した。買い手側は通常、業績向上を促したいので、これは直観に反することだ。しかし、この事業には業績が急降下する重大なリスクがあり、私たちはリスク管理がしたかった。今回のM&Aの発表に対して顧客がどう反応するかは予測しようがなく、マイクロソフトのせいで否定的な反応が生じ、ノキアが不利益を被るとすれば、まったくもって不公平だ。売上が低下した差分を私たちが支払うべき理由がわからない。したがって、売上目標が未達でキャッシュフローが予想を下回った場合には、マイクロソフトがノキア側に補償すべきだと、私たちは主張したのである。

また、私たちから見て非常に重要だったのが、従業員を守ることだった。たとえ彼らが他社に移るとしても面倒を見る義務と責任があった。クロージング後に、一二カ月分の退職手当を支払うノキアの慣行を尊重し、マイクロソフトに転籍後にリストラを余儀なくされた場合にも、インド、中国、フィンランド、アメリカを含む全対象者にノキアの慣行に則った対応をするよう、私たちは主張した（マイクロソフトは実際にリストラを実施した。クロージングしてから数カ月以内にノキアの従業員の約五〇％が解雇されたので、この点は主張しておいてよかったと思う）。[1]

デューデリジェンスも論点となった。なるべく早く進めて、情報漏洩の可能性を減らすために、私たちはデューデリジェンスのプロセスを限定しようと懸命に努めた。さらに、事業業績の保証は一切しないと突っぱねた。これは基本的に、契約締結後にマイクロソフトが白紙撤回する可能性を減らすためだ。

さらに、さまざまなシステムやサービス契約について詳細を詰める必要があった。たとえば、ノキアのＥＲＰシステム（企業全体を一元的に管理するシステム）をマイクロソフトに引き継ぐのは問題ない。マイクロソフトはこうしたシステムがいっそう必要になるが、ノキアはもう製造業ではなくなる。ただし、社内で構築された高度な資金管理システム（社内では「ペイメント・ファクトリー」と呼ばれていた）はまだ必要だ。マイクロソフトはこれも欲しがっていたが、市場では購入することができない。そこで、ペイメント・ファクトリーをマイクロソフト向けサービスとして妥当な料金で提供することで最終的に話がまとまった。

ノキア・ブランドも争点となった。マイクロソフトは当初、この取引にブランドも含めることを望んでいた。「電話事業が残らないのに、なぜ名前が必要なのか」と考えたのだ。この名前を売るのは無理だと、私たちは伝えた。ノキアはノキアのままでなくてはならない。ここは交渉の余地がないとバルマーは察知し、あまり強く言ってこなかった。

過去のシーメンスとの経験から、美しさ（あるいは悪魔）は細部に宿ることを私たちは知っていた。契約条件の中に、後で突然中止となるような火種がないことを確認しなければならなかった。

仕事量は膨大だった。このすべてが真夏の出来事だったため、誰もが休暇を返上することになった。しかし、私たちはパラノイア楽観主義を採用したおかげで、一つ一つは些細なことでも全部合わせれば非常に重要な意味を持つ事案について、好ましい成果を得ることができた。

膨大な数の詳細事項を詰める

いざ始めてみると、携帯電話事業の売却だけでなく、特許、商標、位置情報ライセンス、不動産など多様な要素を盛り込んだ何百件もの契約になることがわかった。それぞれを九月三日までに作成し、交渉し、見直したうえでまとめなくてはならない。

私たちは何千ページにものぼる契約書類に署名するために、ニューヨークの弁護士事務所の会議室を予約したが、いつもの二倍の広さにしてもらった。机を三列、両方の壁沿いと中央に縦長に並べ、その上に契約書類を山積みにした。どの山にもそれぞれ異なる書類が積まれていた。ノキアが製紙業のままでいたなら、相当の利益を上げていただろう。

契約業務は時間を食うが、デューデリジェンスや関連業務の作業量の比ではない。デューデリジェンスのプロセスで、マイクロソフト側の請負業者はしばしば、私たちがそれほど重要ではないと思っていることに着目した。彼らは慎重だから重箱の隅をつついたのか、作業時間に基づく請求金額を最大限に増やしたかったのかはよくわからない。イライラさせられることが山ほどあった。

ノキアの担当チームには自己犠牲を厭わない頑張り屋が何人もいたことに加えて、多くの人の信頼を集めたのが、マイクロソフトCLOのスミスだ。彼がいることでみんなが落ち着いた。彼は最終結果に注力しながら、多数の問題含みの状況を解決していった。

状況をややこしくさせたのが、エロップの今後の処遇である。エロップはノキアの携帯電話事業を経営するために雇われていたので、事業もろともにマイクロソフトに移籍するのか。彼がノキアに留まった場合、誰がマイクロソフトで携帯電話事業の経営に当たるのか。彼は携帯電話抜きのノキアの経営に適した人材なのか。バルマーはエロップに戻ってほしいと思っていた。マイクロソフト側は経営者抜きで資産を買っても意味がないとして、彼の移籍を主張してもよかったはずだが、そうしなかった。

私はエロップにどうしたいかと尋ね、それは彼自身で決めることだと伝えた。エロップは数日かけて考えた後、事業と一緒に移籍することにした。ここまでウィンドウズフォンについて嬉しい話は出てこなかったが、ハッピーエンドに変える責任があると感じていたのだ。これは適切な判断と言える。エロップが留まった場合に、ノキアに彼のポストを用意できるか、私にはまったくわからなかった。エロップの意思決定は、D&S事業の他のトップリーダーたちに影響を与えた。一人を除く全員がマイクロソフトへの移籍に同意した。これはノキアにとっても良いことで（D&S事業がなければ、同事業の経営幹部は不要になる）、マイクロソフトにとっても悪い話ではない。

八月一一日の取締役会では、私たちは長い時間をかけてパラノイア楽観主義を実践し、どのような問題が起こりうるかを探った。欧米では、取引についてどのような法的リスクがあるか。独占禁止法規制は問題になるか。私たちはこの取引をつぶす可能性のある重大な脅威をすべて洗い出そうとしたが、実際にはまったく思いつかなかった。理屈上、脅威として考えられることがあるとすれば、ノキアの株主がこのM&Aを否決することくらいだ。

このため、私たちはこの期間中ずっと、情報漏洩に神経をとがらせていた。これまで六〇〇〜八〇〇人がデューデリジェンスや契約業務に関わっていた。このとき、メディアが嗅ぎつけていたならば、取引全体が頓挫していたかもしれない。

噂が飛び交うと、いろいろな動きが起こるものだ。長期的株主が保有株を売却し、ヘッジファンドやアクティビスト（物言う株主）が買い入れることで、対象企業の投資家基盤が大きく変わることもある。そして、こうした新手の株主は自ら推進したい腹案を持っているかもしれない。メディアは、ありとあらゆる終末シナリオを用いて推測し始めるだろう。買収企業の株主がアクティビストとなって、取締役会や経営執行チームに圧力をかけ始めることも起こりうる。メディアやアナリストが考え出した理論を買収企業が読んで、買収決断に対する確信が揺らぐかもしれない。上記はもとより、他にもさまざまなことが買い手と売り手、それぞれの株主、取締役会、経営執行チーム、従業員にも影響を及ぼすため、M＆Aが不発に終わるリスクが急上昇するのだ。

二週間のToDoリストをつぶす

そのすぐ後の八月一八日に開かれた取締役会では、発表前に行なうべき行動を挙げた、非常に長いリストを点検していった。

最初に、世界中の広報担当者たちにさまざまな種類の発表内容を複数言語で提供し、その全員に概要を説明し、プレスリリース、ウェブページ、パワーポイントのプレゼンテーション、ビデオクリップなど多様なメディアを通じて適切な方法でメッセージを伝えられるようトレーニングする必要があった。

また、これから落とす爆弾によってどんな反応が返ってくるかを予想しようとした。ノキアの株価が上昇した場合、ビジネスメディアは前向きな言葉でこのM&Aのニュースを取り上げるだろう。ただしフィンランドは例外で、否定的に報じられ、エロップをトロイの木馬になぞらえる可能性が高い。ノキアの株価が下がったならば、最悪の事態に直面する。弱気なアナリストが大騒ぎし、競合他社は遠回しに批判し、メディアは真実の一部と誤解と間違った前提をばらまいて煽り、そのすべてによって、さらなる誤解と批判が湧き起こるだろう。どちらの場合であれ、ノキアの従業員がひどく感情的に反応することはわかっていたので、従業員のボイコット、ストライキ、「爆弾を仕掛けた」という強迫、自殺も含めて不測の事態に備えておくことにした（幸い、そうしたことは起こらなかった）。

発表の前日、フィンランドの大統領と首相、ならびにこの手のニュースにたいてい批判的な態度を示す主な大臣や労働組合に秘密裏に事前通知する計画を立てた。

そして当然ながら、事業運営も続けなくてはならない。第2四半期の結果を見ると、D&S事業の営業損失は予想をやや下回り、ルミアの売上は緩やかに上昇を続けていた。[＊2] 最終的に、第2四半期は基準値を逸脱して社内で戦略変更を検討する事態をかろうじて免れていたが、第3四半期もそうなるとは限らなかった。

年初の計画では、第3四半期のスマートデバイスの利益率はマイナス二・六％となっていたが、現在はその見通しがマイナス一五・七％へと下方修正されていた。これは明らかに、二月に引き下げた基準値のマイナス一二・二％を下回り、ウィンドウズフォン事業からの撤退に向けてトリガーを引かざるをえない。これは決して新情報ではなかったが、売却するという私たちの意思決定を支持する、別のデータポイントとなった。

取引発表まであと一週間

共同発表を一週間後に控えた八月二三日、バルマーが自らの去就について発表した。今後一年以内にマイクロソフトから去るという[3]。その一週間前に、バルマーは私にそのことを知らせていた。ノキアとのM&Aの結果として取締役会から首を切られたという誤解を避けるために、共同発表前に辞任を発表することが自分にとって重要なのだと、彼は説明した。実のところ、彼と私がいったん合意した取引契約をマイクロソフトの取締役会が突っぱねた、あの運命の六月の取締役会の後、自発的であれ別の形であれ退職するのは時間の問題だったと、彼は述べていた。

残り一週間になると、誰もがピリピリしていた。ノキアの担当チームはこれまで五週間にわたって全力を尽くしてきたことに加え、何よりも、取引成立と不成立というジェットコースターのような六カ月を過ごし、NSN買収をめぐる過酷な交渉によるストレスにずっとさらされてきたのだ。チーム内には、過酷な条件下で求められる以上のことをやってのける陰のヒーローが大勢いた。いつものノキア品質でこの取引を終えようと全力投球する姿を見ていると、胸が張り裂けるような思いと心温まる思いが同時に込み上げてきた。

八月二五日と二七日に取締役会と委員会を、八月二九日に二回、九月二日にもう一回会議が予定されていた。そして、九月三日が発表だ。

それと同時に、マイクロソフトは念には念を入れてきた。これまでに、私たちは五万九〇〇〇ページにのぼるデューデリジェンス資料を提供し、マイクロソフトは一五〇人体制でそれを綿密にチェックしてきた。発表の一週間前に、マイクロソフトはさらにはっきりさせたいとして、追加で九〇〇項目を要求してきたのだ。これには頭を抱えたくもなる。

デューデリジェンスのやり方を見ると、マイクロソフトとノキアの違いがよくわかる。ノキアの人々は人間に可能な限りの作業量をこなした。マイクロソフトは正反対で、人間に可能な限りでアウトソーシングした。その結果、マイクロソフトの経営陣は面倒な仕事を外部の人たちにやらせて、その要約を読んだだけなので、必ずしも獲得する資産に詳しいわけではなかった。

結局、そういう力学は私たちにとって申し分なく作用し、契約条件はほぼノキアの望み通りとなった。その分、私たちはひたすら多くの汗をかかなくてはならなかったが。

旧ノキア最後の日

九月二日、取締役会は最新情報を元にこの取引を再点検し、全会一致で承認した。悲哀を帯びつつも、これで解決したという穏やかさが感じられた。

最初のステップは、正式にエロップのCEO職を解き、取引のクロージング時点でマイクロソフトに移籍するという理解の下でD＆S事業のエグゼクティブ・バイスプレジデントに任命することだった。エロップの最初の雇用契約では、役割が変更されるときには、十分な補償を受けることになっていて、契約を打ち切る権利も与えられていた。エロップの許可の下で、雇用契約を修正して、その権利は放棄してもらった（補償については変わらない）。

次に、ＣＥＯが必要となった。取締役会で以前、エロップに代わる候補者について話し合ったときに、同僚たちは私が暫定ＣＥＯになったらどうかと求めてきた。

選択肢はそれほど多くなかった。ＮＳＮのＣＥＯであるスリは、現実味のある候補者ではなかった。ＮＳＮの売却や株式公開など何らかの形で、シーメンスとの取引で生じた価値を換金する可能性が残っていたからだ。たとえノキアがＮＳＮを持ち続けたとしても、スリがネットワーク事業の経営を続け、私が会社全体をまとめることに専念したほうが理に適っている。私はすでにマイクロソフトとのクロージング関係の事案に精通していた。スリがそれを担当せざるをえない場合、たとえ私が会長として補佐したとしても、数カ月間はネットワーク事業を見られないので、健全とは言えないだろう。

私がずっと持ち続けてきた哲学は、慌てて長期的な意思決定をしても大きなメリットがないなら、やめておけというものだ。熟慮するために選択肢を残したほうがいい。マイクロソフトとのＭ＆Ａはかなり進み、ＮＳＮとのＭ＆Ａも完了したばかりで、新生ノキアがどうなるかもわからないのだ。その必要性がないなら、急いでＣＥＯを決めるべき理由はない。

私は二つの条件で暫定ＣＥＯになることに同意した。一つ目は、私が従事するのは暫定的な役割のみとし、ＣＥＯの役割を長く続けるつもりはないことを取締役全員が支持すること。二つ目は、イハムオティラが暫定プレジデントに就くことだ。そうすれば、仕事を分担することができる。つまり、私は新しいビジョンと戦略を決め、新生ノキアの経営に当たる適任者を探すことに専念し、イハムオティラには主に株主とのコミュニケーションや経営管理面を見てもらう。

この形で進めることが決まり、九月二日の取締役会で、私は暫定CEOに、イハムオティラは暫定プレジデントに任命された。

私はフィンランドの大統領と首相に電話して、翌日行なう発表について知らせた（バルマーと私は発表後に首相と会う予定だった）。前会長に配慮してオッリラにも電話したところ、おなじみの会話パターンとなった。つまり、私は努めて礼儀正しく話し、オッリラは激怒して、私がノキアと彼の遺産を台無しにしたと怒鳴り散らしたのだ。

長い一日が終わりに近づいていた。契約に関してまだ解決すべき細かな点がいくつかあったので、法務チームは徹夜で交渉を続けた。最後の事案が決着したのは、期限である午前六時の二、三時間前だった。

私にはまだもう一つ会議に出る必要があった――最も重要な会議である。

家族会議

我が国を代表する企業の運命をめぐって、国中から説明責任を問われることになるのはわかっていた。どのような罵りや非難に対しても、受けて立つ用意はできていた。それが私のとるべき責任なのだ。とはいえ、売却に対する世間の反応が私の家族にどう影響を及ぼすかについては心配だった。

九月二日月曜日の晩、私は家族会議を招集した。妻、一五歳の娘、九歳と一〇歳の息子を集めて台所のテーブルに座った。次の週の展開はまったく読めない。最悪の事態に備えておくべきだと私は感じていた。

明日、ノキアにおける重大な変化について発表すると、家族に説明した。「大ニュースになって、たぶん一部のフィンランド人は悪いことだと受け止めるだろう。おそらく友だちの親の中にもそう思う人がいて、家庭でその話をして、友だちも聞くことになるだろう。その翌日には学校で、お父さんの悪口を言われるかもしれない。ただ、覚えておいてほしいことが一つある。私とノキアのチームは本当に必死に働いて、あらゆる可能な方法を使って今後について検討してきた。手を抜いたことは一つもないし、何カ月もかけて取り組んできた。精一杯取り組んで、正しいことをしてきたという絶対的な自信がある。だから、悪口を聞いたとしても、時間が経てば、みんなもこれが正しいことだと気づく。その事実が慰めになるはずだ」と。

真剣な顔で聞き入る子どもたちを見ていると、心が和んだ。それから、子どもたちは質問をし始めた。「どんなふうに変わってしまうの?」「みんなはまだノキアの電話を買えるの?」「お友だちがお父さんの悪口を言い出したら、どうすればいい?」「みんなが間違っていることを伝えるために、どう言えばいいの?」

口論やけんかに巻き込まれたり、私をかばおうとする必要はない。「ただ『私はお父さんのことをよく知っている。お父さんはベストを尽くしている』と言えばいい」と、私は助言した。私がこれまで子どもたちと話し合ってきたことの中で、これは最も記憶に残るものとなった。

蓋を開けてみると、子どもたちが学校の友だちから嫌がらせを受けることはなかった。

記者会見に臨む

その晩はあまり睡眠時間がとれなかった。翌三日の朝は早起きしなければならないからだ。しかし、明日に備えて熟睡できた。

私の一日は、ヘルシンキ時間で午前六時の国際ニュースで始まった（記者会見を知らされて、記者たちは夜明け前に叩き起こされていた）。それから首相とバルマーと会い、多くの社内会議をこなし、一四件の取材を受け、タウンホールで話をし、バルマー、エロップ、イハムオティラとともにウェブキャストの記者会見を行ない、長い時間が経った後でようやく終わった。

記者会見で何を言うかについては熟考を重ねた。世界にこのニュースがどう伝わるかの方向性を決める機会になるからだ。[+4] 私の率直な思いを反映させたスピーチは、満足のいく仕上がりとなった。

私は起業家として自己紹介し、ほとんどの起業家と同じように、キャリアの過程で多くの異なる段階を経てきたことを語った。「起業家であるということは、世の中を変える製品をつくりたいと強く願っていることを意味します。事業売却はそれほど素晴らしいことでもありませんが、場合によっては正しい行動方針となります」

ノキアのD&S事業の売却は、これまで関与してきた中で最も複雑な意思決定だったことを伝えた。「この取引は、頭で考えると全面的に筋が通っているのですが、複雑な気持ちになります」

抜本的な変化が起こっている市場の中で、ノキアが革新的な製品を生み出すために多大な努力を払ってきたことを強調しつつ、スマートフォン業界は複占（アップルとグーグルの二社しか市場に存在しない）状態になっていることを説明した。多くの伝統的なプレイヤーが姿を消すか、難しい選択に直面する一方で、リーダー企業はこれまでに見たことのない規模となり、財務面で大いに勢いに乗っていた。

多くの人に新しい体験を試してもらうために必要な投資はかつてないレベルに増え、ノキア単独ではその資金を手当てするリソースがないが、マイクロソフトにはあった。

二〇一二年六月にタブレット「サーフェス」が発売され、ウィンドウズのエコシステムに構造的な変化が及んで以降、ノキア取締役会では一年以上かけて、考えられる限りの戦略代替案を徹底的に評価し分析してきた。そこで明らかになったのは、今日の市場でデバイス事業を繁栄させる最善の機会はＯＳ、関連エコシステム、クラウドサービスと緊密に連携することだったと説明した。

取締役会は八カ月間で五〇回近い会議を経て、この取引が前進に向けた正しい道であり、ノキアの株主価値を最大化する道だという結論を下したと、私は説明を続けた。「明らかにノキアの財政状態は強化され、継続事業の将来の投資に向けて確固たる基盤となります。マイクロソフトに転籍するＤ＆Ｓ事業の従業員はモバイル市場で成功するために、より強力な財務的支援が受けられるのです」

そして、次のように締めくくった。今日の合意の結果として、「フィンランドには、グローバル・テクノロジー企業がノキア一社ではなく、二社となりました。どちらも財務力があり、将来のために投資ができます。このことは、より広範なフィンランド経済の中で重要なアクセラレーターになりうるでしょう」（これはメディア向けに記事の見出しやストーリー案を提供しようと試みるときの良い例だ。単に事実を列挙するだけでは、記者は各自の考えに基づいて記事を書いていく。こちらから

「ノキアが再び自己改革する」、「フィンランドには、ノキア一社ではなく技術大手が二社になる」といった中心的な概念を打ち出すことで、メディアを誘導し、好意的なストーリーを書いてもらおうとしたのだ）。

続いて、バルマーが壇上に上がった。フィンランドにデータセンターを設立することを口頭で約束するよう、私はバルマーをけしかけた。「発表するときにそのことに言及すれば、今回の取引の良いＰＲになりますよ」とそそのかしたのだ。バルマーは賢明なので、その手には引っかからなかった。それはいい考えですねと言ったものの、スピーチの中で約束することはなかった。

それから、エロップとイハムオティラと私が質問を受けた。そして、反応を待つこととなった。

世界の報道は総じて前向きで、この取引を「ノキアの終焉」ではなく、一五〇年にわたる歴史における見事な再生という文脈で位置づけていた。フィンランドのメディアでさえ、思っていたよりもバランスがとれていた。「ノキアにとっての新たなスタート」というテーマで、予想されていたトロイの木馬というコメントを和らげていたのだ。

従業員がこのニュースを理解するにつれて、ショックや怒りの声が出てきた。ほぼ全員がこの発表に驚いていた。取引によって裏切られたと感じたり、これほど優勢を誇った企業が事業を丸ごと売却するのかと嘆く人がいる一方で、進歩の妨げになってきた問題を解決するチャンスだと心を躍らせている人もいた。何日かすると、欲求不満やあきらめは容認と慎重な楽観主義に変わっていった。「十分に理解するのにしばらく時間がかかるが、これが機会であることは間違いない」といったコメントや、「これでＸｂｏｘを社員割引で買えるね」という皮肉っぽいコメントをする従業員もいた。

ありがたいことに、投資家は例外なくこの取引を歓迎した。木曜日にヘルシンキ証券取引所ではノキア株の終値が四二%増の四・二〇ユーロになったのだ。[†5] 長期にわたってノキア株をショート保有（株価が下がると仮定してノキア株を借り、売り建てている状態）していた一部の投資家は、直ちにポジションを変えた。ある著名なアナリストはこう指摘している。「ノキアは事実上、自社の株主のために、両社［シーメンスとマイクロソフト］との関係で独自のレバレッジを効かせて、ほぼ何もないところから数十億ドルもの株主価値を生み出した。自社の長所と短所、パートナーとのレバレッジポイントを、先入観や感情にとらわれずに評価したうえで、きわめて抜け目なくノキアの事業を見直したことについて、エロップ氏とノキア取締役会は称賛されることになるだろう。私たちはそう信じている」

発表後のゴタゴタ

私たちはなおもノキア株主に承認を得る必要があった。疑問を残さないためにも投票にかけたいと思っていたし、その必要性もあったのだ。

二〇一三年一一月一九日に臨時総会を招集した。その準備として委任状勧誘書類を出したが、私たちはそこでうっかり爆弾を投下してしまったのである。

私は図らずも無秩序を生み出す役回りを務めてしまった。エロップとの契約におけるエグジット・パッケージの価格に批判が出るのはわかっていたので、八月に開いた取締役会で、マイクロソフト側に彼の報酬の一部を肩代わりしてもらおうという妙案を私は思いついた。ノキアからではなく、マイクロソフトからお金が出れば、人々をなだめられるだろうと、暢気に考えていたのだ。バルマーは私の理屈を信じ、マイクロソフトとしてもフィンランド国民から点数稼ぎできると期待していた。その目論見がいずれも完全に外れてしまったのだ。

大手上場企業の役員報酬の開示書類を読んだことがある人ならわかると思うが、そうした書類において唯一明白なのは、文章がきわめて複雑でわかりにくいことだ。これは一つには、規制当局から特定の構成にするようにというお達しがあるからであり、また一つには、弁護士が素人向けではなく他の弁護士向けに文章を書いているからだ。その心は、とにかく訴えられないことにある。もしくは、訴えられても勝てるように一通り関連事項を記載しておく。つまるところ、株主向けに物事を明らかにするのとは、まったく異なる目的がある。

こうした書類の書き方は、特定の目的や特定の読み手には役立つが、それ以外のすべての人にはただ迷惑な代物だ。「こんな文章を理解できる人は誰もいやしない。全データを知っているこの私がほとんど理解できないのだから、一般の株主には当然わからないだろう。一部の関係者は理解しようとすらしないだろうし、自己流の読み方をして誤解する言い訳に、この文章はうってつけだ。Q&Aを発行して、ノキアが支払う部分について聞かれそうな質問について、簡単な言葉で回答を示そう。詳細は全文を参照してもらうことで、法的リスクをカバーするんだ」と私は言った。

私は「エロップはトロイの木馬か」、「マイクロソフトとの交渉中にエロップの報酬は変わったのか」といった質問への回答を公表する案を出した。否定的な解釈になりそうな部分を前向きに明確に示し、起こっていることや意思決定の背後にある事実を説明すれば、ジャーナリストや一般の人々がこの話をそれほど変に曲解することはなくなる。

それを最後まで見届けなかったのは、私の責任だ。私は世界中を飛び回り、さまざまな国の従業員、顧客、株主、規制当局の人々と会っていた。関係スタッフも対応すべきことが多く、多忙を極めていたこともあり、Q&Aの作成は実現しなかったのだ。

メディアは、エロップの補償協定を目の敵にして激しくバッシングした。

後日、エロップが受け取るのは一八八〇万ユーロ（約二五四〇万ドル）となることが判明した。彼の報酬パッケージは、約一四六〇万ユーロ相当の株式報酬（実際の支払いは、エロップが最終的に八カ月後に退職した時点の株価に基づいていた）と、D&S事業の売却完了時に追加で支払われる四二〇万ユーロの給与と変動報酬で構成されていたのだ。[6]

二〇一〇年に指名委員会はエロップと「チェンジ・オブ・コントロール（COC）」条項を含む雇用契約を結んだ。これはCEOの雇用契約においてかなり標準的な規定である。この背景となる考え方はこうだ。明らかに株主利益のためになる場合でも、CEOは事業売却に抵抗するかもしれない。なぜなら、CEOは職を失うことになり、株式ベースの報酬が与えられる時間もなくなるからだ。そこでCOC条項を設けて、役員報酬への影響を排除し、株主利益に反する行動への誘因を取り除こうというのだ。

激しくバッシングされたのは、エロップのCOC条項では、クロージングの時点で直ちにノキア株式保有分が彼に与えられることになっていたからだ。有利な取引の結果として、ノキアの株価が急上昇したので、彼の保有分には大きな価値があるが、それが通常の退職金にプラスされる。

このことは委任状勧誘書類の中ですべて説明されていたが、メディアは血に飢えていた。支払いをするのがノキアかどうかは問題ではない。一部の新聞記事のいう「エロプカリプス（Elopcalypse）」（キリスト教で世界の終末を意味する「アポカリプス（apocalypse）」をもじったもの）に対する「報酬」をエロップがもらう、と解釈されてしまったのだ。[7] マイクロソフトがエロップの補償に貢献した事実は、そもそもエロップがノキアを育てたのは最終的にマイクロソフトに売ろうと考えていたからで、獲物を手に意気揚々とシアトルに戻り、バルマーの後釜に収まるチャンスを窺っていたのではないかという疑念をただ裏付けたにすぎなかった。[8] エロップが取締役会を強請り、取締役会はお金を払って彼を解雇したという噂をはじめとして、さまざまな陰謀説が流れ始めたのである。[9]

Ｑ＆Ａで先手を打たなかったせいで、そういう感情論が介在する余地をつくってしまった。

私はある時点で海外から帰国し、夕方にフィンランドの空港に到着すると、広報担当者から「すぐに電話をください」というメールが入っていた。こういう文言を見るのは嫌なものだ。果たして、ノキアの歴史を通じて、エロップはＣＯＣ条項を含む雇用契約を結んだ唯一のＣＥＯだと、フィンランドの一部のメディアが報じているという。「これは本当のことではなく、その前にも二人のＣＥＯがＣＯＣ条項を含む契約を結んでいます」と広報担当者は述べた。

この噂が尾ひれをつけて出回らないよう、早急に手を打つ必要があった。私は電話口で、カッラスオヴォとオッリラもＣＯＣ条項をつけていたという声明文を私の名前で出すことにゴーサインを出した。ここで失敗したのが、「ほぼ同様のＣＯＣ条項」という文言を付け加えたことだ。広報部門は法務チームと一緒にその声明文を確認していたが、どちらも慌てていた。

数日後、フィンランド最大の新聞《ヘルシンギン・サノマット》紙のジャーナリストから私の元に電話がかかってきて、嘘つき呼ばわりされた。その理由を聞くと、過去の二人のCEOも「ほぼ同様のCOC条項」をつけたと書いている部分が嘘に当たるという。調べてみると、エロップの前任者のカッラスオヴォはCOCで、一八カ月分の給与と賞与が支払われたが、株式報酬はなかったことが判明した。[10] このジャーナリストの言う通りで、私たちは間違った声明文を出していたのだ。それも、私の名前で。

しかし、このジャーナリストの関心は、私たちが夜遅くプレッシャーのかかる中で不注意なミスを犯したことにはなかった。「嘘をついた」ことが大ニュースなのだ。《ヘルシンギン・サノマット》紙はすぐさま報じ、ノキア取締役会が会社を売り払うためにエロップに一八八〇万ユーロを贈り、その件であまり誠実ではなかったというストーリーが、フィンランドの主要なビジネス紙、イギリスの《フィナンシャル・タイムズ》紙、ブログなどに広まった。[11][12]

ノキアの広報チームは数日で騒ぎは収まるだろうと請け合ったが、そうならなかった。私たちのもとに、ありとあらゆるチャネルから取材が殺到した。ついに、主要メディアに平等な機会を与えて、事実を知ってもらおうということになった。一日のうちに四五分枠の取材を何本も詰め込んだ予定が組まれ、私が取材に応じることになったのだ。メディア側に録音は許可したが、テレビカメラでの撮影は禁止した。複雑な報酬の話のため前後関係抜きに文章を引用したくなるが、録音を許可すればそれが防止できるはずだと、広報チームはおそらく考えたのだろう。

取材は順調に進み、ジャーナリストから聞かれた質問にすべて詳しく答え、納得してもらえたと、私は信じている。取材の終わりには、フィンランド公共放送会社ＹＬＥのチームも含めて全員が満足しているように見えた。

その晩、ある話題で狂乱状態に陥っているメディアにどんなことを期待すればいいかを思い知らされた。ＹＬＥのオープニングはノキアのニュースで始まったが、私が考えていた通りではなかったのだ。ＹＬＥは、取材時にテレビカメラを入れるのをノキアが許可しなかったという事実を取り上げ、それを狂気じみた報酬の噂と結びつけようとした。実のところ、取材そのものは二の次だった。

幸いにも、ＹＬＥが例外的で、他にＹＬＥと同じく低俗で扇情的なアプローチを採用したのは、主要なビジネス紙である《カウッパレフティ》紙だけだった。他のメディアは多かれ少なかれ事実に基づく報道をしていた。ジャーナリストに事実を提供することによる鎮静効果の証拠として、数週間でこの話題はすべて消滅した。

このとき、私はヘルシンキ空港を歩いていると、みんなに怒りを含んだ目でじっと見られているように感じたことを覚えている。もちろん、気のせいかもしれないし、少なくとも全員が全員そうではなかっただろう。しかし、実に不快で、不公平だと感じた。後から振り返れば、素晴らしい教訓となった！

異例の臨時総会

二〇一三年一一月一九日の臨時総会は、さまざまな意味で異例尽くしだった。ヘルシンキの輝けるアイスホッケーチーム、ＨＩＦＫの本拠地であるアイスホールに、約五〇〇〇人が足を運んだ。承認しようと来た人もいれば、ショックや悲しみ、時には怒りを伝えたくて来た人もいた。

私たちは後から悩まされることのないよう、あらゆる不測の事態に備えておこうとした。臨時総会が失敗に終われば、マイクロソフトとの取引全体が瓦解する恐れがあるため、細部にまで気を配ることは生死に関わる重大事だったのだ。

たとえば、当初予定していた会場は、ノキアの本社があるヘルシンキの隣町エスポーにあるアイスホッケー・アリーナだった。その後、事務局長がノキアの細則を見て、年次総会はヘルシンキで開催しなくてはならないことに気づいた。今回開くのは年次総会ではなく臨時総会だが、会場を移すことにした。そうすれば、開催場所が西に一〇キロメートル離れたからという理由でこの会議は無効だとは、誰も主張できなくなる。私は株主に対し、合意のとれた価格でノキアがマイクロソフトにＤ＆Ｓ事業を売却することを許可するという取締役会の提案を発表し、その理由について説明した。

その後、会場内の株主から質疑を受け付けた。

続く四時間、私はずっと壇上に立ち、途中でイハムオティラが壇上に上がった短い合間を除いて、質問が来る限りひたすら答え続けた。

なかには攻撃的な人もいた。「そんな破滅への道がどうして可能なのか」と問いただす人。Ｄ＆Ｓ事業の売却とフィンランドの壮大な叙事詩「カレワラ」に出てくる魔法のサンポ（臼）を盗んだ話を対比させる人。この売却はアメリカのＣＩＡが仕組んだ陰謀だとほのめかす人。[13]「トリプルＡ級の大失策」で「会社を破滅に向かわせた」とエロップを名指しで非難する人もいた。[14]

発言者が無礼なことを言おうとも（会議の冒頭には、そういう人々がかなり多かった）、私は礼儀正しくあろうと努めた。懸念を表明してくれたことに感謝し、実際に質問が出たときには、その人たちを持ち上げた。二、三時間もすると、出席者は敵意を出し尽くし、会場のムードが変わり始めた。怒りをぶつけるよりも、まっとうな質問が徐々に増え、公然と前向きな意見を述べる人も出てきたのだ。終盤になると、そうした前向きな意見にさえ拍手が送られるようになった。

これは、敵対的な質問やいささか愚問だったとしても尊重し、可能な限り答えていくことで、群衆の気分がいかに変わるかを示す良い教訓となった。

最後の質問まで回答した時点で、私たちは採決を求めたが、これには出席者も驚いていたようだ。というのも、こうした会議では通常、採決は時間の無駄だ。ほとんどの場合、株式の大多数は機関投資家が保有し、事前に投票を済ませている。その場に出席している株主全員が取締役会の提案に反対だったとしても、会長は「あいにくですが、ここにお集まりの株主の議決権は全体の二五％にすぎません。議決権の七〇％以上を保有する株主たちがこの提案を支持しているので、採決の必要はありません」と言えてしまう。しかし、私たちは採決を望んでいた。私たちが反対意見を抑え込んだと、誰にも文句をつけられたくない。この取引が公（おおやけ）に承認されることを望んでいたのだ。

投票結果を集計すると、取引承認は九九・五二％となった。[15]

細部まで手を抜かない

時間がないときや巨大プロジェクトに取り組んでいるときには、つい細部をごまかして後で確認すると口約束したり、悪くすると、他人任せにしたくなったりするものだ。何か足りないのではないかと神経を尖らせていれば、寄り目になるほど文書の隅々まで目を光らせるようになり、その労力を惜しまないことで、いかに自分たちに有利な展開に持っていけるかは、何度繰り返しても言い足りないほどだ。ほんの一例を挙げると、第一八章で説明するが、私たちはある一つの文言をめぐってチームで議論した結果、一億ユーロ以上の節約につながった。それから先述したように、臨時総会も年次株主総会と同じ考え方で臨むべきだと言い出す人がいたおかげで、臨時総会の開催場所を違う都市に移したこともそうだ。

時代や文化の違いを超えて引用される古いことわざに、「釘がないので蹄鉄が打てず、蹄鉄がないので馬が使えず、馬がないので戦に敗れ、戦に敗れたので国を失う。これはすべて蹄鉄に使う釘がなかったからだ」とある。パラノイア楽観主義者はこうしたシナリオを思い描き、細部を掘り下げ、適切な釘が確実に所定の場所にあるようにしておくのだ。

第一六章　改革の処方箋　二〇一三年九月〜一二月

新生ノキアが何か意味のあることをする、つまり、ビジネスとして優れているとともに、人々の生活に良い影響を与えることが重要だと、私たちは理解していた。

さて、何をしようか。

二〇一三年九月三日以降から何日も何週間も、マイクロソフトとの取引のニュースが国や企業を超え、グローバル金融市場へと波及するにつれて、これはみんなの頭をよぎった疑問だった。

一五〇年の歴史を振り返ると、紙パルプから始まり、ケーブル、自動車用タイヤ、ゴム長靴、テレビ、パソコンなど多様な産業に展開してきたとはいえ、携帯電話会社ではないノキアをイメージするのは不可能に近い。一九九〇年代初めから全社を挙げて携帯電話と関連デバイスやサービスに集中し、電話の研究開発、OSとソフトウエアの開発、製造、販売、サービス提供を行なってきたのだ。それ以外に手掛けてきたヒアの位置情報事業、NSNのワイヤレスインフラ事業、アドバンスト・テクノロジーズ（携帯電話業界が依拠しロイヤリティ収入源となる重要特許で構成された虎の子のポートフォリオを擁する）はいずれも基本的に携帯電話というノキアのアイデンティティから派生していた。
そして今、私たちはノキアの心臓を切除し、別の主に移植しようとしていた。システムを解体し、従事していた人をほぼ全員、新しい所有者の元に転籍させるのだ。マイクロソフトはフィンランドの四七〇〇人を含めて、世界五〇カ国で約二万五〇〇〇人にのぼるノキアの従業員を獲得することになる。ノキアの従業員数は二〇〇八年時点で六万人だったが、そのうちの約三万二〇〇〇人が取引の直前にノキアで働いていた。クロージング後にノキアに残留したのは約七〇〇〇人で、その大半がヒア（そして、当然ながらNSN）の仕事をしていた。[†1]
一五〇年の歴史の中で、ノキアは何度も破綻寸前に追い込まれた。再び抜本的な変革を成功させるために必要なものを私たちはまだ持っているのか。持っているとすれば、どうなるのか。新生ノキアとはどのようなものだろうか。

新しいチェスの試合

マイクロソフトとの交渉の間、私はイハムオティィラ、ヘンリ・ティィッツリ、ユハ・アクラスなど大勢の人たちとすでに多くの議論をしてきたが、新生ノキアの代替案を策定するための時間は十分にとれていなかった。

八月中旬に取締役会と私たち経営執行チームはノキアの将来について真剣に考え始め、会議の全時間を新生ノキアの戦略と組織の議論に当てた。まるでチェスの試合の最中に、重要な駒を一度に大量に失いながらも、新しい試合に切り替えて別の盤上に異なる駒を置いているかのようだった。何よりも、古い試合も続けている中で、こうしたことがすべて起きているのだ。

それまでは、戦略計画はいつも、携帯電話事業の需要を中心に策定されてきた。携帯電話の足を引っ張りかねない他事業について代替案を仮定してみても意味はない。どうせやらないのだから、考えるだけ時間の無駄になるからだ。しかし、希望通りに携帯電話事業をマイクロソフトに移すことになった今、ノキアはこれまで縛られてきたものから解放されるだろう。

私たちはもはや無関係となった制約から離れて考える必要があった。

九月までに、戦略業務のために新生ノキア・ステアリング・グループをつくった。私とイハムオティラ（暫定プレジデント兼ＣＦＯ）、オイスタモ、トゥーッカ・セッパ（ボストン・コンサルティング・グループのパートナー）、各事業の責任者であるＮＳＮのスリ、ヒアのミハエル・ハルブヘール、ティッリ（ノキアのＣＴＯ）で毎月集まる。これ以外にも、私はオイスタモ、イハムオティラ、セッパと一緒に小さな作業グループをつくって毎週集まるようにした。

私たちが始めたのが、ノキアに残された三事業の分析だ。各事業で必要とされていることとは切り離して、それぞれの戦略計画を考えていった。

まず、ヒアの強みは高品質なデジタル地図情報を持つ業界唯一の独立系プレイヤーということだ。位置情報資産を持たない大規模エコシステム（アマゾン、フェイスブック、マイクロソフト、アップル、中国からの新規参入企業）にサービスを提供することは魅力的な機会となる。

ヒアにとって、インダッシュ（埋め込み）式ナビゲーション・システムで九〇％のシェアを持つBtoB（法人向け）市場にも機会があった。ターンバイターン・ナビゲーション・ツールやその他のサービス（タンク内の燃料残量の範囲内で行ける最も安いガソリンスタンドや目的地に最適な駐車スペースを探す機能など）では、自動車メーカーにライセンス供与を行なっていた。また、無料オンラインサービスを通じて一般消費者にも直接サービスを提供していたが、これは基本的に広告ベースのビジネスモデルだった。

第二の事業が、アドバンスト・テクノロジーズから名称変更されたチーフ・テクノロジー・オフィス（その後、ノキア・テクノロジーズに再改名）だ。特許ポートフォリオからのライセンス収入が唯一の収益源だが、ノキアの研究活動母体として、デバイス事業のために将来的に重要な技術を開発し、新しい特許出願をしていた。

特許の定義について誤解している人がいるかもしれない。特許とは基本的に、そこに含まれている内容を他の人や企業が実施できないようにする権利でしかない。ノキアの技術ライセンスを受ける企業は、権利侵害で訴えられないように使用料を支払うのだ。

アドバンスト・テクノロジーズは約三万件の特許（特定の発明のさまざまな側面を押さえるために複数特許で固めた一万件の特許ファミリー）のポートフォリオを保有していた。ノキアは携帯電話のUIの中核技術を多数発明していた。たとえば、アプリストアはノキアの発明だ。二〇一二年、ノキアの特許ライセンス収入は約五億ユーロで、その大半が利益となっていた。[+2] 特許ライセンスにはほとんどコストがかからない。ただし、ノキアは過去数十年にわたって研究開発に数百億ドルを投じてきた。その投資のおかげで、特許出願の背後にある発明が生み出されてきたのだ。

携帯電話事業を手掛けていたときは、他社の特許技術の使用料を特許収入で埋め合わせていたため、保有特許の価値が相殺されていた。しかし今は、その分を方程式に含めずに、フルに利用できる。保有特許の価値を最大化するためには、アドバンスト・テクノロジーズをどのような組織構造にすればいいのだろうか。

ライセンス収入はノキアの利益の三分の一を占め、成長の可能性が非常に高い。アドバンスト・テクノロジーズでの研究活動から、新しい特許の約六〇%が生み出されていた。残りは、通常の研究開発から生まれていたが、そこはマイクロソフトに移ったので、新しい特許の創出は課題になるだろう。

私たちはノキアの研究所のスタッフの大半をそのまま維持すると強調してきたが、彼らにどのような研究をさせるのか（ちなみに、ノキア研究所はベル研究所のように、長期的なハイリスクの基礎研究を行なってきた。普通の研究開発はもっと短期の顧客向けのものだ）。

エンジニアは一般的に、紙きれを提出するために発明に取り組めと言われても、心が動くものではない。人々の生活を向上に役立つものをつくるほうが夢中になれる。そのためには、企業としては人々に使ってもらえるイノベーションを組み込んだ製品を考え出す必要がある。ノキアの携帯電話は、こうした諸々の優れたイノベーションのプラットフォームとなってきた。消費財事業がなくなった今、どうすれば研究者のやる気を引き出せるだろうか。

三つ目の事業がＮＳＮだ。ＮＳＮはずっと赤字続きで、一〇％超の利益率を達成したときには感激したとはいえ、携帯電話事業の売却後、ＮＳＮがノキアの従業員数の約八〇％、事業運営費の八〇％、売上の八〇％を占めることになる。特に、資金不足や出資企業間の争いなど外部の制約に悩まされなくなった今、ＮＳＮから価値創造の機会を最大限に引き出すにはどうすればいいのだろうか。

ＮＳＮはモバイル・ブロードバンドとその関連サービスのみで構成された、いわゆる一芸プレイヤーだった。完全なネットワークを持とうとすると、ルーターや光学機器などほかにもいろいろな技術が必要となる。複雑なネットワークの技術をすべてカバーするＡＬＵは範囲の経済という点で魅力的であり、同社を買収する試みには明確なチャンスがあった。

ＡＬＵとの合併を検討した当初、合併後の事業をノキアが所有するよりも、むしろ最終的には前向きな形でエグジットできると考えていた。ＮＳＮを持ち続けることを検討するようになっても、ＡＬＵとのＭ＆Ａには合理性があった。ＮＳＮを割引価格で購入して価値を生み出したように、ＡＬＵでもきっと同じことができるだろう。

しかし、私たちは戦い続きで疲弊していたことを認めなくてはならない。シーメンスからＮＳＮを買収した直後で、かつ、マイクロソフトとの取引がまだクロージングしていない段階で、ＡＬＵの買収という大きなことに乗り出すのかと考えてみるだけでもげんなりしてしまう。あまりに多くのボールを同時にジャグリングすることがどれほど危険であるかは考えるまでもない。

ノキアに残された三つの事業は大きく異なっていて、唯一の共通点はノキア傘下にあることくらいだ。ＮＳＮは、価格競争の熾烈な業界でネットワーク・インフラストラクチャを手掛けている。アドバンスト・テクノロジーズは研究のインキュベーションとライセンスのプラットフォームだ。そしてヒアは、グーグルが「Ｗｈａｔ」という質問に答え、フェイスブックが「Ｗｈｏ」に答えたのと同じやり方で、「Ｗｈｅｒｅ」に答えようとするクラウドベースの事業だ。それぞれで異なるタイプのマネジメント経験を持つリーダーが求められ、顧客もビジネスモデルもそれぞれ異なっている。市場参入モデルにも違いがある。どれも他の事業とはまったく関係がなさそうに見えた。こうした事業を持ち続けたり、各事業が自らスピンオフするよう準備させたりする価値があるのだろうか。

私たちは、とりあえず状況を安定化させる方向に傾いていた。特許ポートフォリオはまだかなり年数が浅いので、最終的に古い特許が期限切れになっても、多くの逃げ道があった。緊急時の頼みの綱として、ヒアとＮＳＮを一、二年で株式公開してもいい。

チェス盤上の駒の概略が描けたので、まだ動く必要はなかった。九月二日、私は暫定ＣＥＯに任命され、その翌日に携帯電話事業の売却を発表した。続く数週間、私たちはマイクロソフトとの取引の発表や最終手続きで手一杯だった。

CEOとしての五つの目標

九月中旬、取締役会はノキアの将来構想を再び取り上げた。私たちは戦略チームとともに重要な問題を特定し、何度も検討を繰り返しながら解決策を磨き上げていった。

会長兼暫定ＣＥＯとして目指すべきは、次の五つの目標を達成することだと、私は考えていた。

１　ノキアの新しいビジョンをつくる。

2　そのビジョンの実現に向けた戦略を策定する。
3　戦略実行を推進するのに適した組織構造を選ぶ。
4　組織を率いる最高のCEOほか経営執行メンバーを選ぶ。
5　ノキアに求められるバランスシートの姿を決める。

これらは時系列の課題のように見えるが、並行して準備できることは多い。私の考えでは、一定の順番だが反復的なプロセスを通して意思決定をすることになる。どの部分も連動し互いに影響を及ぼすので、それぞれ数回は触れてみて、各段階でどう進化するか、全体的にどのような予期せぬ影響をもたらすかを確認しておくことが大切だ。私たちは直線的に進むのではなく、一連のスパイラルをしっかりと回し、個々の目標を見直し、問いを立て、長所や短所を検討し、最終目標に向かって段階的に磨き上げながら、それぞれの道筋に関する考え方をさらに発展させていった。

計画策定には何カ月もかかった。パラノイア楽観主義の効力を発揮するための最善策は、みんなになるべく多くの時間を与えて、すべてのシナリオを考え抜き、各自が恐れていることを直視し、希望を明確にできるようにすることだ。自分の意見を述べ、疑問を口にし、自分の考えを手直しする機会が複数回あったので、自分の望まないことを無理に呑まされたと感じる人は一人もいなかった。

私たちは三段階に分けてプロセスを組み立てていった。段階ごとにいくつかの主要な問いを立てて、一定期間内にその答えを出していく。このときに大事なのが、自由回答のできる問いにすることだ（一部は意図的に自由回答にしなかったが）。いろいろなシナリオを想像し、考えられる選択肢をすべて調べ尽くしたいと、私たちは思っていた。九月中旬の取締役会では、取締役と経営執行チームが一緒に、こうした問いにじっくりと取り組み始めた。

第一段階は、NSNとヒアの役割と、売却という選択肢を残し続けたいかどうかに絞り込んで検討した。そこで立てた主な問いは次の通りだ。

・NSNを「売り出し中」とし続ける正当な理由があるか。
・新生ノキアを、NSNを中心とした組織構造にしない正当な理由があるか。
・ヒアなど他事業との間に強い相乗効果(シナジー)があるか。つまり、ヒアを統合する長期的理由があるか。
・部門や事業がCEOに直接報告する「一階層」の構造をつくるための原則は何か。

自由な議論の常として、最後の問いをきっかけに、新生ノキアの組織構造に関する別の論点がいくつか出てきた。二つのモデルについて、私たちはさらに考えていった。

○ノキアがホールディングカンパニー(持株会社)となって、その傘下に三つの独立した事業会社を置き、それぞれにCEOとコーポレート機能(財務、人事、法務など)を持たせる。このモデルでは、グループCEOや経営執行チームは事業会社を統括する。しかし、持株会社の価値は、各事業を足し合わせたよりも実質的に少なくなる。というのは、多数のバラバラな事業を展開する企業は最適な形でリードできないと、市場がみなすからだ。持株会社内でNSNを独立事業として維持すれば、ＮＳＮの価値とノキアの株価の両方とも割り引かれてしまう。ＮＳＮが汗水たらして価値向上に努めてきたことを考えると、それは逆効果のように思われた。

○ノキアはポートフォリオ会社になりうる。三つの事業会社は、一人のＣＥＯのリーダーシップの下でいくつかのコーポレート機能を共有する。事業間に相乗効果があれば、全体の価値が割り引かれることはほとんどないが、相乗効果がない場合には価値が下がる。

一〇月末までに、ＮＳＮは売却しないという結論に達した。ＮＳＮは残っている中で最大事業であり、ノキアとネットワークは歴史が古いので、ＮＳＮが新生ノキアの中核になることは当然だと感じられた。ＡＬＵとのＭ＆Ａの可能性についても、かなり積極的に議論した。

そこから、一〇月三一日の取締役会での攻防へと発展していったが、これは重要な分岐点となった。

満足のいく中間の着地点を探す

取締役会は二つに割れた。片方の陣営は、インフラのプレイヤーとなることは、破壊的でも、心躍ることでも、成長産業でもなく、ノキアのアイデンティティとして認知されていることでもない。アドバンスト・テクノロジーズとヒアに賭けて、良いオファーがあればＮＳＮを売却する可能性を残すべきだと感じていた。もう一方の陣営は、インフラは低成長事業だが、安定したプラットフォームを提供することができ、それを使って非常に心躍る新しい機会がつくれると強く思っていた。

「ヒアとアドバンスト・テクノロジーズの独立性を十分に保つために、持株会社にすべきだ」という意見もあった。ＮＳＮのオペレーションは非常に統制がとれていた。というのも、ＮＳＮは規模が大きく、レモンをぎゅっと絞るように、ほんのわずかな生産性でも余すところなく引き出そうとしてきたため、そうならざるをえなかったのだ。一方、アドバンスト・テクノロジーズはかなり緩いコミュニティであり、そこのメンバーがＮＳＮと同じく厳格な規則を守るように強いられたら、どんな反応を示すかは想像に難くない。まったく受けつけないだろう。

この意見に反対したのが、「私の目の黒いうちには絶対にそんなことはさせない」という一派だ（本当にそういう表現を使った）。持株会社の割り引かれた部分がノキアの株価に転嫁されれば、株主のお金を毀損すると感じていたのだ。グループの経営層は象牙の塔に閉じこもり、動きが遅く、非効率的で、階層的になるだろう。それよりも、余計な階層を除き、完全に統合された組織構造とし、一人のＣＥＯを置き、すべての部門や事業のリーダーたちを統括するのがいいと考えていた。

経営執行チームの意見も二つに割れていた。

二つの陣営の間でたいして共通基盤がない状態で、取締役会が始まった。私は戦いに加わらないように細心の注意を払った。あまりにも早い段階で、参加者に影響を与えて特定の方向に進んではいけないと思ったのだ。意思決定を下す前に、みんなに最大限の自由度を与えて、オープンマインドで考えてもらうことが重要だと、私は固く信じていた。それに正直なところ、強い意見は持っておらず、どちらにもメリットがあると思っていたのだ。

そこで、両陣営がそれぞれ意見を述べられるような形で会議を進めていった。まずスリ、ハルブへール、ティッリを呼び入れ、一人ずつ順番に会社全体をどのような構造にしたいか説明してもらった。当然ながら、スリはNSNを、ハルブヘールはヒアを、ティッリはアドバンスト・テクノロジーズを擁護した。

みんなの説明が終わった後で三人には退室してもらい、取締役だけで会議を続けられるようにした。私たちは数時間、意見を戦わせ、ブレーンストーミングをした。長い一日を過ごし、夕刻になってくると、みんな疲れ果て、空腹を抱え、不機嫌になっていった。

そのときに、私はひらめいたのだ。第三の選択肢がある、と。

私の背後ではまだ議論が迷走していた。そこで、部屋の正面に置かれたフリップチャートに、取締役たちからは見えないようにしながら、ごく簡単な絵を描き始めた。左側にヒア、右側にアドバンスト・テクノロジーズ、真ん中にNSNと書き、それぞれ四角い枠で囲った。NSNの上に「CEOとサポート機能」と書いて枠で囲い、それとNSNを包むように大きな楕円で囲み、ヒアとアドバンスト・テクノロジーはその外に残した。

私はみんなに見えるようにフリップチャートの向きを変えつつ、みんなの注意を喚起した。「持株会社と統合組織とのバランスがまさにとれそうです」

私はまず、複数のCEOや重複機能を置かずに、効率性を求めていた陣営に話しかけた。「一人のCEOとコーポレートのサポート機能という統合した形で事業運営ができます。NSNは最大事業で、最も統制のとれた組織なので、NSNからそれを受け継ぎます。NSNは独立したコーポレート機能を持つのではなく、同事業のサポート機能でグループ全体もカバーします。NSNはノキアグループのＣＥＯが直接経営します。基本的に、ノキアの中心的な部分はＮＳＮで構成され、ＮＳＮのＣＥＯとなった人がグループＣＥＯとなります。ヒアとアドバンスト・テクノロジーズは二つの比較的独立した事業として、それぞれにプレジデントを置き、グループＣＥＯに報告を上げる形にすれば、重複はほぼなくなります」

それから、私はもう一方の陣営のほうを向き、このモデルであれば、ヒアとアドバンスト・テクノロジーズは十分な独立性を保つことができ、それぞれが成果につながる業務をするうえで必要な文化を持てることを説明した。

これなら、持株会社の価値が割り引かれることはほとんどなく、象牙の塔に閉じこもったリーダーもいなくなるだろう。一人のＣＥＯとコーポレート・サポート機能の共有による効率性と、必要レベルの独立性が担保される。

この統合型組織モデルは、双方の重要基準を満たしていたので、すぐに賛同が得られた。最終的にこれで合意に達すると、部屋の中の熱気が外にすっと流れていった。私たちはみんな深呼吸し、落ち着きを取り戻したのである。

後から振り返ってみると、この解決策は非常に自明のことのように見える。しかし、激しい議論と大量の細かな分析の中に埋もれてしまっていた。

新生ノキアの組織構造が満場一致で決定すると、そこから第二段階、第三段階のアプローチも決まっていった。第一段階はＮＳＮとヒアが中心となったが、一一月中旬に行なわれた第二段階の議論では、アドバンスト・テクノロジーズの今後数年間における主要な価値推進要因（バリュー・ドライバー）と長期的傾向の検証に焦点を当てた。どこまでを事業範囲とし、どのような考え方で運営するか。どのように人材を獲得し、維持し、研究開発をマネジメントするか。マイクロソフトには話さなかった新規研究プロジェクトがいくつかあった。どれを育成し、それで何をするのか。

第三フェーズの議論は一二月中旬に行なわれた。そこでの焦点は、ポートフォリオの方向性、適切なガバナンスモデル、大まかな実行ステップ、新生ノキアへ移行するタイミングに関する詳細な推奨案を検討することだ。

その頃になると、私たちはノキアの未来について明確なビジョンを持てるようになっていた。

プログラマブル・ワールド

このプロセスの最初から、新生ノキアが何か意味のあることをする、つまり、ビジネスとして優れているとともに、人々の生活に良い影響を与えることが重要だと、私たちは理解していた。言い換えると、三つの異なる事業の戦略をそれぞれ結びつけて実行し、ノキアの未来を信じられるようにする、包括的な共通の筋立てが求められていた。

CTOのティッリは九月に、未来の世界に関するノキアのビジョンとして「プログラマブル・ワールド」というコンセプトを最初に提案した。この言葉はわずか二、三カ月で浸透していった。五月に《WIRED》誌がこのタイトルで特集を組み、続いて《サイエンティフィック・アメリカン》誌や《フォーチュン》誌の記事でも使われた。[34]《フォーチュン》誌の記事には「企業はプログラマブル・

ワールドを受け入れるか。それとも死ぬか」と書かれていた。[＊5]

プログラマブル・ワールドの背後にある考えは、何十億個もの小型センサーを通して実世界を継続的に分析できるようにするというもので、集めたデータに基づいて現状を理解し、ウェブを張り巡らせて日常世界をデザイン可能な環境に変えていく。この現象について「ＩｏＴ（Internet of Things）」や「ＩｏＥ（Internet of Everything）」と呼ぶ人もいる。ＡＩや機械学習といった急成長分野の中心にあるのも、こうした考え方だ。

コンセプトとしても、プログラマブル・ワールドは興味深い。世界はプログラム可能であり、世界が従うルールをつくることができると考えるのだ。少々怖い考え方だが、純粋に実用的なレベルで、自動運転車から喘息（ぜんそく）治療用吸入器までより多くのモノが自動化され、私たちの生活がより安全でより生産的になることを意味する。たとえば、喘息吸入器であれば、センサーを使って身体の兆候を継続的に分析し、過去のデータと組み合わせて、いつ喘息発作が起こりそうかを割り出す。

プログラマブル・ワールドは起こりうる将来ビジョンであり、ノキアが意味のある役割を果たせる未来だと、私たちは徐々に確信するようになった。

振り返ってみると、素晴らしいことに、それですべてのことが見事に結びついた。ＮＳＮはあらゆるものをつなぐデジタル神経系を生み出し、ヒアは物事が起こっている「場所」という、デジタル神経系が知るべき重要な背景状況を提供し、アドバンスト・テクノロジーズはプログラマブル・ワールドを機能させる多くの技術をカバーする巨大な特許ポートフォリオを持ち、プログラマブル・ワールドの発展に欠かせないさらなる発明に向けて研究活動を行なっている。

私たちは拙速に自分たちを何かに固定したくはなかったが、新生ノキアに関する考えが進化していくにつれて、プログラマブル・ワールドがしばしば議題にのぼり、社内外のプレゼンテーションでも多く取り上げられるようになった。ノキアの従業員はこれが私たちの未来にとって重要なものだという趣旨を理解し始めたのだ。

それと同時に、プログラマブル・ワールドというコンセプトは、私たちが進むべき方向性とそこに到達するための戦略を大きな視点で考えるためのガイダンスになった。

思い切って大きな夢を持て

私たちがこの作業に取り掛かったとき、さまざまなビジネスグループのリーダーに対して、担当事業の価値創造を最大化する社内戦略を考え出すように要請した。彼らは今後の一〇年についてどのような世界を思い描くのか。その世界で何がしたいのか、また、どのようにそれを形作っていきたいのか。その世界でどのような立場を実現させたいのか。

事業ごとに違いがあり、どれも野心的だろうと私は予想していた。驚いたことに、NSNとヒアから出されたビジョンと戦略は、それぞれ理由は違うにせよ、ちっとも野心的ではなかった。NSNの場合、おそらく七年間、困難な時代を耐えてきたことが関係している。その間、コスト削減に苦しみ、リストラが実施され、従業員がコーヒー代を自腹で払わないといけないほどケチケチした生き残りモードを強いられた。特に、NSNが利益を出せるようになったのはつい最近なので、緊縮財政の思考から抜け出せないのだろう。一方、ヒアとノキアに残った従業員は存在意義について悩んでいた。まったく異なる事業分野に移行していく中で、何を目指すことが許されているのかが、わからなくなっていたのである。

　基本的に、ＮＳＮには人材がいたが、大きな夢を持つ方法を忘れていた。ヒアやノキアにも人材が大勢揃っていたが、自信を喪失していたがために、自分たちにゲームを再定義する権利があるとはもはや思えなくなっていたのだ。

　取締役会で、私は懸念を表明した。どのグループにもビジョンがない。現状の延長戦上での漸進的な改善を提案しただけだ。出てきた提案は、私たちが求めるものや必要とするものを構築するには不十分で、従業員の想像力を掻き立てるほどのワクワク感がない。新生ノキアの新しい未来を創造するほど野心的ではないと、彼らに伝えた。

　Ｐ＆ＧのＣＴＯであるブラウンは「フューチャー・バック（未来からの逆算）」というプロセスを提案した。[✣6] これは戦略を考えるときの一つのやり方で、月面にロケットを飛ばすように困難だがインパクトの大きな未来シナリオを想像してもらい、そこから逆算で、それを達成するのに必要なステップを明らかにしていく。

　フューチャー・バックはこれまで囚われてきた思考の殻を破るための完璧なツールであり、ＮＳＮとヒアのリーダーたちは信じられないことを想像する勇気を持たざるをえなくなると、私は思った。頭では一〇年後の世界を自由に夢見ることができても、そこにどう到達するかで行き詰まってしまうものだ。フューチャー・バックの演習では、未来のある時点から始めて、一年ずつ現在へと戻っていくことで、明日に向けた具体的なロードマップを作成する。

すべての事業について、フューチャーバック・モデルに基づいて戦略策定をやり直すよう求めた結果、新しいアイデアや代替案がたくさん出てきた。

これぞ、あるべき戦略策定のやり方だ。代替案を想像することで、追求したいものが突き止められ、その達成方法を計画できる。また、マイナスの選択肢に名前を付けて、それが現実のものにならないように手も打てる。フューチャー・バックは最終的にＡＬＵの買収にもつながった。

新生ノキアを誰に任せるか?

ビジョン、戦略、組織構造が決まったことで、ＣＥＯ選定の重要性が高まった。新しいＣＥＯを選んでから、「さあ、私たちのために戦略を考えてください」という企業もあるだろう。それは取締役会にとって簡単な脱出方法だと思う。特定の経歴を持った特定タイプのＣＥＯがどういう種類の戦略を選択するかは予想がつく。たとえば、ソフトウエア中心の戦略が必要なら、ソフトウエアを手掛けてきた経営幹部を、サービス中心の戦略が必要ならサービスの専門家を、非常的に野心的なものを求めるなら、そうした実績のある起業家タイプの人を選ぶだろう。

私たちの見解は違う。ビジョンと戦略を選んだ後で、その戦略を実行するのに最適な組織をつくるのが私たちの責任だ。適切なビジョン、戦略、組織が揃った後で、初めて適任者を見つけられる。そのほうが、獲得した人材に合わせて役割を変更するよりもいい。

一から次のＣＥＯを探すことを任された私は、ヘッドハンターに外部の候補者を約三〇人紹介してもらい、その年の秋の間に、六人以上と面談した。中には二回以上会った人もいる。どのようなＣＥＯが必要なのかわからなかったので、長い候補者リストを求めた。採用活動のときに私がいつも心がけているのは、三人の候補者を探すことだ。そこから絞り込むのは苦痛を伴うが、三人の素晴らしい候補者から選べるのは贅沢なことだ。大幅に外れることもない。

持株会社を経営できるＣＥＯと、ネットワーク・インフラ事業を中心とした企業経営のできるＣＥＯを当たってみた。もう一つのフィルターは、非常に革新的な消費財企業を率いるのに慣れている人物、あるいは、インフラ中心の事業が苦にならない人物という視点だった。スリをはじめとする社内の候補者だけでなく、外部にも優秀な候補者が大勢見つかった。

取締役会は全候補者について何度も議論した。慌てて選ばずに、選定プロセスの適切な段階になってから意思決定するつもりだった。誰をＣＥＯに据えるかの最終判断は、私たちが選んだ組織モデルをふまえたものになるだろう。

「信頼は行動に根ざした通貨だ」

立場上、コメントできないときに、あなたならどんな言葉をかけるだろうか。

この時期に最もつらかったことの一つは、社内の人々にノキアの未来について詳しく伝えられなかったことだ。これから何をするつもりかを従業員は知りたがっていたが、それは私たちにもわからなかった。わかっていたのは、何も言えないことだ（未上場の企業であれば、状況はまったく違っていただろう）。

あらゆるレベルのリーダーは通常、こうしたジレンマに直面する。特に、変化のときにはそうだ。噂が広がり、憶測が憶測を呼び、衝突が避けられなくなる。

第一〇章で、信頼は潤滑油でかつ、すべてを結びつける接着剤だと述べたが、荒れ狂う海を静めるのも油だ（波対策の方法として、油を撒いて波の勢いを抑えるやり方がある）。しかし、「私を信頼してくれれば、すべてうまくいく」とただ言うだけでは考えが甘く、聞く側の知性を侮辱することになる。これは、特に企業が悪いニュースを発表するときに当てはまることだ。

私からアドバイスするならば、

・絶対に嘘はつかない。
・可能であれば、そのテーマは話せないとはっきりと認めることが最善策である。
・可能であれば、それについて話せない理由を説明する。
・部下と話すときには、言えることを最大限伝え、自分が最善を尽くしていることを理解してもらえるように全力を尽くす。

・結果について話せない場合は、最終的な選択につながるプロセスについて話し合う。

信頼は行動に根ざした通貨だ。自分には答えがないが、答えようと努力しているのを認めることは、恥でも、気まずいことでもない。あなたが言葉通りに実際に行動していることがみんなにわかる限りにおいてはそうだ。

個人間であれ、チーム間であれ、さらには企業間であれ、難しいときこそ信頼を築くチャンスになると、私は常々思ってきた。あらゆる障害は、その時点で正しいことをする機会であり、長続きするものを築く機会にもなる。信頼に投資すれば、長期的な見返りは大きい。

第一七章　二つの世界に足を踏み入れる

二〇一四年一月～四月

まるで身体から腕がもがれたかのようだった。身体はマイクロソフトに移動したが、残された腕で物事を進めていかなくてはならない。

一一月の臨時総会で九九％の株主から承認が得られたが、ノキアが進出している主要国の規制当局からそれぞれ承認が下りるまで、マイクロソフトへの事業売却は正式に終わらなかった。

携帯電話事業の売却というノキアの意思決定は適切だったことは間違いない。第３四半期には確実に戦略上のトリガーを発動していただろう。第４四半期のスマートデバイスの予想営業利益率は二〇一三年一一月にマイナス二七・五％に下がり、一二月にはさらにマイナス二九・六％に落ち込んだ。ハイエンドのスマートフォン、ルミアの市場シェアは一％と限りなく小さい（本当に一％だった）。

同時に、株式市場はノキアの行動を大歓迎していた。九月に取引の発表をして以来、この三カ月間というもの、これまでになく投資家の関心が高い様子が窺われた。ノキアの運命が変化したことへの投資家の期待感から、ノキアの株価は二〇一四年一月上旬までに二倍以上になったのだ。

しかし今のところ、私たちは基本的に新しい所有者のためにD&S事業に対する経営責任を負う世話人だ。特に重要な点として、可能な限り最良の状態で事業を引き継ぐ責任があった。それは奇妙で不安な期間だった。

規制当局の承認をめぐる格闘

私たちにとって最優先すべきは取引を成立させて、なるべく早く実施することだった。幸運に恵まれて規制当局の承認が迅速に下りると仮定して、私たちはクロージング日を一月三一日に仮置きした。大型M&Aは独占禁止法が壁となることが多い。その理由はこうだ。仮に特定の製品やサービスを提供するグローバルベンダーが二社あり、ある国ではこの二社の子会社だけが事業を展開していたとしよう。一方の企業がもう片方の企業を買収すれば、その国は一社独占の状態になる。世界中には他のベンダーが存在しても、その国に残るのが一社だけになってしまうのであれば、その国の当局は諸々の条件を課すだろう。グローバルでM&Aが成立しても、その国の中で独立系企業が二社必要だとすれば、買収側の企業は獲得した子会社を新たな所有者に売却することがクロージングの条件になる場合がある。

ノキアとマイクロソフトのM&Aが独占禁止法に抵触することを、私たちは想定していなかった。むしろ、私たちの取引によって競争は増えるだろう。これまで製品を提供してきた企業（ノキア）は自社の燃料を使い尽くし、すでに競争力が落ちていた。マイクロソフトがその事業を買収することで、

（マイクロソフトとしては）新規参入を果たし、その財務力を活かしながらアップルとサムスンが席巻する市場で消費者に代替品を提供するようになる。同時に、マイクロソフトが資金面で後押しすることで、ノキアはインフラ業界でより強いプレイヤーになりうる。プレイヤーの数は変わらなくても、あちこちで競争は増える。世界中の規制当局がこのM＆Aの承認を遅らせるいわれはない。

そんなふうに私たちは考えていた。

今回の取引は、アメリカとEUで定められている独占禁止法のプロセスに沿って進めていった。この二地域で承認が下りると、ほとんどの国がそれに続いたが、中国と韓国でブレーキがかかったのである。

中国にはファーウェイ、ZTE、シャオミ、韓国にはサムスンやLGといった主要な競合企業が存在する。彼らがこの機会に乗じて規制プロセスを遅らせようとしたのだ。特に中国の競合企業は、ノキアが携帯電話事業を売却した後で、ノキアが保有する特許料の支払いを迫るのではないかと懸念していた。そこで、ノキア保有特許へのアクセスをクロージング条件の一部とするよう、当局に積極的に働きかけたのである。

中国の規制当局の承認プロセスには三段階ある。ノキアは中国内で素晴らしい実績を誇り、強いブランドを保有し、良好な関係を築いてきた。遅くとも二月中旬、あわよくば一月二〇日までに、第二段階で承認が下りるだろうと、私たちは期待していた。そうなれば、一月末にはクロージングにこぎつけられる。

ところが、何の音沙汰もなかった。

もっと小さな国で承認が遅れたり、却下されたりするときは、その国を除いて取引をクロージングさせればいい。つまり、その国で保有している資産はマイクロソフトに移転しない（実際に、韓国ではそうなった。取引発表から約二年後の二〇一五年八月二四日になってようやく同国で認可が下りた）。[+1] しかし、中国は巨大市場だ。ここで当局の承認が下りなければ、M&Aは破綻をきたすだろう。

クロージング日は二〇一四年二月二八日に延期となり、その後も何度も、後ろにずれ込んでいった。プロセスが第三段階に入ると、承認が却下される可能性を検討せざるをえなくなった。その場合、再申請することは可能だが、全プロセスをもう一度繰り返さなくてはならないことに加えて、さらに八〜九カ月は遅れるだろう。その間にも、ウィンドウズフォンの市場は私たちの目の前で縮小しつつあった。

新しい資本構造の創出

一月のクロージング成立を願っていたものの、正直なところ、当初の遅れに対して、少し安堵の気持ちもあった。私たちはまだ心の準備ができていなかったのだ。

二月中旬の取締役会までに、ビジョン・ステートメントの作成、大まかな戦略策定、新生ノキアの組織構造、経営執行メンバーの選任、CEOについて人材像の案が整い、五つの目標のうち四項目がチェックリストから除かれた。

最後に残った項目は、資本構成だ。

私たちはパラノイア楽観主義の考え方に従って、良いとき、そして特に悪いときの資本需要を包括的に分析した。たとえば、二〇〇一年のハイテクバブルの崩壊や二〇〇八年の金融危機が再び起こった場合に必要なキャッシュのバッファ（余裕）を計算した。過去に携帯電話が大きく低迷したときの損害を調べ、モンテカルロ・シミュレーション（乱数を用いて何度もシミュレーションしながら、市場の変化などを予測する分析手法）を用いて同じ規模の不況が再発した場合の影響を見ていった。

厳しい冬に備えるように、こうした嵐をそれぞれ乗り切るために必要なバランスシートを作成した。どのような買収であれば可能か。さまざまなシナリオに応じて、株式市場や他の資金源からどのくらい資金調達ができるのだろうか。

私たちが目指していたのは、ジャンク債から格上げされて、投資適格レベルに戻ることだった。格付機関ごとに、バランスシートの評価に用いる計算式は異なる。それぞれの条件を適用してみることは、私たちの立場を三角測量し、バランスシートのあるべき姿を理解するうえで好都合だった。

私たちは最終的に、配当の再開、自社株買い、有利子負債の削減を中心とする五〇億ユーロの資本構成最適化プログラムを実施することにした。[2] 四月末にそれを発表したところ、五月中旬までに、ムーディーズとスタンダード＆プアーズの両格付機関がノキアの格付けを引き上げた。[3]

ただし、これはまだ三カ月先の話である。

中途半端な状況でのリーダーシップ

「首吊りの木にゆるくぶら下がる」ということわざがある。ちょうど真綿で首をじわじわと絞めつけられるような感覚だ。カレンダーが少しずつ進んで二〇一四年春になると、多くの人が逆風だと感じ始め、息苦しさも覚えるようになっていた。

ノキアの大多数の従業員とともに、D&S事業を担当する上級マネジャーはほぼすべてマイクロソフトに移籍していた。携帯電話のトップ、スマートデバイスのトップ、営業担当者、マーケティング担当者、サプライチェーンと製造業のリーダーたち。CLOも去っていき、人事部長も移籍する予定だった（ノキアでもこの人事部長を必要としていたので、移籍のタイミングを何度か遅らせてもらっていた）。トップマネジメントのうちただ一人、イハムオティラだけがCFO兼暫定プレジデントとして残った。

まるで身体から腕がもがれたかのようだった。身体はマイクロソフトに移動したが、残された腕で物事を進めていかなくてはならない。この状況にどう対処すればいいか誰にもわからなかった。これまでもそうだったように、ルールを作り上げないといけない。

誰もが将来を心配していた。クロージングの時点でマイクロソフトに移籍していく従業員たちは、今後の職場環境や、移籍後に自分たちの意思決定がどう見えるかについて気にかけていた。クロージングの時点で解雇されることを知っていたり、疑ったりしている従業員は、今後の就職先を案じていた。それから、ノキアに留まって働き続ける人々（最も少人数のグループだ）は、この先どのような仕事をすることになるのか、不安を抱いていた。

チームが一丸となって協力しながら、特にクロージングに向けて頑張ってきたのに、四回も延期されたとあっては、日々どのような力学が働いていたかは、きっと想像がつくだろう。

中途半端な状況のまま数カ月間が経ち、新生ノキアがどうなるのか、どのような戦略が新たに策定されるのか、新しい経営執行チームがいつ編成されるのか、誰がそこに入るのかは、誰にもわからなかった。何もかもが不確実なため、誰も新しいアイデアを考えられなくなり、新たに大きなことに挑戦しようとする意欲も薄れていった。この時期がどれほど感情面で難しかったかは、いくら強調してもしすぎることはないだろう。

リーダーであれば、起こっていることに気を配り、不確実性を減らそうとしなくてはならない。かなり年配の人でも、ストイックなフィンランド人でさえも、これではストレスが溜まるというものだ。怒りのはけ口を求める人や、思わず叫び出す人もいた。中には、新生ノキアでの自分の役割がわからないものの、辞めたがらない人も存在した。その件で話し合い、辞めるべきだと明らかになったとき、彼らにとって何よりもつらかったのは、自分の人生そのものだった会社に別れを告げなくてはならないことだった。彼らの仕事面のアイデンティティはノキアに根ざし、すべてのキャリアはノキアで花開き、友人や家族もノキアで働いてきたのだ。

自分の報酬が働きに見合っていない事実に苦しむ人もいた。ノキアの役員報酬は、個人の業績ではなく会社の業績と緊密に連動していた。目標がずっと未達に終わっていたので、二〇〇一年以降（二〇〇六年と七年を除く）のボーナスは低いまま据え置かれた。さらに二〇〇八年以降は財務状況が悪化し、それなりの給料をもらっていた人でさえ、他社で同様の仕事をする人（他社の株価が急騰し、五倍以上になっていた）と比べて割を食っていると感じるようになっていた。そういう事実がわかっていても、不当に扱われていると感じるのは無理からぬことだ。彼らはこの鬱々(うつうつ)とした状況にうんざりし、怒りを覚えていた。

こうした状況では、リーダーは聞き役に徹し、多くを言ってはいけない。みんなが胸の内をさらけ出した後で、断片をつなぎ合わせて全貌をつかんでいく。私が常々考え、厳しい決断を迫られたときに互いによく言い合うのが、「我々はただ正しいことをすべきだ」ということだ。

では、何が正しいことなのだろうか。

正しいこととは煎じ詰めると、公平であることだ。ごくシンプルに言えば、人間としての良識をもって、いつも同じように人を扱うことだ。正しい答えを見つけることは往々にして非常に難しい。選択肢をどう評価すればいいかがわかっていても、その選択肢がどれも物足りなかったり、行動を起こすべきかが明確でなかったりすることもある。

私が発見したのは、起業家的リーダーシップの原則をしっかりと守り、それを目安にすれば、最終的に正しい行動がおのずと明らかになる、ということだ。たとえば、報酬の問題について、過去を正そうとするのは間違いだろう。ノキアの報酬モデルに不具合があるわけではなく、会社が成果を出せなかったことが問題なのだ。その一方で、私たちにできることもある。将来の報酬モデルを公平でやる気を促すものにすればいい。

そうこうしているうちに、クロージング日が再び変更された。二月は行きつ戻りつするような状況で、中国からの承認はまだ下りなかった。交渉が継続していることが、せめてもの希望となっていた。三月二〇日が近づくと、三月末には決着がつくかもしれないと思ったが、再び失望する結果になった。

新しい予定日が設定され続けた。四月一日、四日、一一日、二五日。

クロージングをめぐる不確性と欲求不満に振り回されて、みんなの感情は高圧電線のようにジリジリと音を立てていた。恐れ（「これからどうなるのか見当もつかない！」）から受容（「なぜ何をどうすべきかわかった。先に進む準備ができている」）へ、さらに焦燥（「どうして何も起こらないのか。もう終わらせてくれ」）へと変わった。あるシニアマネジャーは私に語った。「クロージングが今年半ばにずれ込んだりすれば、殺し合いが起きるでしょう」

私たちはただ自分たちの人生を先へ進めたかったのだ。

興味をそそる機会

クロージングが宙に浮いた状態にあるからといって、私たちは傍観していたわけではない。ビジネスの世界はどんどん動いていく。そうした変化の一つは、興味をそそる可能性をもたらした。それは、携帯電話事業に戻るという可能性だ。

私たちの推測では、マイクロソフトは数カ月前に買収したローエンドの携帯電話事業を売却しようと考えていた。一定期間のライセンス料を支払ってノキア・ブランドを使用しているマイクロソフトには、私たちの承認なしにそれを第三者に譲渡する権利はない。私たちは基本的にいかなる売却に対しても拒否権を持っていた。二〇一四年一月の取締役会でも、この事業を買い戻すべきかが論点となった。

これはなかなか面白い機会だった。私たちは携帯電話事業をそれなりに良い価格で売却したが、今や、利益が出た部分を格安で買い戻す好機かもしれないのだ。これまでもたびたび言及してきたアンドロイド・プログラムをついに開始できるだろう。

続く六カ月間で、私たちは三つの選択肢を見定めた。同事業を単独保有する案、中国のフォックスコン・テクノロジーズのような製造受託会社と合弁事業をつくる案、ノキアのブランドと知的財産権を多額の料金で第三者にライセンス供与する案だ。私自身がやや魅力を感じたのは事業を買い戻す案だが、大多数の取締役や経営執行メンバーは危険すぎると考え、三番目の選択肢のほうが安全だと感じていた。私もリスクを理解していたので、反対はしなかった。

適切な相手先を探すのには長い時間がかかるが、最終的にマイクロソフトと新設されたフィンランド企業ＨＭＤとの間で契約が結ばれた。ＨＭＤが実施したことは、私たちがそうしていたであろうことと同じだ。フォックスコンと提携し、工場への設備投資に縛られないようにした。二〇一七年初め、ノキア・ブランド初のアンドロイド搭載携帯電話が発売された。[4] ＨＭＤは六〇〇〇万台近くのフィーチャーフォンを出荷し、最初の一年間で、同市場セグメントで二番手のメーカーとなった。[5] 同社はスマートフォンのセグメントでも幸先の良いスタートを切り、集中攻略した市場で善戦した。たとえば、競争の激しいイギリスのスマートフォン市場では、初年度から三位に躍り出ている。

新生ノキア、ついに発足！

二〇一四年四月二五日、マイクロソフトへのD&S事業売却手続きがほぼすべて完了した（最終的に、承認プロセスを妨げようとする中国の競合他社の利己的な試みを中国当局は斥けた。中国政府は定着している国際的慣行に従った。ただその実施に少し時間がかかっていたのだ）。最初の発表から八カ月弱で、ついに取引成立にこぎつけた。契約には逆価格調整の条件が含まれていたのが奏功し、マイクロソフトはこのとき、ノキアにさらに一億四〇〇〇万ユーロを支払うことになりそうだった。クロージング自体にはさほど見せ場はなかった。両社のCLOが必要書類に署名し、それで終わりだ。

しかし、我が社と、私たちの同僚や従業員にとって、この出来事は大きな節目となった。ついにクロージングを迎えたのだ。非常に特別な時代が終わったことを嘆く人も多かったが、過去はもう過去のことだ。私たちは新しい会社であり、前に向かって進んでいた。

両社が合意した不動産に関する基本原則では、ノキアの建物で働く人の半分以上がマイクロソフトに移籍した場合、その建物はマイクロソフトの持ち物になる。これが意味するのは、ノキア本社の大多数の人はD&S事業の仕事をしていたので、ノキアハウスがマイクロソフトに移るということだ。そして、新生ノキアの本社はNSN構内に置かれる。

これは一大事だった。ノキア関連のメディア報道はいつも、フィンランド湾を見下ろす巨大なガラス張りのノキアハウスを映していた。その建物はノキアだけでなく、フィンランドという国の象徴となっていたのだ。

二〇一四年四月二九日火曜日に新生ノキアが正式に発足した。ノキアハウスには「ノキアは引っ越します」という垂れ幕がかけられ、NSN構内の新しいノキア本社ビルの外壁にも「ようこそ、ノキア」という大きな垂れ幕が同じくかけられた。

この日は、マイクロソフトに移籍するエロップにとってノキアでの最終日となった。エロップが入社したのはノキアが急降下し、シンビアンはもはや救いようがなくなっていた時期だった。

ノキア初の外国人CEOとして、エロップは嫌というほど好奇の目にさらされ、時には敵意の矢面に立たされた。フィンランドの国内メディアが背を向けるようになると、エロップの労働条件は理想的とは言い難かった。ミスをすれば容赦なく叩かれ、最も困難な状況下で見事な采配をした功績は認めてもらえなかった。その在任期間を通じて組織の健全性が改善し続けた事実は、エロップがノキアにもたらした優れたリーダーシップの証である。

新しいCEOに引き継ぐ

私たちがさらに発表したことがある。ノキアの新しいCEOについてだ。

会長に就任して、取締役会で詳細な事業分析を始めるようになると、私はNSNのCEOであるスリをよく知るようになった。過去二年というもの、NSNが黒字化に向けて多大な努力を払い、新生ノキアをつくるために内省を重ねる間、スリと私は緊密に協力してきた。後から考えると、それは多くの困難な状況下での長期にわたる採用面談だった。

このプロセスを通じて、考えを改めてCEOに留まるよう、同僚の取締役たちは私に何度も提案してきた。その考えに魅力を感じなかったと言えば、嘘になる。私は会長になる前に一八年間エフセキュアのCEOを務めたことがあるが、今回ノキアのCEOになったことで、激務であるにもかかわらず、いや激務だからこそ、自分がCEOという役割をどれほど愛してきたかを思い出したのだ。何か起こっているときに、CEOはその絶対的な中心にいる。それは爽快で、夢中にさせられ、やみつきになる。ヘトヘトにもなる。そして、大いに面白い。

しかし、私がCEO職を引き受けたとき、あくまでも暫定的な立場として受けることを約束してきた。自分の胸の内だけでなく、声に出して取締役と家族の両方に約束したのだ。自分で誓ったことは守らないといけないと私は感じていた。

私の最優先課題は、最高のCEOを選定することだった。二〇一四年四月四日、私たちはスリをノキアCEOに任命した。

三週間後に、スリはノキアのCEOとして初めて取締役会に出席した。スリにとってはあまり居心地よくなかっただろう。結局のところ、取締役たちと私はいろいろなことを一緒に乗り越え、一枚岩の結束を誇ってきたのに対し、スリはやや部外者の立場にあった。そして今、会長の私が前任者として、微に入り細に入り過干渉するマイクロマネジメントをしてくるのか、本当に潔く退くのかと、スリが疑うのは無理もなかった。

だが先述した通り、困難な状況は信頼を醸成する機会となる。私はあえてスリが息をつける余地を残し、彼なりのやり方を見つけられるように努めた。私の言葉が本心からのものだと理解するにつれ、スリは急速に自信をつけていった。

このとき、少しだけ心に鞭打つ思いがあったことを告白しなければならない。私は早朝から深夜まで、場所を問わず、いろいろな会議に出るのをやめて、少し肩の力を抜いた。その一方で、特にノキアがリードするうえで非常に興味深い企業になった今、私は重責を担っており、当然ながら説明責任を感じていた。

ただし、会長のみの立場で取締役会に出るようになって二週間も経つと、自分がなぜ辞任すると約束したかについて、改めて気づかされた。実際問題として、長所ばかりで短所がまったくない役職など存在しない。CEO職のある側面はとても好ましいが、私にとっては会長職のほうがより魅力的だった。毎日の火消しに全時間をとられずに済み、より大きな問題を探り、長期的な事柄に専念できる。まったく新しいスキルを習得するために時間をかけられるのだ。

私がCEOのままだったなら、AIや機械学習を学ぶ時間はとれなかっただろう。そういう時間がないと、私の人生は貧弱なものになってしまう。もちろん、家族と過ごす時間が増えた。失った後で初めて自分の持っていたものに気づくとよく言われるが、私の場合は少し違う。次へと進むときに、自分の持っているものに気づいたのだ。

そして、ノキアは素晴らしいCEOを擁していた。

文化の溝を埋める

クロージング後、しばらくの間、みんなやや二日酔いのような状態になった。肉体的にも精神的にも疲れきっていたのだ。取締役会や委員会は二年足らずの間に一〇〇回以上の会議を開いた。二〇一三年だけでも六四回にのぼる。誰もが元気を取り戻したと感じ始めるまでに時間がかかった。

二つの文化が衝突する中で、信頼と尊重の気持ちを生み出していく必要もあった。NSNの文化は、これまで耐え忍んできた困難の影響が色濃く反映されていた。倹約的で規律正しいが、同時にプロセス重視で、個々人の裁量は軽視されている感があった。携帯電話の文化（D&S事業関連はすべて含まれる）はそれとは正反対で、緩い組織で、大きなリスクに賭けたり、報酬として人前で褒められたりすることが習慣化していた。

携帯事業が絶頂期にあった頃、ネットワーク事業は低迷していたため、携帯電話の担当者は長らくネットワーク担当者に対して優越感を持ってきた。その後、形勢が逆転した。突然、かつての継子が救世主となる一方で、携帯電話事業は大赤字を垂れ流すようになったのだ。一部のネットワーク担当者間には「あの傲慢な電話事業の連中」に仕返しするときだと言わんばかりの雰囲気があった。さらに、ノキア・テクノロジーズに名称変更されたことで、携帯電話の担当者は主導権を失い、おそらく今後は自分たちのイノベーションは「最先端の消費者向け製品」ではなく「退屈なネットワーク関連製品」が重視されるだろうと思い、腐っていた。

ノキアが生き残って成功したいのであれば、みんなが力を合わせる必要がある。

私たちは旧ノキアの価値観、ただし一〇年前の価値観ではなく、一九九〇年代初頭の倒産の危機を救ったコアバリューに立ち返ることにした。それは、ノキアを崩壊から救い出し、みんなが愛するノキアを創り出してきたものだ。変革を通じて私たちを導き、復活を後押ししてくれるだろうと、私たちは信じていた。
興味深いことに、この四つの価値観を見ていくと、起業家的リーダーシップの原則のまさに予告編のようだ。

尊敬：妥協のない高潔さとともに行動する。敬意を持って人を扱うことは信頼醸成の基礎となる。
達成：高い基準を設定することだけでなく、自分や同僚のために継続的に基準を引き上げ、改善を続けていくことにも説明責任を持つ。
チャレンジ：決して文句を言わない。言い換えると、代替シナリオを探究し、悪いニュースを受け入れ、パラノイア楽観主義の力を活用する。
更新：常に積極的に耳を傾け、学び、スキルを磨き、習慣を適応させ、ビジネス環境の変化に応じた変革能力を習得する。

この四つのシンプルな言葉はみんなの共感を呼んだ。私たちは何者であり、何ができるかを思い出させてくれたのだ。これは適切な振る舞い、意思決定、行動の基盤となった。
二つの異なる文化を一つの会社に融合させることは、私たちが今なお歩んでいる道筋だ。人はすぐには変われない。しかし、こちらが何を望んでいるかを明確にし、言動を一致させ、正しい振る舞いに報い、自社の価値観を具現化する人を昇進させ雇用することは、私たちが目指している企業像を示す強力なシグナルとなる。そして、おそらく最も重要なのが、新規採用を疎(おろそ)かにしないことだ。目標とする文化をはっきりと理解すれば、自然にそういう文化を体現する人たちを探せるようになる。

私たちはこれと同じようなことを、取締役と一緒に小さな規模で実践してきた。第一〇章で説明した、取締役会の行動に関する黄金律を明らかにし、合意をとったときがそうだ。取締役と経営執行チームが緊密に協力することにメリットがあると、私たちは理解した。マイクロソフトやNSNとの取引を実現させ、ノキアに未来をもたらし、変革を始めることで、私たちはその結果を享受している。

これを目にしてきたのは、私たちだけではない。たたき上げの人からのフィードバックを見ると、社内のいたるところの人たちがそれに気づき、感じていたことが窺える。取締役と経営執行チームが等しく仕事に打ち込み、協力していると、みんなが思っていたのだ。

何年も混乱や失望が続いた後で、ノキアの従業員は未来に向けて新たな自信を感じていた。

正しい習慣を身につける

私たちは極度の緊張や混乱の中にあっても、企業経営を続けるための良き実践、賢い言動、チームスピリットを維持しながら、新生ノキアを構築する習慣や能力を浸透させる必要があった。

文化形成のやり方は、模範を示すことだ。多くの場合、あえて「リードする」必要はない。ただそこにいるだけで、みんながリーダーの行動に倣おうとする。口先で言うのは簡単だ。人が見て、真似したい、繰り返したいと思わせるような行動をとることは、どれほど格調高いスピーチにも勝る。最も簡単なリードの仕方は率先垂範に尽きるのだ。

危機の最中に私が発見したのは、リーダーの役割は実は最も簡単だということだ。リーダーシップをとることで忙しくなり、やる気が持続し、忍耐力がつく。説明責任を感じていれば、そこからエネルギーが湧いてくる。なぜならリーダーたるものは、挫折している、自制心を失っているなどと見られるわけにはいかないからだ。

自分は立ち止まっていられない人間だとわかっていれば、実は進み続けるほうがはるかに楽だったりする。最悪なのは、自分が続けられるかどうか、自分が立ち止まったときに周囲がわかってくれるだろうかとあれこれ考えて、時間を無駄にすることだ。その選択肢が問題外ならば、前に進むことに全精力をつぎ込むことができる。

もちろん、やみくもに前進することと、意図をもって前進することは別物だ。また、チームにやり続けるよう命じることと、チームにこの人についていこうという意欲を持たせることは違う。

次に示す教訓は、私たちが一致団結し、相互に強みを引き出し、他の人が学べて各自のチームにも適用できるような模範を示すのに役立ったものだ。

パラノイア楽観主義者になる：起こりうる最悪の事態にオープンかつ誠実に対処する。それによって、恐怖心の一部が取り払われ、自分たちに選択肢があると認識できるようになる。選択肢がある限り、私たちはそうあってほしいと思うことに影響を及ぼすことができ、そこから楽観主義が生まれてくる。そして、リーダーが真摯に楽観主義を広めていけば、周囲に感染していくのだ。

説明責任を奨励する：全員にリーダーのように考えてもらいたかったので、私たちはみんなに多くの権限を与えた。上にお伺いを立てなくてはならないことを極力減らすため、必要に応じて「私がやります」、「私が決めます」と言ってもいいと感じる人ができるだけ増えるよう努めた。

シナリオベースの思考を推進する：社内のすべての個々人に必ず代替案を考えてもらいたいと私たちは思っていた。これは既存の選択肢をただ確認するのではなく、プラスとマイナスの両方の異なる選択肢とそれに関連する行動を常に想像し、時には異なる選択肢をつくり出すということだ。

信頼関係を築く：信頼は物事を円滑に進めるための潤滑油となる。私たちの絶えず変化する環境では、どこからでも突発的な問題が出てくるが、その中で、信頼は私たちが前進を続けていく原動力にもなった。つまり、オープンに運営し、敬意を持って同僚を扱い、悪いニュースはすぐに共有しなくてはならないということだ。

落ち着きを絶対に失わない：状況が緊迫してくるほど、心を落ち着けるべきだ。怖くなればなるほど、冷静になるべきだ。自分が怒るはずはないとわかっていても、実はかなり簡単に怒ってしまうものなのだ。怒ってもいいのは、自分にそうする余裕があると思うときに限られる。

笑う：ほんの少しの笑顔になるだけで、緊張が和らぎ、不安感が解消され、みんなが生産的に考え始められるという不思議な効果がある。

こうした習慣を身につけることで、私たちは非常に迅速でかつ柔軟になれた。そして、この時期にこれが大いに役立った。その中心にあったのが、心臓の鼓動を今一度確かめるかのように、未来の形成に役立つパラノイア楽観主義の力を絶えず思い出すことだった。

第一八章　未来のための基盤　二〇一三年一〇月～二〇一六年一月

ジグソーパズルのピースがぴったりとはまるように、ALUとノキアは完璧にお互いを補完し合う関係にあった。

二〇一三年秋に話は戻るが、NSN執行役会長のオヴェセンが、定例のプレゼンテーションの際に思いがけないことを言い出した。これから三週間以内にALUと合併したいという。私は取締役会で驚くことはめったにないのだが、その考えそのものというよりも、提案されたスケジュールに仰天した。

ALUと合併すれば、グローバル無線通信インフラ市場におけるNSNのシェアは一八％から三〇％以上に拡大し、ファーウェイを飛び越えて市場リーダーのエリクソンに迫るだろう。[1] しかしその時点では、それは一番検討したくないことだった。取締役たちは疲弊しきっていた。ほんの数カ月前にシーメンスが保有するNSN株式を買い取り、マイクロソフトによる買収で窮地を脱したが、クロージングをうまく進める必要があり、まだ失敗する可能性が残っている。ノキアの経営陣は暫定で、企業としてのビジョンや戦略がない。さらなる巨大M&Aをしたいとは到底思えなかった。ノキアとALUとの五〇対五〇の合併など問題外だ。

NSNで問題が起きたときに、私たちはいわゆる対等合併の弊害を間近で見ずに済んだとはいえ、フランスのアルカテルとアメリカのルーセントが二〇〇六年に合併したときの煩雑な状況は、どんな問題が起こりうるかを示す典型例だった。こうした政治絡みの合併案件では往々にして基本的なビジネスよりも主導権争いが優先される。どちらの国旗が高く上がり、どちらの会社から会長やCEOを出し、どこに本社を置き、経営執行チームや取締役会にどの国から何人の代表を送り込むかなどが争点となるのだ。これは大惨事を生み出す処方箋であり、少なくとも価値は毀損される。そのことはALUの例や、ノキアとシーメンスの例でもそれなりに証明されている。

加えて、ノキアのある取締役が「私の目の黒いうちはフランス企業の買収などさせない」ときっぱりと述べていたように、フランス企業に対してかなり極端な固定観念が存在する。フランス政府が大なり小なり介入し、企業再編をしようにも莫大なコストがかかって問題含みであり（敵対的な労働組合がリーダーたちを誘拐して人質にとることで有名だ）、フランス人以外はお断りという文化がある、[‡2]と思われているのだ。もちろん、そういうことを言うのは多くの場合、フランス企業についてろくに知らず、ましてやALUなどほぼ知らない人たちである。

そのうえ、「プログラマブル・ワールド」というビジョンを掲げたことでEtoEのソリューションを提供すべきなのは明らかだったにもかかわらず、現時点ではまだ行動方針は決まっていなかった。それはさまざまな選択肢の一つであって、起こるべくして起こる結果ではなかったのだ。

このような状況下で、オヴェセンの提案とそこに隠された切迫感は本筋から外れているように見えた。複雑なM&A交渉を三週間で行なうことはあり得ないし、提案されたスケジュールは合理性を欠いていたため、提案自体の信頼性も下がってしまった。

慎重に前進する

それでも、その基本的な考えは筋が通っていた。ノキアには一芸しかない。私たちはおそらく世界最高のモバイル・ブロードバンド企業だったが、包括的なグローバル通信インフラを構築するバリューチェーン全体の中ではほんの一要素にすぎないのだ。モバイル・ブロードバンドでは世界規模であっても、すべてのモノや人がつながる「プログラマブル・ワールド」という新ビジョンを支えるだけの幅広い組織能力を持ち合わせていなかった。

ALUの一部または全部を買収すれば、理想的なソリューションとなりうる。

M&Aのプロセスを本当にうまく始めるために、最初に考えるべきなのが、二社の相対的な強みにどのくらい時間が影響を及ぼすか、ということだ。

ALUは、NSNがすでに経験してきたリストラの初期段階にあった。リストラがうまくいかなければ(確かにその可能性はある)、ノキアの競争上の地位はさらに強まるだろう。私たちはいくつかの事業を積極的に手掛けてきた。それがうまくいけば、株価が上がる見込みが高く、完全合併を選んだ場合にノキアのレバレッジは高まる。私たちはよく観察し、分析し、動くべきときに向けて最大限の準備をしておく余裕があった。

その一方で、ＡＬＵに関心を持つのはノキアだけではなかった。サムスンが手に入れたがっているとの噂があったのだ。エリクソンがＡＬＵを買収した後で分割する可能性についても気になっていた。その場合、ノキアもいくつかのピースを獲得できるかもしれないが、必ずしも望むピースであるとは限らない。

私たちは前進することにした。ただし、慎重に。

二〇一三年秋、ヨーロッパの大手企業から五〇名のＣＥＯや会長が集うフォーラム、欧州産業家円卓会議（ＥＲＴ）をはじめとする場所で、私はＡＬＵのＣＥＯであるマイケル・コンベスと話をする機会が何度かあった。私たちは互いにより本格的な話になる可能性をそれとなく示したり、感触を探り合ったりした。ただし、ノキアが今、全力を挙げてマイクロソフトとの取引のクロージングに取り組んでいることを、私はかなり率直に話さなくてはならなかった。

スリもコンベスと交流を図った。こうして会った後に私たちは必ずメモを見せ合い、取締役会にも最新の知見を知らせ続けた。ＡＬＵを知る一環として、取締役会で毎回このテーマを見直し、深く掘り下げていった。二〇一四年三月末の取締役会では、最も簡単な選択肢である無線通信事業の買収から企業全体の獲得に至るまで、ＡＬＵと何らかのＭ＆Ａ取引を進める五つの方法を特定し、私たちの幅広い戦略代替案の中に追加した。

しかし、まだ適切なタイミングではなかった。私やイハムオティラがそれぞれ連絡をとったときに、ＡＬＵの無線通信事業を分割することは考えていないとコンベスは明言していた。私たちはＡＬＵを十分に知っているわけではなく、まだ同社全体の獲得に向けて動く準備は整っていなかった。ALUがどんな提案をしてきたとしても、私たちはおそらく断っていただろう。

メイン・プロジェクトの立ち上げ

その年の九月の取締役会はシリコンバレーで開催し、私たちの思考を広げるために、ベンチャーキャピタル・コミュニティ、インフラ事業者、ノキアの顧客をスピーカーとして招いた。戦略代替案、特にネットワーク事業でノキアの競争力を確保する方法について、取締役と経営執行チームに新しい視点を持ってもらいたかったのだ。私自身もよく知らなかったので、新しいことを学べるのが楽しみだった。

そうこうするうちに、ALUは立場を変えていた。私たちが予測した通り、ALUにとってはあまり順調な年ではなかった。大規模なリストラでコスト削減には成功したが、特にモバイル・ブロードバンド事業でキャッシュの流出が続いていたのだ。[3] 私たちはそうしたALUの痛みに付け込みたかったとはいえ、同情は禁じ得ない。

九月一五日、イハムオティラ率いるノキアチームは、ALUのCFOジャン・ラビーが率いるチームと会った。私たちはその前に、ALUとノキア間で無線通信の合弁事業をつくらないかという誘いを断っていた。それがこの時点では、ALUは同事業の売却意向があるだけでなく、そのプロセスを急ピッチで進めたいと表明したのだ。九月二八日の取締役会で承認し、一一月のキャピタル・マーケット・デーの前に取引について発表したいという。

話が本格的になってきたので、この件に初めてコードネームをつけた。それ以降、ＡＬＵ絡みのことはすべて、アメリカの州名からとった「メイン」プロジェクトとし、プロジェクト内でＡＬＵは「アラバマ」、ノキアは「ネブラスカ」と呼ばれることになった。

取締役会では、五つの選択肢のうち二つに焦点を当てた。

プランＡ：ＡＬＵの無線通信事業を買収する。

これはＡＬＵのポートフォリオの中で最も容易に手に入る成果だった。研究開発に十分に投資しながら同時に利益を上げるには、ＡＬＵの規模では小さすぎた。私たちはモバイル・ブロードバンドの酸いも甘いも知り尽くし、何よりも、儲けを生み出せるだけの大きさがあった。もちろん二つの事業を統合する必要があるため、さまざまな問題を抱えることになるだろう。コスト削減とともに、重複する製品ラインの統合という痛みを伴うことも実施しなくてはならない。ただし、それは十分に理解されていた。

しかし、ＡＬＵのモバイル・ブロードバンド事業には一つ欠点があった。中国との合弁事業についてだ。五〇対五〇で出資しているアルカテル上海ベル（ＡＳＢ）は、巨大な中国市場におけるＡＬＵ事業の排他的な販売拠点でかつ、重要な研究開発拠点にもなってきた。単純にフランス企業をフィンランド企業に入れ替えて、以前と同じように続けるのは賢明ではないだろう。私たちとしてはやり方を変えて、完全に西洋式のガバナンスをＡＳＢに導入したかった。これは、ノキアの取締役や経営執行チームの間で理解を深めるために突っ込んで議論したテーマの一つとなった。

プランＢ：ＡＬＵ全体を獲得する。

ＡＬＵの膨大なポートフォリオには、固定通信事業（基本的に一般家庭や法人オフィスでインターネットを接続する方法だ）、ネットワークサービス事業者向けに大規模で効率的なルーターを販売するルーティング（経路制御）事業、光ファイバー機器の製造販売・サービス事業、ネットワークと顧客サービス用に必要なソフトウエア事業、大陸間の長距離光海底ケーブル接続の構築やサービスを手掛けるサブマリン事業が含まれていた。

私たちはこれらの事業分野の一部に早くから関わってきたが、全部ではなかった。私はネットワーク・インフラの経験を持つ取締役を新たに雇い入れたが、経営執行チームも取締役会全体でももっと学ぶべきことがあった。

すでに複雑な提案をさらにややこしくしていたのが、フランス政府が買収時に要求してくると思われる三つの要件だった。フランス側はおそらく新事業体の取締役の半数くらいまで指名したがるだろう。また、ＡＬＵブランドの継続、つまり、新会社にノキア・アルカテル・ルーセントという名前を付けることと、フランス国内で最低限の雇用が保たれることも望むだろう。

プランＢは興味をそそられるものだったが、私たちはまだ二の足を踏んでいた。プランＢはただプランＡに他事業を加えただけではなく、それ以外の要素もすべてついて回るからだ。たとえば、ＡＬＵには三〇〇億ユーロ近くの年金債務があり、巨大な年金基金でそれを賄っていたことが判明した（冗談で、ＡＬＵは実はネットワーク事業付き年金基金だと言う人もいたほどだ）。小さな範囲で交渉を始めたほうが最もシンプルかつ安全だろう。

しかし、私たちは全体像について考えることをやめたわけではなかった。

プランＡからプランＢへの移行

私たちはこれまで大いに役立ってきたパラノイア楽観主義者のアプローチをとった。代替シナリオを考え出し、それぞれの長所と短所を分析し、多数の問いを立てて、答えを導き出すというサイクルを繰り返していくのだ。それによって毎回、より幅広くより深くまで理解が進む。

二〇一四年秋、私たちはプランＡで交渉を進めていたが、価格差が大きく、行き詰まってしまった。私たちはＡＬＵの無線通信事業の買収価格として一一億五〇〇〇万ユーロを提案したが、先方は一五億ユーロを求めてきたのだ。その後、一二億五〇〇〇万ユーロまで引き下げてきたが、私たちは一一億五〇〇〇万ユーロ以上を支払うべきだとは思わなかった。さらに綿密に調査した結果、プランＡは当初想定していたよりも、分割が難しく、リスクが高いのではないかという懸念が浮上した。

プランＢのほうが魅力的になりつつあった。サイクルを繰り返すことで、私たちのネットワーク事業に対する考え方は明確になっていった。私たちはＩＰルーティング技術を手に入れる必要があると強く思っていた。その有力候補と思われる二つの大企業は、ALUとシリコンバレーを本拠とするジュニパー・ネットワークスだ。小規模なプレイヤーもいくつか検討したが、規模の小さなプレイヤーを買収するのはリスクが大きいだろう。

二〇一四年一二月になると、私たちはより多くを学んでいたが、ALUの諸事業について、私たちの知らない不快な驚きがあるのではないかという懸念がまだ残っていた。自分で手掛けたことのない事業に関する専門知識を習得し、外部から学習しなくてはならないのは、非常に難しいものだ。

私たちはプランAの議論を続けることにしたが、同時に全体会議の時間をとってプランBの可能性も調べ始めた。スリはALUのコンベスに、イハムオティラはALUのCFOであるラビーに会い、私自身はALU会長のフィリップ・カミュを夕食に誘って個人的なつながりをつくり始めた。

一月一六日、パリのレストラン「ローラン」で私たちは会うことにした。このミシュランの星付きレストランはかつてルイ一四世が保有していた狩猟用ロッジで、人目につかないコーナーや親密になれる窓際の長椅子があることで知られている。カミュは二人用の個室を予約していた。おそらく注意深くダンスを踊るように、互いに相手のことを探りながら、言葉を選び抜くことになるだろう。私はそんな予想をしていたが、そうはならなかった。カミュは率直かつ単刀直入だった。あまりにも遠慮なく話すので、ウェイターが部屋にいるときには、彼を黙らせないといけないと感じたほどだ。

カミュはプランAを飛び越えて、彼のチームがすでに完全買収の可能性を検討してきたことを冷静に説明した。フランス政府に対し、ALUは小さすぎて単独では継続できないことについて注意喚起したという。また、最大顧客のベライゾンとAT&Tの二社に対しても、ノキアとALUという組み合わせにどう反応するかを探ってみたそうだ。ＡＬＵの経営執行チームや取締役会はこの買収を支持し、取締役会にオブザーバーとして入った二人の労働組合代表も賛成していると、彼は述べた。

私たちがこの取引を望んでいるのかどうかまだ不確かだったが、ＡＬＵ側は単独では事業を続けられないとはっきりと確信していた。ＡＬＵは他の候補企業も探しており、カミュは名前を挙げなかったが、おそらくシスコ、エリクソン、サムスン、ファーウェイ辺りだろう。しかし、最も適しているのはノキアだと、どちらもわかっていた。

「今こそ行動すべきときだ」

一月中旬に開いた二〇一五年最初の取締役会では、プランＡが第一の選択肢であり、プランＢは相変わらず物議を醸す選択肢のままだった。しかし、クリスマス休暇中に私はある結論に達し、カミュと会ってその思いを強くした。それは、ＡＬＵ全体の獲得について本格的に評価を始めるということだ。スリともこの件で話し合い、意見が一致していた。

それは次のような根拠による。

私たちの顧客である通信サービス・プロバイダの統廃合が進み、通信事業者についても多くの国で四社から三社へと減少している。大手通信事業者は大手ベンダーから購入することを好むが、ノキアには純粋なモバイル・ブロードバンド専業会社として十分な規模がない。顧客ポートフォリオを見ると、四番手の通信事業者の数が極端に多い。こうした企業が業界再編の波に飲み込まれれば、ノキアの市場シェアにもしわ寄せが及ぶだろう。

全世界がサービス化の傾向に進んでいると、私たちは信じていた。つまり、ツールの購入から成果の支払いへ、製品販売からサービス提供へという傾向が見られる。ノキアが現在提供しているのは、モバイル部分のみのネットワークだ。これは重要な要素だが、完全なソリューションとはかけ離れていた。ほんの一部にすぎないので、他社のソリューションがどのくらい動くかを保証しきれず、通信事業者が望む結果が出せるとは請け合えなかったのだ。たとえば、セキュリティの重要性は明らかに増している。そして、誰もが知るように、セキュリティの場合、バリューチェーンの一要素を担うだけでは最も弱いつながりであるのも同然だ。バリューチェーンの端から端まで網羅するＥｔｏＥのソリューションを提供できなければ、一定レベルのセキュリティは約束できない。

顧客である通信事業者は、私たちとモバイル・ネットワークの話はしても、事業全体やネットワーク・アーキテクチャ全体の将来に話が及ぶと、私たちが適切な相談相手だとは感じていなかった。そういう議論に参加できなければ、私たちが選ぼうとする方向性で影響力を行使できない。私たちも商談の場にぜひとも加わりたかった。

５Ｇの進化によって新しいビジネスモデルが可能になるが、私たちの手掛ける伝統的な無線通信という強み以外のネットワーク要素にも多大な投資が向かうだろう。私たちは新しいビジネスモデルを推進したかったので、その商談にも確実に参加できるようにする必要があった。

通信サービス・プロバイダの価格設定力は非常に大きかった。私たちのポートフォリオが大きければ大きいほど、一つの顧客企業向けに提供するソリューションの価格を戦術的に設定しやすくなる。

通信事業者が特定技術の価格について大きな圧力をかけてきた場合に、私たちがいつも試みるのが、ほかのサービスで高い利益率を確保することや、顧客が求める技術を低価格で提供する代わりに、競合他社を踏み台に自社の市場シェアを伸ばすことだ。全体的に広範なポートフォリオがあれば、自社を守り、激しい価格戦争の中で選択肢が持てるようになる。

こうした進展は止まりそうもない。今が行動すべきときだった。

パズルの全ピースが揃う

ＡＬＵの事業範囲であれば、ＥｔｏＥのポートフォリオを完成させるために欠かせない重要な要素を多数カバーできるが、統合された市場で成功するには規模も求められる。ＡＬＵはその点でも要件に適っていた。ジグソーパズルのピースがぴったりとはまるように、両社は完璧にお互いを補完し合う関係にあった。

ＡＬＵの弱点は無線通信事業の規模が小さいことで、それが他の事業の足を引っ張っていた。私たちはその解決に適した薬を持っていた。ノキアのモバイル・ブロードバンド事業はうまく管理され、競争力と収益性の両面で十分な大きさがあった。この二つの事業が一緒になれば、モバイル・ネットワークの研究開発に必要な多額の投資をサポートし、より大きな利益を生み出すことが可能になる。

アメリカの携帯電話市場は巨大なうえ影響力があるが、ノキアはあまり存在感を示せていなかった。ノキアの大手顧客はＴモバイルとスプリントであり、両社の無線通信サービス市場シェアを合わせても三〇％にすぎなかった。[4] ＡＬＵの主要顧客はＡＴ＆Ｔとベライゾンで、この二社で市場全体の六八％を占めていた。[5] いずれも世界で最も要求の厳しい顧客だが、そういう相手と仕事をすることは往々にして、自社の競争力をつけるうえで有益だ。

ＡＬＵは固定回線アクセスにおいて世界的マーケットリーダーでもあり、ルーティングではトップ三位に入り、非常に興味深いうえ成長中のソフトウエア資産を持っていた。私たちはルーティングや固定ネットワークの事業をまったく保有していなかったので、重複がないほうが統合は容易になるだろう。

そして何よりも、ベル研究所（ＡＬＵの子会社）があった。そこから、情報通信ネットワークやデジタルデバイスやシステムを支える多くの基礎技術が発明され、ノーベル賞を八回、チューリング賞を二回、日本国際賞を三回、そのほか多数の国家科学技術賞に輝いていた。さらに、技術イノベーション部門でアカデミー賞を一回、グラミー賞を二回、エミー賞も一回受賞している。[6]

あらゆる商談の場に席を確保し、将来的に有力プレイヤーになる機会を得るために、私たちはＡＬＵを買収する必要があった。

会長職の最も崇高な責務の一つは、みんなが本音を語れるようにすることだと、私は固く信じている。これは、他の人が話す前に会長が自分の意見を言うのは避けようということだ。取締役会の強いオピニオンリーダーにも同様の考え方が当てはまる。多くの会議で、私はあまり強い意見を持たずに、さまざまな角度から全員で議論する機会を増やそうとしてきた。

しかし今回は、自分の結論を説明すべきときだと私は感じていた。

取締役会の一部の同僚はまだ「私の目の黒いうちは許さない」陣営にいたので、私はいつもはやらないことをした。事前にスリの同意を得ていたので、私は取締役たちの前に立って、自分の考えた論拠について説明したのだ。私たちがＥｔｏＥのプレイヤーからどれほどかけ離れているかを強調するため、ネットワーク・アーキテクチャの絵を描き、私たちが現在提供している要素を丸で囲んでみせた。恥ずかしくなるほど下手な絵だったが、言いたいことは伝わった。ファーウェイが最も良いポジショニングで、エリクソンとＡＬＵも弱い領域はあるが全要素を提供している。対するノキアは、穴だらけだった。

私たちには大きな優位性が一つあった。私たちが予測したように、過去一二カ月、ＡＬＵと比べてノキアの株価は好調だった。ＡＬＵの株価が一二％下がったのに対し、ノキア株価は一二％上がっていたのだ。私たちは手強い対等合併の代わりに、明確な買収モデルをとることにした。それは合併会社の金額の三分の二まで保有しようというものだ。

議論の末に、この路線を積極的に検討すべきことが取締役会で決まった。それこそが私の求めていたものだった。

オイルを差した機械のようにスムーズに作業を進める

これまでのところ、私たちはおおむねプランＡに注力してきた。ＡＬＵ全社についてはまだ学ぶべきことはたくさんあった。

私たちが二年かけて学んできたことはすべて、この複雑なM&Aの準備として役立った。NSNの買収完了の直後から、モバイル・ブロードバンドと関連ビジネスに精通している新しい取締役を見つけ、取締役会の多くの時間をかけて学習曲線を上げてきた。ノキアの経営執行チームはこの種の統合をうまく進める方法を心得ていた。マイクロソフトとの経験により、交渉の間に信頼と尊敬を築くための実証済みアプローチを学んでいたのだ。この二年間、黄金律を熱心に推進してきた甲斐があり、誰に何を期待すべきか、互いにどう頼ればいいかがわかっていた。私たちはオイルを差した機械のようにスムーズに作業を進めていった。

二月二七日の取締役会では、メイン・プロジェクトを前進させるために、当初の五つの選択肢を更新した。その五つとは、内部成長を追求しとにかく研究開発に投資する案。小規模企業を買収して必要な技術を強化する「真珠の首飾り」案。プランA（ALUの無線通信事業を買収）＋「真珠の首飾り」案。プランA＋ジュニパー買収（ジュニパーの持つルーティングとスイッチングの専門知識にアクセスする）案。プランB（ALU全体を買収）もあった。代替シナリオの計画を立てる習慣は今ではすっかり根付いていたので、私たちはプランAとプランBを深く掘り下げて調べ、プランAはバックアップ用にとっておくことにした。プランBで合意に至らなかった場合、プランAに戻る。

すべてのシナリオを分析した後、いくつかのパラメータに照らしてALU全体を買収するという目標が、取締役会で承認された。そのパラメータとは次の通りだ。株式を一〇〇％取得すること。ノキアの株主が必ず六七～七〇％を保有すること。ノキアから会長とCEOを出すこと。合併企業の本社はヘルシンキとすること。ノキアから七人とＡＬＵから二人で取締役会を構成すること。

信頼関係を構築する

二〇一五年三月五日、パリでＡＬＵと初めて正式な交渉に入った。私たちはマイクロソフトでの経験を活かして、前回の取引でうまくいった四×四モデルを用いたいと申し出た。私とカミュ、スリとコンベス、イハムオティラとノキアＣＬＯのマリア・ヴァルセローナがＡＬＵのＣＦＯ兼ＣＬＯのラビーと組む形となり、実際には四×三モデルとなった。

私は会議の冒頭で、ＡＬＵチームやカミュに、こうした機会を持てたことに感謝の意を伝えてから、二社が統合することが両社にとって最善策だとする持論を共有した。そうすれば、ノキアに必要な範囲と規模が加わり、モバイル・ネットワークに関するＡＬＵの問題が解決され、中国の強豪ファーウェイに対抗する欧州企業の誕生に参画する機会になる。

次に、マイクロソフトとの取引で学んだことが一つあると、私は述べた。「ご存知の通り、プロセスの中では厳しい瞬間があり、両サイドにとって否定的な驚きや難しい意思決定があるでしょう。それを乗り越える唯一の方法は、相手を信頼することです。しかし、その信頼は無料(ただ)では実現できません。勝ち取らなくてはなりません」

こうした取引で信頼を築く方法として私たちが学んだのは、社外顧問団に頼るよりも、むしろ各社で小規模チームをつくり、嘘偽りのない会話をすることだったと伝えた。一方が勝ち、もう一方が負ける敵対的プロセスとして議論を捉えるのではなく、両社がウィンウィンになる方向を追求すれば成功確率が最も高まるのだと、みんなに念押しした。「すべての小競り合いに勝つ必要はないのです。ただ戦争には勝たないといけません。私たちは同じサイドに立つことで、共に戦争に勝てるのです」と私は指摘した。

最後にこう締めくくった。私たちの最優先目標は、この交渉がどんな結果になろうとも、長続きする相互尊重が生まれる形でノキア側から行動することだ、と。

私たちはまさにその通りのことを行なったのである。

当然ながら、途中には厄介なことが山ほどあった。予想されたように、最初にフィンランド対フランス、ノキア対アルカテルという権力闘争が起こった。フランス側はお約束のジェスチャーとして、議論の冒頭で対等合併モデルを提唱したが、私たちが買収のみを考えていることは明らかだった。また、ALUのCEOが新会社のCEOを兼任すること（カミュが辞任する意向を示していたので、ALUはフランス人の会長をごり押ししてくることはなかった）、合併会社の本社をヘルシンキとパリの二カ所とすることも提案してきた。

何よりも重要な点として、アルカテルとルーセント、ノキアとシーメンスの合併がどちらも失敗に終わったことを、私たちははっきりと認識していた。どうすれば歴史を繰り返さずに済むのだろうか。これらの合併で問題となったことを分析し、その原因を回避するために何ができるかを考え出そうとした。

私たちは何度も行き詰まったが、それを乗り越えられたのは、両社のチーム間に信頼関係があったからだ。

一月の夕食会の後、私はカミュと電話で何度も話したが、交渉が進むにつれて直接顔を合わせて話したいと思った。もちろん、機密保持には神経を尖らせないといけない。どこかの法律事務所で会うよりも、誰にも見られずに会えるホテルのスイートルームを予約しようと私は提案した。

これをうまく進めるには、どのホテルでもいいわけではなかった。大半の近代的なホテルはエレベーターに乗るために電子カードキーが必要となり、それを受け取るにはフロントデスクで名乗らなくてはならない。それは極力避けたいことだ。スタッフがロンドン中のホテルに電話をかけまくったところ、サボイ・ホテルに昔ながらのエレベーターがあることがわかった。三月一〇日、カミュはホテル内をぶらぶら歩き、フロントでチェックインせずにエレベーターに乗り、二階のボタンを押した。たとえバンカーがロビーに潜んでいてカミュに気づいたり、その数時間前にロビーで私の姿を見かけていたとしても、怪しまれる理由はない。二人が別々のビジネスで滞在していたとしても、おかしくはないのだから。ある計画をめぐってフランスとフィンランドの茶番劇が繰り広げられている気配があったとしても、誰が気にするだろうか。この方法は、法律事務所を使うよりも安上がりだったうえ、カミュと私が互いをよく知る機会となったのでさらに価値があった。

これは最善かつ最終のオファーである

私たちは価格をはじめとする主要な条件について交渉を続けた。

三月五日に正式な交渉を始めたときに、ノキア側は〇・四九一という株式交換比率を申し出た。つまり、ALUの株主はALU一株につきノキア株〇・四九一株を取得することになる。ALUが提示したのは、一株につき〇・六〇株だった。マイクロソフトとの交渉開始時ほどには違う惑星にいるわけではないが、それでも非常に大きな乖離があった。

私たちはマイクロソフトではうまくいったので、さまざまな角度からその価値を三角測量し、事実を示して相手を納得させようとしたが、うまくいかなかった。この交渉は、マイクロソフトとの交渉ほど論理重視ではなかったのだ。

何ラウンドか回しながら、ゆっくりと進めていたが、ブレークスルーは起こらなかった。

三月二二日、カミュに電話で話したときに、ノキア側の最新提案は〇・五三八だった。カミュはもう少し要求を下げられるが、どれだけ下げられるかは、ALUのCEOのコンベスが合併会社のCEOに就任するかどうかで決まると言った。スリがCEOになれば、交換比率をもっと高くしなくてはならないだろう。私はその提案を断り、ノキアにはCEOを任命する権利が必要だとカミュに述べた。これはパワーゲームではない。スリが新会社にふさわしいCEOだと、私は本当に確信していたのだ。

三月二七日金曜日、両チームはALU側の弁護士のロンドン事務所で会った。

カミュは最終オファーを出してきた。こうなると、ノキアが次のオファーをするかどうかにかかっている。私は代わりに、カミュとの一対一の打ち合わせでこう述べた。「フィリップ、あなたが意味を誤解してしまうので、あるいは、あなたが誤解しなくても、あなたのチームメンバーが誤解してしまうので、私から新しいオファーを出すことはできません。誤解してしまうというのは、こちらのオファーはそちらの既存のオファーとの中間を狙ったものだとお考えになるだろうということですが、それでは不可能だと申し上げているのです。新しいオファーをすれば、私たちが適度な交渉の余地を設けているとお考えでしょうが、そうではありません。そちらのオファーはわかっていますから、今度は大幅に引き下げていただかなくてはならないのです」

それに対してカミュは、わかったが、チームで話し合う時間が必要だと言った。三〇分討議した後、一株当たり〇・五六四という回答が来た。最初の提示額からは大きな譲歩である。

その週の初めに開かれたノキアの取締役会では、目標の交換比率を〇・五五〇〜〇・五六三の間とすることで承認されていた。ALUの新たなオファーはその上限をわずかに超えていたが、手の届く範囲内にある。私はこの取引は成立するという確信を深めた。

だが、まだ完全に終わったわけではなかった。

私はカミュの提案と理解にお礼を言って、今度は私がチームで話し合うために三〇分欲しいと伝えた。私が本当に必要としていたのは、「〇・五五〇というオファーをうまく伝えて、カミュがさらに交渉しようと思わなくさせるにはどうすればいいか、知恵を貸してほしい」とチームに頼むことだった。

言葉の選び方がきわめて重要になるはずだ。M&Aでは「最善かつ最終（best and final）」という非常に強力な表現がある。「これが私たちにできる最善でかつ最後のオファーだ」という意味で、相手がそれを受け入れなければ、こちらは立ち去ることになる。「最善かつ最終」という表現を使うのは大きな意思決定だ。こちらが本気ではなく、それに対して相手が開き直れば、信頼関係がすべて壊れてしまう。『最善かつ最終』とは言いたくないけれど、同じ効果が欲しい」と、私はチームメンバーに言った。

これは、一つの単語や一つの文章が値千金になる例だ。私たちは三〇分近くかけて完璧な表現を思いついた。法律事務所スキャデン・アープスの外部顧問のスコット・シンプソンが実にシンプルな解決策を提案したのだ。『これを取締役会に持ち帰っていただけませんか』というのはいかがでしょう」。なかなか良いではないか。非常に直接的かつ個人的な依頼であり、あなたのために何とか一肌脱ぎたいと相手に思わせる。そして、他の人が「これは役員会に持ち返りたくない」とは言いにくい。そんなことを言えば、その場の雰囲気を壊すことになるだろう。

私はカミュの元に戻り、〇・五五〇を提示した。そして、それが良いオファーだと思う理由を説明した後で、「フィリップ、これをそちらの取締役会に持ち帰っていただけませんか」と言った。

良き交渉者であるカミュは価格交渉がしたいと言い、その間をとって〇・五五五でどうかと提案してきた。私は繰り返した。「フィリップ、これをそちらの取締役会に持ち帰っていただきたいのです」

カミュは同意し、立ち上がって退室した（彼の下限がいくらかだったのかはわからない。まだ交渉の余地があったかもしれないが、それは問題ではない。重要なのは、二人ともこの結果に満足したということだ）。

「あなたがこの条件で取締役会にかけると信じてもよろしいでしょうか」と私が聞くと、「そのつもりです」とカミュは答えた。

取引は成立した。三〇分かけて適切な言葉を見つけたことで、おそらく一億ユーロ以上の節約になった。それだけの時間をかけた価値があった。言葉には力があるのだ。

目指すのは九五%の株式取得

二〇一五年四月一五日、私たちは一五六億ユーロのM&A取引を実施することを発表した。エリクソンやファーウェイにとっては強力なライバルの誕生である。評判は非常に上々だった。私たちはフランスの主要な大臣に働きかけ、前向きの発言を引き出そうと努めた。当時フランス経済財務相だったエマニュエル・マクロンは国益を守ろうと努めるタフな交渉相手だったが、最終的に「将来に向けた戦略なので、ALUにとって賢明な策だ」と言明してくれた。[7]

一番気がかりだったのが、ALUの一部の大株主の動向だ。このM&Aに反対だからではなく、ノキアにもっと高いお金を払わせたいという理由で反対してくる可能性があった。一方が他方を完全に保有することで初めて、二社を融合させることができる。私たちが九五%の株式を集められれば、いわゆる「スクイーズアウト」（支配株主が少数株主にその保有株の売り渡しを請求できる制度）で、残りの株主に保有株の売却を迫ることができる。

これは裏を返すと、五%以上の保有者であれば誰でも、私たちを人質にとれることも意味していた。この種のM&Aで価値を台無しにしたければ、もはや引き返せないが、その企業を一体化して経営できるポイントにはまだ達していない状況に追い込むのが一番だ。今回でいうと、クロージングの条件として合意したＡＬＵ株式の五〇％以上を所有するが、完全支配への早道となる九五％には届かない状態に私たちを追いやることだ。

最悪の場合、これは大惨事につながりかねない。完全支配のレベルに達したら直ちに合併し、大勢の人が職を失い（二人のＣＦＯ、ボーダーフォンＵＫ向けに二つの顧客アカウントチーム、二つの本社は要らない）、重複製品の多くが打ち切りになると誰もが知っているのに、何カ月も、場合によっては一〜二年間も、両社が互いに独立して事業を行ない、市場で互いに競争し合う状態を想像してみてほしい。そうした不確実性に対して、従業員はどんな反応を示すだろうか。最優秀人材の多くは不確実性を嫌って転職するだろう。それに対して、競合他社はどんな反応を示すだろうか。きっとＡＬＵの機器を使用している私たちの最重要顧客のところに行ってこう告げるだろう。「ノキアは御社が重宝している機器の提供をやめるでしょう。そういうやむを得ない事態になるまで待っていないで、当社の機器に切り替えませんか」

痛みはさらに続く。ノキアとＡＬＵの営業チームは同じ顧客を狙って、互いに競争しているのだ。経営層が何を言おうと、ノキアの営業担当者が顧客にささやくのは、「ＡＬＵのソリューションは買わないでください。うちが支配権を握ったら、打ち切られるだろうと知っていますから」という強烈な殺し文句だ。そして、ＡＬＵの営業担当者は同じ顧客に「ノキアのソリューションを選ばないでください。『上層部』の話では、買収が完了したら打ち切りとなり、ＡＬＵのソリューションが継続されますから」とアドバイスする。最終的に統合できたとしても、こうした営業チームを一つにまとめるのはかなり難しくなるだろう。

このように中途半端な状態は、ある種の投資家にとって魅力的な機会となる。売却過程にある企業の株式を買った後で、買う側の企業により高い価格で保有株式を買い取るよう脅迫するのだ。「私にプレミアム（割増価格）を支払わないなら、この株式を売るつもりはありません。そうなれば、スクイーズアウトのレベルに達しないので、リストラを始められませんよ」

ロンドンを拠点とするヘッジファンドのオデイ・アセット・マネジメントは、ALUの株式を五％以上購入していたが、発表直後にこのM&Aに反対した。[8] 六月に、世界的に有名なアクティビスト・ファンドのエリオットがALU株式を一・三％買い集めて、やはりこの取引について反意を表明した。[9]

九五％に到達するまで待っていられないと、私は強く感じた。わずか一株でも五〇％を超えたら、直ちに二社を一社として運営しなくてはならない。

二〇一五年初秋、ノキアCLOのヴァルセローナとそのチームから、私は最新情報を聞いていた。できるだけ少ないダメージで取引を完了させるために、私はカミュと積極的に足並みを揃え、スリもALUのCOOと調整を図っていた（みんなひどく驚いたことに、コンベスはその夏に突然、退職したのである）。

「DAY1（統合会社が始動する初日）はいつになるか」と簡単な質問をすると、所有権が一〇〇％に達する日を予定しているとヴァルセローナは述べた。すべての価値が毀損しかねないと知っていたので、一〇〇％まで待てないことを、私は伝えた。ALU株の少なくとも五〇％、あるいは所有権の六六％に達したら、DAY1とする方法を見つけ出さないといけない。ALUチームは価値毀損のリスクを理解し、こちらから解決策を提案すれば、私たちに力を貸す用意があると、私は信じていたのだ。

これぞ伝統は二の次で、革新的になるべき瞬間だった。人は適切なチャレンジを与えられると、ほんの少し前まで不可能だと思っていたことでもやり遂げてしまうものだと、私は今一度目の当たりにした。

ヴァルセローナと彼女の優秀なチームのおかげで、私たちは複雑な法体制を作り上げて、少数株主を保護しつつ、ＡＬＵの単独所有者になる前に統合を進められるようになったのだ。その結果、最初の株式公開買付けが五〇％を超えて終了した直後に、リストラと統合作業に着手することができた。それは型破りで、リスクもあったが、合法的で、まさに必要としていたやり方だった。

（繰り返しになるが、マイクロソフトとの交渉中もそうだったように、私は非常に優秀なＣＬＯと一緒に働く機会に恵まれた。並外れたＣＬＯがいれば事実上、優れた法務チームが保証される。私が会長になってから一貫して、ノキアの法務チームは最高だった。）

また、ＡＬＵチームからの積極的な協力なくして、これは実現できなかっただろう。このやり方がすべての株主にとってはるかに最善策だと、彼らは十分に理解していた。しかしそれでも、このやり方を支持するには、並々ならぬ勇気が求められる。彼らはまだ独立会社である時点で経営支配権を手放し、将来の合併会社の共同経営陣にそれを譲り渡すことを呑まなくてはならなかった。

ＡＬＵでは、取締役で構成される独立委員会をつくり、ジャン＝シリル・スピネッタがその議長を務めていた。私たちが企業間取引をするときは、常に少数株主の権利が保護されるようにするためだ。たとえば、特定のＡＬＵ製品を打ち切ってノキアの競合品を選んだ場合、ノキアがＡＬＵに経済的に補償する。同委員会は各取引を承認し、補償が公正であることを確認する役割を担っていた。ＡＬＵの経営執行チームと取締役会が嫌がらせをしたり、安全策をとったりするだけでも、この件はうまくいかなかっただろう。その行ないを見ると、彼らに本当に敬意を払いたい。これもまた、当事者間で信頼関係が確立されていたことの証である。

二〇一五年一二月二日に開かれたノキア臨時総会で、ＡＬＵの買収承認は問題なく可決された。これが有利な取引であることは、ノキアの株主にとって明らかだった。

統合の初日を迎える

ＤＡＹ１となったのは、二〇一六年一月三日である。正式な取り決めにより、所有権が一〇〇％に達するのを待つよりも、まる一年早くこの日を迎えられた（必要とする九五％に達したのは二〇一六年一一月二日である）[10]。ヘッジファンドやアクティビストに特別なお金を払わずに済んだうえ、長い待機期間を回避することで、株主価値を守ったのである。

私たちはＤＡＹ１までに、まだ存在していないバーチャル統合会社内で、すでに約一万人のリーダーを任命していた。人選はメリット重視で行ない、その後で初めてノキア側とＡＬＵ側の人数構成を確かめた。結果を見ると、その内訳はＡＬＵから五二％、ノキアから四八％となっていた。

直ちに両社の最大顧客と話を始めたところ、新しいＥｔｏＥのポートフォリオの範囲に対する反応はきわめて良好だった。私たちの願い通り、続く数カ月間で大手通信サービス・プロバイダからの信頼度が明らかに高まっていくのがわかった。ネットワークの一部ではなく、各部分が連動してネットワークの性能が発揮されることを理解していたのだ。こうしたステータスにより、私たちが提供するある種代替の利かないネットワーク機能の必要性が増している新規顧客の開拓が可能になった。

私たちは敢えて共通の文化を築き始めた。以前、NSNとノキア・テクノロジーズを一つの会社に融合させるときに始めた取り組みが、構築すべき基盤や従うべきパターンとなった。今回の作業はより複雑だった。ノキアとALUが合併したことで、フィンランド、ドイツ、日本、中国、アメリカ、フランス、カナダの人々の寄せ集めとなり、そのほか一〇〇カ国で従業員を抱えるようになったからだ。奇妙な万華鏡を整合性のとれた絵姿に変えなくてはならない。そのための改革は今なお続いている。

「我が社は生まれ変わった」

二〇一六年末時点のノキアは、二〇一二年時点のノキアはもちろんのこと、一年前のノキアとは根本的に別の会社だった。私がノキア会長に就任したときは、苦戦中の携帯電話メーカーだった。二〇一六年からは、主にモバイル・ネットワークと特許ライセンスの企業としてスタートを切った。そして、モバイル、固定通信、ケーブル、ルーティング、光ファイバー、スタンドアローンのソフトウエア、サービス、デジタル・ヘルス、バーチャル・リアリティ、さらには特許ライセンシング、ブランド・テクノロジーなど広範囲に及ぶ完璧なポートフォリオを持った、世界の通信インフラ業界のトップ三の一社として、二〇一六年を終えることになったのである。

ＡＬＵとのＭ＆Ａが完了した直後、中国の有名な起業家であるアリババの馬雲（ジャック・マー）、テンセントの馬化騰（ポニー・マー）、バイドゥの李彦宏（ロビン・リー）と一緒に、私はパネルディスカッションで話をすることになった。こうした中国各社の中で、ノキアは最年長でかつ最年少だと、私は聴衆に向かって話した。というのは、ノキアは最近一五〇周年を迎えた最長老だが、改革の結果、一番新しいスタートアップとなったからだ。

老いも、若きも、経験者も、若々しい勇者も組み合わさっているのがノキアだと、従業員に感じてもらうことができれば、私たちはユニークな優位性を持てるかもしれない。

私たちは今日、ほぼ完全に新生ノキアとなっている。約一〇万人の従業員のうち、二〇一二年にノキアの社員証を持っていたのは一％未満だ。

私たちは絶滅の危機に瀕した企業から、「世界をつなげるテクノロジーをつくる」という約束を果たせるスキルと強みを持った企業へと変貌を遂げた。この変革は株主に多大な価値をもたらした。ノキアの企業価値は二〇一二年初めから二〇一七年半ばまでに二〇倍以上に拡大し、過去数年間はそれに見合う配当も支払ってきた。

私たちは生まれ変わった企業である。そのことに誇りを持つのと同時に、だからこそ謙虚にならないといけない。

結論　運は自ら切り開くもの

私たちにはそれぞれ一年に三六五日、前向きなシナリオが起こる確率を高める機会がある。

こんな話がある。ゴルフ界のレジェンド、ジャック・ニクラウスが一八番ホールでホールインワンを達成したときに、一人のファンがその運の良さを讃(たた)えた。すると、ニクラウスは答えた。「練習を積めば積むほど、私はもっと運に恵まれる」

これは私たち全員に当てはまることだ。ニクラウスのように、私たちはノキアで何カ月も何年も昼夜を問わず訓練を積んできた。確かに、ノキアの変革は非常に幸運に恵まれたが、今日では実際の運と、我が社の優秀な人材がパラノイア楽観主義を実践してきたのが奏功してその運にどれだけ影響を及ぼしたのかを区別するのは難しい。

運は自ら切り開いていけるものだと、私は信じている。正しいことをすれば、自分に有利に運ぶように確率曲線を確実に変えられる。それは未来についての選択肢を見極め、シナリオベースの思考を実践することだ。自分の元に物事を引き寄せる可能性を高め、悪い結果につながるシナリオが起こる確率を減らすために、とりうる日常的な行動について考え、それを積み重ねていく。要するに、私たちにはそれぞれ一年に三六五日、前向きなシナリオが起こる確率を高める機会があるということだ。

具体的にどういうことか。ノキアの変革中には多くのことがあったが、二〇一七年の出来事を一例として挙げよう。

機械学習やＡＩ、その破壊力など、ほぼあらゆることに対して、私はパラノイアであり、楽観的でもある。二〇一七年の初め、私は機械学習の急速な進歩に驚き、ノキアの理解がやや遅れているのではないかと危惧していた。ノキアを支えるために、私に何ができるだろうか。

私は幸いにもノキア会長という立場を活かして、世界のトップＡＩ研究者のスケジュールに割り込むことができた。ところが、彼らの話を聞いても、ほんの一部しか理解できないのだ。ディスカッション・パートナーの何人かは、「実際にそれがどのような仕組みになっているか」を本当に理解させようというより、そのテーマに関する自分の高度な知識をひけらかしているようで、もやもやした思いを抱くようになった。

しばらくの間、私は文句ばかり言っていたが、その後、起業家にとって、問題のあるところに常に機会があることを思い出した。自分でもできることなのに、他の人がやってくれるのを待っていてはいけない。自分の問題だけではなく、他の人の問題解決にもなるようなやり方で行動に出るまでだ。

私はＣＥＯ兼会長を長年務めるうちに、役割に縛られる罠に陥ってしまっていた。いつも誰かに物事を説明してもらっていたため、見るからに複雑な技術の基本を自分で理解しようとする代わりに、他の誰かにその骨折れ仕事をやってもらうのに慣れっこになっていたのだ。

なぜ自分で機械学習を学び、そのあとで同じ疑問で悩んでいる他の人に学んだことを説明しないのか。私はすぐさまインターネットを検索し、オンラインコースを見つけ出して申し込んだ。プログラミングをするのは約二〇年ぶりである。

三カ月間で大学のコースを六つ受講した後、私は単純なアルゴリズムとそれよりも複雑なアーキテクチャをいろいろと学び、それぞれでプロジェクトを一つずつこなして実践的な理解を得た。それから最も困難な部分を掘り下げていった。できる限りわかりやすく、ただしレベルは下げずに、機械学習の本質を説明する方法を探したのだ。説明する対象は、CEO、政治家、他の分野の学者など、要するに意思決定者はすべて含まれる。

私は「誰かにこんな話をしてほしかった」と思うプレゼンテーション資料を作成し、ブログに掲載した。[＊1] ここにはノキアで説明に使ったプレゼンテーションも含まれている（ユーチューブにも投稿したところ、これまでに四万人以上が閲覧した）。

何千人もの従業員がこの動画を見てくれた。多くの研究開発担当者が私のところにやって来て、自社の会長が機械学習システムのコーディングをしているというのに、自分たちがまだ始めていないことが少し恥ずかしくなったと白状した。だが彼らは、今は自分の自由時間を使って機械学習の勉強をしながら、最初のノキアのプロジェクトにも取り組んでいるとも言う。その言葉は私の耳に心地よく響いた。

こうした取り組みにより、ノキアに有利な方向へと確率曲線は変わった。

早く追いつくために早く始めなくてはならないことを話すときに、私はノキアのCEOと経営執行チームを後押しすることができた。私が機械学習の脅威や可能性を真摯に受け止め、学校に戻って勉強までした事実があるので、なおさら強力だ。グローバル企業の会長でも、重要な技術を学ぶためにプログラミングを始められるという考え方には、みんなの注意を引きつけ、自らも実践しようと促すだけの斬新さがあった。私の行動により、経営執行チームにとっても、ノキアが機械学習やAIを活用して業界の最先端でリードする状況をつくりやすくなったのだ。

ノキアでは、定期的に企業文化調査を実施している。優秀な人事担当者が最近、そこに新しい質問項目を追加した。「機械学習の仕組みを本当に理解していると感じますか」という問いだ。これに「はい」と答えた従業員が約半数にのぼった事実は、全員が理解できるようになるための素晴らしいスタートと言える。

ただし、それ以上に興味深かったことがある。ここで「はい」と答えた半数と「いいえ」とした残りの半数の間で、他の質問の結果を比較してみたのだ。すると、この二つのグループの間には大きな違いがあった。

機械学習の仕組みを理解していると答えた人たちは明らかに、どの分野でもノキアの文化に対してより前向きだった。たとえば、大企業にとって最も難しい領域の一つが、起業家のように振る舞うことだ。このグループの従業員はもう一方のグループと比べて、起業家的な振る舞いについてノキアに四〇％高い評点をつけていた。おそらく、全員を機械学習の世界に連れていこうとする私たちの働きかけは、予期せぬ恩恵を生んでいるのだろう。

機械学習への注目の高さは、ノキアに限られた話ではない。私はそれからというもの、みんなに科学に興味を持ってもらおうと、フィンランドの全閣僚、多くのEUの委員や国連大使、一〇代の女子生徒二〇〇人に至るまで、大勢の人にこのプレゼンテーションをしてきた。私が経営執行チームに機械学習の学習を義務づけたことを注視する企業も多かった。

こうしたことのすべてが、最先端テクノロジー企業としてのノキアのブランドに役立つ。

みんなにAIを紹介することは一つの始まりだ。だが、私が行なってきたことはそれだけに留まらないことを願っている。

創業一五〇年の企業を改革する機会はそうそう巡ってくるものではない。ほかの人たちに対して起業家的リーダーシップの手本を示せるよう最善を尽くす、つまり、個人として説明責任を果たす様子を見せて、基本を重視し、慣習にとらわれずに、そして何よりもパラノイア楽観主義者になることによって、ノキアが今後も長い間、幸運に恵まれ続ける可能性を最大化させようと私は努めている。

良書は後味の良い終わり方をするが、ノキアの話はまだ継続中で、終わりではない。ただ新しい始まりがあるだけだ。いつの日か、ノキアの次なる変革ストーリーをぜひ読んでみたいが、あまり早すぎてもよくない。私たちは近い将来に向けた良いプランを持っている。それがうまくいかないときには、常にプランBがあり、プランCがあるのだ。

この本があなたの中のパラノイア楽観主義を見つける助けになれば幸いである。

謝辞

この本の執筆を思い立ったのは、フィンランド内外の聴衆にノキアの変革について何度も話した経験を経たことが大きい。ノキアの話は、ケーススタディの材料として興味を持つ学術団体、意義深さと面白さを求めるジャーナリスト、ノキアの現役および元従業員、私たちが学んだ教訓に関心を寄せるCEOや会長など、あらゆるタイプの聴衆の心に響いた。毎回といっていいほど、講演後に聴衆のうち少なくとも一人が私のそばに来て「あなたは本を書くべきです」と勧めてくるのだ。

その決心がついた主な理由は、語る価値がある話だと思ったからだ。それに、誰かから「あれ、ノキアはまだ存続していたのか。マイクロソフトに買収されたと思った」と言われるのは嫌なものだ。

変革に取り組む間、私自身も多くを学び、そのいくつかを共有できればいいと思った。

学習は常に知的誠実さと結びついているが、誠実さには苦痛がつきものだ。企業文化の観点で言うと、学習する文化の対極にあるのは、悪いニュースが伏せられ、リーダーによる破壊的行動が許容され、失敗は罪として罰せられる恐れがあるため実験が行なわれない文化だ。

私としては、ノキアでそうした行動が多く見られたとはなかなか認めたくはない。起こったことについて個人的に詳しく話すほうがはるかに簡単なことは間違いない。しかし、これは破るべきガラスの天井の一つと言える。誠実にならなければ、私たちは過去から学ぶことができない。自らの経験を隠し立てすることなく語らなければ、私たちが犯した過ちをほかの人たちが避ける役に立つはずがないのだ。また、自らに批判的な目を向けられなければ、競争力と継続的な再生という持続可能な文化は決して築かれないだろう。そして何よりも、意図的に重要な出来事や事実を省略すれば、企業史を記録できなくなる。

ノキアの文化や意思決定の至らなかった点について説明責任を持つ個人の言及は最小限に留めつつ、誠実であるために精一杯バランスを図ったつもりだ。誰かの気持ちを傷つけるようなことがあれば、心から謝罪したい。ここで書いた一部の出来事は、関係者の気に障るかもしれないが、苦痛を与えようという意図はまったくない。

しかし、こうしたページで経験を共有することによって救われる企業があるなら、十分に価値がある。取締役会と経営執行チームがより親しくなり、より良い協業ができる企業が少しでもあるなら、努力に値する。大企業がもっと起業家精神を育めば、夢は実現する。また、小さなスタートアップがより体系的な方法で未来を構想することを学べば、この本は変化をもたらすことになるだろう。

この本に書いたことはすべて私自身の経験に基づいている。内容についての全責任は私にあり、すべて私自身の見解だ。何十人もの人が関わって徹底的なファクトチェックをしたが（関係者の皆さんには本当に感謝している）、まだいくつか間違いがきっとあるだろう。その点はあらかじめお詫びを申し上げたい。

何か初めてのことをするとき、私たちは常に人から学び、謝辞を用意することになる。これまでは、本の著者がアカデミー賞を獲得したかのように、すべての人に感謝の言葉を連ねるのを読んで、私はいつも笑っていたが、今はその気持ちがよくわかる。ノキアの話をするときに言及すべき人は大勢いるが、多くの名前を挙げれば読みにくくなってしまう。この話に出てくる名もなきヒーローは膨大な数にのぼるからだ。こうした人々は何年もの間、最も困難な状況下で耐え忍び、ユーモアを発揮する能力と、リスクをとって既成概念にとらわれずに考える能力を持ち続けてくれた。全員の名前を挙げることはできないが、皆さんと一緒に仕事をすることは本当に光栄だったことを伝えたい。

ノキアの変革は大勢の人たちの努力の賜物だ。皆さんがこの本を読んだ後に思うほど、私はたいしたことをしていない。良いことであれ、悪いことであれ、私たちはある出来事や成果を個人の手柄にしがちだが、それは残念な傾向だ。すべての良いことについて称賛を受けるべきは、以下に挙げる人々（名前は順不同）であり、感謝の気持ちを伝えたい。

ルイーズ・ペントランド、スティーブン・エロップ、ヤンネ・ラークソ、スコット・シンプソン、ティモ・トイッカネン、ジョー・ハーロウ、オッリペッカ・カッラスオヴォ、カイ・オイスタモ、ティモ・イハムオティラ、マイヤ・タイミ、ヘンリ・ティッリ、リーッカ・ティエアホ、ユハ・アクラス、テロ・オヤンペラ、ユハ・プトキランタ、マルコ・アハティサーリ、クリスチャン・プローラ、ヤンネ・ヴェストラ、ヤルモ・クッリ、マルクス・ボセル、ゲイリー・ワイス、ラジーブ・スリ、ハンス＝ユルゲン・ビル、マリア・ヴァルセローナ、マーク・ルアンヌ、バシル・アルワン、バスカー・ゴーティ、フェデリコ・ギレン、マルクス・ウェルドン、カトリン・ブヴァアッチ、バリー・フレンチ、アシシュ・チョーダリ、ヘンリ・テルヴォネン、ミンナ・アイラ、マイケル・デイリー、ユッシ

・コスキネン、エルシー・ヒラリー、トゥーッカ・セッパ、スティーブ・バルマー、ブラッド・スミス、フィリップ・カミュ、ティモ・ラッピ、トッド・シュスター、ドーニャ・ディッカーソンを始めとする大勢の素晴らしい人たちと一緒に仕事ができたことを光栄に思っている。

取締役会の同僚であるベント・ホルムストローム、マージョリー・スカルディーノ、ケイヨ・スイラ、ゲオルグ・エンルース、ヘニング・カガーマン、ヘルゲ・ルンド、カリ・スターディ、ヨウコ・カルヴィネン、ブルース・ブラウン、ベッツィー・ネルソン、ジーン・モンティ、オリビエ・ピウ、ルイス・ヒューズ、エドワード・コゼル、ジーネット・ホラン、サリ・バルダウフのほか多くの人たちにもお礼を述べたい。

私に起業家精神の何たるかを教えてくれたエフセキュアの仲間たちにも感謝しなくてはならない。そうしてこの期間中にアシスタントを務めてくれたイルマ・フオティネンにも謝意を伝えたい。彼女なしにはこれは実現できなかっただろう。

この本はキャサリン・フレッドマンと一緒に執筆した。「自分がいなくても、あなたは本を書けただろう」と彼女は主張するが、そうなると別の本となってしまい、あらゆる面で劣っていただろう。キャサリン、執筆の道中で私たちには常にパートナーシップと笑いがあったことに感謝している。

そして、何よりも大切なカイス、ネッラ、ミッコ、イエッセに。ありがとう。

解説

ノキアの「失敗と成功の本質」に、日本企業の活路が見える

立教大学ビジネススクール教授
田中道昭

倒産寸前だったノキア大復活劇と大変革のリアルストーリー

携帯端末事業でかつて世界トップ企業だったものの、アップルやグーグルに敗北し、一時はあわや倒産という絶体絶命の危機に瀕したものの通信機器メーカーとして復活を遂げ、今や5G時代の覇者の一社とも目される〝北欧の巨人〟、ノキア。

本書を執筆したのは、ノキア現会長であり、二〇〇八年から同社取締役に就任、同社存亡の危機に暫定CEOとして大復活劇と大変革をリードしたリスト・シラスマ氏(以下、シラスマ会長)である。本作はノキア現会長が同社大変革の一部始終をはじめて明かした一冊であり、戦略、組織、リーダーシップ、マネジメント、最新テクノロジーの教科書とも言える内容となっている。

フィンランドを本拠地とするノキアは、かつてスマートフォン登場前の携帯電話端末で世界シェア四割を誇っていた。本書にあるように、「携帯といえばノキア」、「フィンランドの奇跡」、「技術の神童」とまで賞賛されていたノキアだったが、iPhone以降のスマホの波に乗り遅れ、一時期は

「倒産寸前の企業」とまで言われたのだ。

ノキアが最も困難な局面を迎えたタイミングで社外取締役から会長職を引き受け、さらには暫定CEOを務めることで死に体となっていた同社を蘇らせたシラスマ会長が指揮した三つの重大な取引――中核の携帯電話事業をマイクロソフトに売却し、ノキア・シーメンス・ネットワークス（NSN）の一〇〇％所有権を獲得し、フランスのアルカテル・ルーセント（ALU）を買収したこと。本書を読むと、シラスマ会長がCEOとして優れたリーダーシップとマネジメントを発揮し、これら三つの重大な取引をすべて成功させたからこそ、現在のノキアの存続と成長があることがよくわかる。これらの取引についての詳細にわたる記述は、経営のケーススタディーでもあり、リアルなビジネス小説としても読み応えがある一冊だ。

ノキア再生「三種の神器」

ノキアのトランスフォーメーション実現にあたって最も重要な役割を果たしたのは、シラスマ会長が「新生ノキア」に導入した、起業家的リーダーシップ、パラノイア楽観主義、シナリオ・プランニングの「三種の神器」である。

これらが三位一体となって、三本の矢のようにお互いが支え合って機能したことが、ノキアを危機から救ったのだ。

起業家的リーダーシップについて、シラスマ会長は、「今日の複雑で動的な世界にうまく適応する唯一の方法は、起業家的なマインドセットを身につけること」であり、「起業家的リーダーシップという教えは、混乱の最中で私たちの羅針盤となってきた」と語っている。全ての従業員に起業家的なマインドセットを身につけさせることに腐心し、彼らが起業家のように企業経営に対してリスクや責任を負担していることをＤＮＡレベルに至るまで意識させる。それによって従業員は、シラスマ会長が「起業家的リーダーシップの一〇個の要素」として挙げている「事実を直視する」、「粘り強さを持つ」、「リスクを管理する」といった行動が自律的にできるようになる。

パラノイア楽観主義とは、シラスマ会長によれば「用心深さと健全なレベルの現実的な恐怖心と、シナリオベースの思考で表される前向きで先見性のある展望とが組み合わさったもの」であり、「極度の心配性だからこそ、最悪の場合にどんな結果になるかを予見し、それらを防ぐ方法を考える傾向が強くなる」。「逆説的だが、楽観主義はパラノイアの直接的な結果」なのだ。「パラノイアだからこそ、楽観的になる余地が生まれる。そして現実に根ざした楽観主義は、特に危機の最中に人々がリーダーに求めるものなのだ」とシラスマ会長は強調している。

そしてパラノイア楽観主義を支えているのがシナリオ・プランニングである。どのような場合においても常に複数の代替案を準備しておくという経営手法でもある。「用心深さと健全なレベルの現実的な恐怖心」（＝「パラノイア」）を「前向きで先見性のある展望」（＝「楽観主義」）と組み合わせて「パラノイア楽観主義」に転化させているものこそが、シナリオ・プランニングだ。シラスマ会長は、「未来について考える方法に規律をもたらすメソッドで、大きな問題を扱いやすい単位に分解し、それぞれ個別に対処できるようにするツール」と表現している。

パラノイア楽観主義が大きな変化をリードする

本書の解説者である私自身は、「大学教授×上場企業取締役×経営コンサルタント」として多くの経営者と仕事をしてきたが、特に上場オーナー企業の経営者、つまりは、自分自身が起業家として会社を立ち上げ、頑張って会社を上場させ、さらには業界を代表するような水準にまで会社を成長させている経営者には、ここで示されている「三種の神器」を具備しているという共通点があると思っている（「起業家」的マインドを身につけていない、多くの「大企業」の「経営者」には具備されていない特徴であることも付け加えておきたい）。

特筆しておきたいのが、本書の原題（『ノキアを変革する――パラノイア楽観主義が大きな変化をリードする』）ともなっているパラノイア楽観主義だ。それは私が懇意にしている上場オーナー企業の経営者の最も典型的な共通点であり、シラスマ会長はその特徴や構造を見事に本書で言語化している。

彼らは時に「小心者」ではないかと勘違いされるほどに心配症であり、海外出張などで昼夜をともにすると「夜も眠れない」くらいの恐怖心に襲われ、病的に心配症であることを目の当たりにして驚かされることが少なくない。そんな中にあって凡人では想像もつかないようなタイミングで大きな決断を行ない、大胆なアクションを実行していく。

日本には、「大胆かつ細心」という言葉があるが、彼らと一緒に仕事をして、細心どころか病的に心配症なほどの用心深さで事に当たっているのを目の当たりにすると、「普通の人の大胆とは単なる無謀であり、ここまで普段から慎重に細心に事に当たっての大きな決断こそが真の大胆である」と痛感させられることが多い。

夜も眠れないくらいの恐怖心と用心深さから周到に詳細にわたって複数の代替案を準備しているからこそ、大型の企業買収や設備投資などの重大な意思決定を大胆に実行することができるのだ。まずはワーストケースに対処できるようにした上で、ベースケースで事が進むように周到に準備、さらにはベストケースで想定した最善の結果になることを目指していくというのも大きな共通点だ。そしてパラノイアであることに裏付けられた楽観主義であるからこそ、周りの一般社員からは普段は自信に満ち溢れた楽観的でポジティブな経営者であると尊敬されているのだ。シラスマ会長が述べているように、現実に根ざした根拠のある楽観主義であるからこそ、大きな変化をリードし、人や組織を鼓舞するのであろう。

パラノイアでない「大胆」とは単なる「無謀」なのであり、パラノイアでない「楽観主義」とは単なる「能天気」である。

私自身が肝に銘じて自戒としておきたいと思う、本書からの教訓である。

「あなたの会社は正しい戦いをしているだろうか?」

本書の第五章では、アップルのスティーブ・ジョブズ氏が当時ノキアの名物ＣＥＯだったヨルマ・オッリラ氏に対して、「あなたがたは私の競争相手ではない」と告げたということが紹介されている。「アップルはプラットフォーマーであり、ノキアはデバイスメーカーである」ということを意味していたようだ。

また第八章では、当時のノキアＣＥＯだったスティーブン・エロップ氏が、全社員向けに送信した電子メールにおいて、「競合他社はデバイスで私たちの市場シェアを奪っているのではありません。エコシステム全体で私たちの市場シェアを奪っているのです。私たちはどのようにエコシステムを構築するか、盛り立てるか、それともどこかに参加するのかを決めなくてはならないでしょう」と述べたとも書かれている。しかし、すでに「時遅し」の事実認識だった。

アップルやグーグルがデバイスでノキアの市場シェアを奪っていたのではなくOSやプラットフォーム、さらにはエコシステム全体でそれを行なっていたことを、ノキアはすでに手の施しようのないタイミングで認識していたわけだ。

「iPhoneは一時的ブームか、それとも既存製品、さらには企業自体の存続を脅かす脅威か？」ノキアの経営陣は、iPhoneの初期の段階において、その意義を理解することができず、さらには問題の所在や本質を理解できたのはすでに手遅れのタイミングであった。

デバイスやハードではなく、ソフトやOS、さらにはプラットフォームやエコシステムが競争上のポイントとなっているのは、PC業界やスマホ業界だけではなく、すでに自動運転やコネクテッドカーへの対応が不可欠な自動車業界にまで及んできている。

さらには、AI、IoT、ロボット、5G、VR・ARなどのテクノロジーの進化によって、そして人々の価値観の変化によって、「プロダクト」は「サービス」に変わり、シェアリングやサブスクリプションが広がり、多くの産業において「ゲームのルール」自体が変化の真っ只中にある。

あなたの会社は本当に「正しい戦い」をしているだろうか。

「あなたの会社はもはや競争相手ではない」とグローバルのトップ企業から告げられる可能性は皆無

だろうか。

スティーブ・ジョブズ氏の厳しい指摘を自分達に向けられているものであると捉えることが求められていると言えよう。

本書には、変化が加速度を増している状況の中で、自社が本当に「正しい戦い」をしているかを検討するのに十二分な、優れた「教材」が満載されている。

その一つが、第三章の最後で紹介されている「正しい事実を明らかにする三つの問い」である。「正しいことを議論しているか?」、「正しいテーマを正しく議論しているか?」、「リーダーの意見に忌憚（きたん）なく異を唱えられるか?」

倒産寸前だったノキアを再生したシラスマ会長をもってしても、社外取締役だったタイミングでは追及し切れなかったこれらの三つの問いに、私自身が真剣に対峙していきたいと覚悟した次第である。

本書には、「正しい事実を明らかにする三つの問い」（七四ページ）以外にも、「成功における四つの毒性の兆候」（八九ページ）、「起業家的リーダーシップ一〇個の要素」（一九九ページ）、「八つの黄金律」（二一四ページ）、「成功する交渉戦略一一のポイント」（三〇九ページ）、「六つの正しい習慣」（三七四ページ）などの経営上のアドバイスが満載されている。

新たな競争の脅威を軽視することがないように、問題の所在を見間違え遅きに失することがないように、そしてパラノイア楽観主義を身につけた上で脅威を機会と捉えイノベーションを生み出すことができるように、本書を実務書としてフル活用していきたいものである。

原　注

序章

1. http://www.wired.co.uk/article/finland-and-nokia.
2. http://www1.american.edu/TED/nokia.htm#r24.
3. http://www.corporate-eye.com/main/interbrand-announces-100-best-global-brands-2008/.
4. https://www.cnet.com/news/farewell-nokia-the-rise-and-fall-of-a-mobile-pioneer/.
5. http://content.time.com/time/specials/packages/article/0,28804,1993621_1994046_1993982,00.html.
6. http://www.managementtoday.co.uk/finnish-miracle/article/555753.
7. http://content.time.com/time/specials/packages/article/0,28804,1993621_1994046_1993982,00.html.
8. https://www.amazon.co.uk/Business-Nokia-Way-Secrets-Fastest/dp/1841121045.
9. https://www.statista.com/statistics/263438/market-share-held-by-nokia-smartphones-since-2007/.
10. https://finance.yahoo.com/quote/NOK/history?period1=1210392000&period2=1213070400&interval=1d&filter=history&frequency=1d.
11. “Nokia’s Next Chapter,” *McKinsey Quarterly*, December 2016; http://www.businessinsider.com/nokia-bankrupt-2012-4.

第二章

1. http://www.eweek.com/mobile/nine-ways-the-apple-iphone-redefined-the-smartphone-in-2007.
2. アメリカの調査会社のガートナーが分析した数字では、ノキアのスマートフォンの市場シェアは2007年に49.4%（http://www.bbc.com/news/technology—23947212）、ドイツの調査会社であるスタティスタは2007年に50.9%としている（https://www.statista.com/statistics/263438/market-share-held-by-nokia-smartphones-since-2007/）。
3. https://en.wikipedia.org/wiki/List_of_Nokia_products.
4. *The Decline and Fall of Nokia* by David J. Cord, Schildts & Söderströms, 2014, p. 88から引用。 http://archive.fortune.com/2007/10/04/technology/nokia_N95.fortune/index.htm.
5. https://www.google.com/search?q=mobile+phone+market+share+2008 &tbm=isch&imgil=twVvEhpgU-SQkM%253A%253B69mnl-JEg6csrM%253Bhttp%25253A%25252F%25252Fwww.knowyourmobile.com%25252Fnokia%25252F2792%25252Fnokia-takes-40-share-world-mobile-market&source=iu&pf=m&fir=twVvEhpgU-SQkM%253A%252C69mnl-JEg6csrM%252C_&usg=__s65wp2_nKka4oha3o5SiwuXaObY%3D&biw=1523&bih=712&ved=0ahUKEwjz6MyIwMrWAhXEg1QKHRsjBWAQyjcIPg&ei=jUrOWbPuFMSH0gKbxpSABg#imgrc=gtwrRpZeaOhWLM.
6. https://www.wired.com/2012/06/mark-zuckerberg-is-worth-more-than-nokia/.
7. Yves Doz and Keeley Wilson, *Ringtone*, Oxford University Press, 2018, pp. 73–74.

8. https://www.macworld.com/article/1133988/smartphones/iphone3gfaqs.html.
9. https://newsroom.t-mobile.com/news-and-blogs/t-mobile-unveils-the-t-mobile-g1-the-first-phone-powered-by-android.htm.
10. http://www.nytimes.com/2008/07/26/business/worldbusiness/26internet.html?mcubz=1.
11. https://www.google.com/search?q=nokia+market+share+china+2008&biw=1536&bih=691&tbm=isch&imgil=l9r6tiVE5w-uJM%253A%253Bw-jh5vs8knVKRM%253Bhttps%25253A%25252F%25252Fidannyb.wordpress.com%25252Ftag%25252Fnokia%25252F&source=iu&pf=m&fir=l9r6tiVE5w-uJM%253A%252Cw-jh5vs8knVKRM%252C_&usg=__EGXm9D-491oe46YYo322Mdcn4No%3D&dpr=1.25&ved=0ahUKEwic8b-o7ZfRAhUQfiYKHQSiAO4QyjcIJQ&ei=jDFkWJz7JZD8mQGExILwDg#imgrc=8PW7j4ELDbrGyM%3A; https://idannyb.wordpress.com/tag/nokia/.
12. https://www.quora.com/Why-are-Audis-so-popular-in-China.
13. https://www.engadget.com/2008/12/04/iphone-triples-market-share-in-q3-2008/; http://macdailynews.com/2008/12/04/gartner_apple_overtakes_microsoft_as_worlds_3_smartphone_os_vendor/.

第三章

1. http://www.zdnet.com/article/nokia-5800-the-quintessential-iphone-killer/.
2. 著者がオッリペッカ・カッラスオヴオに話を聞いた。
3. http://www.nytimes.com/2009/12/13/business/13nokia.html.
4. https://www.macworld.com/article/1141143/iphone3gs_faq.html.

第四章

1. https://www.cnet.com/au/products/nokia-n900/review/.
2. https://www.cnet.com/products/nokia-n97/review/.
3. 同上。
4. http://www.nytimes.com/2009/12/13/business/13nokia.html.
5. https://www.cnet.com/news/sony-ericsson-details-its-first-android-phone/.
6. https://www.eetimes.com/document.asp?doc_id=1172568.

第五章

1. https://www.engadget.com/2010/02/15/MeeGo-nokia-and-intel-merge-maemo-and-moblin/.
2. http://www.nytimes.com/2009/12/13/business/13nokia.html.
3. https://www.wired.com/2010/02/mwc-2010-the-year-of-the-android/.
4. 同上。
5. 同上。
6. http://www.macrotrends.net/stocks/charts/NOK/prices/nokia-cp-adr-a-stock-price-history.
7. http://www.macrotrends.net/stocks/charts/NOK/market-cap/nokia-cp-adr-a-market-cap-history.
8. http://www.macrotrends.net/stocks/charts/AAPL/market-cap/apple-inc-market-cap-history.

9. http://www.csfb.com/conferences/eurotech2006/pdf/bio/nokia.pdf.
10. 2006年から2010年にかけてみんなが恐怖心を持つようになり、それがノキアの中間管理職と経営層とのコミュニケーションに与えた影響については、以下の文献に詳しく説明されている。T.O. Vuori and Q.N. Huy, "Distributed Attention and Shared Emotions in the Innovation Process: How Nokia Lost the Smartphone Battle." *Administrative Science Quarterly*, 2016, Volume 61, Number 1, pp. 9–52.《INSEAD ナレッジ》の要約も参照。https:// knowledge.insead.edu/strategy/what-could-have-saved-nokia-and-what-can-other-companies-learn-3220 および https://knowledge.insead.edu/strategy/who-killed-nokia-nokia-did-4268.
11. https://www.wsj.com/articles/SB10001424052748703720504575377750449338786.

第六章

1. https://www.nokia.com/sites/default/files/files/request-nokia-in-2010-pdf.pdf.
2. http://www.bloomberg.com/news/articles/2011-06-02/stephen-elops-nokia-adventure.
3. https://www.nokia.com/sites/default/files/files/request-nokia-in-2010-pdf.pdf.
4. http://company.nokia.com/sites/default/files/download/investors/request-nokia-in-2011-pdf.pdf.
5. http://www.businessinsider.com/android-iphone-market-share-2010-8; https://www.gartner.com/newsroom/id/1421013.
6. 同上。
7. 同上。
8. https://www.cnet.com/news/nokia-n8-review-hands-on-with-symbian-3/.
9. https://www.bloomberg.com/news/articles/2011-06-02/stephen-elops-nokia-adventure.
10. http://talk.maemo.org/showthread.php?t=67371.
11. http://www.bloomberg.com/news/articles/2011-06-02/stephen-elops-nokia-adventure.
12. https://www.cnet.com/uk/products/nokia-n8/review/.
13. https://www.statista.com/statistics/268251/number-of-apps-in-the-itunes-app-store-since-2008/; https://www.statista.com/statistics/266210/number-of-available-applications-in-the-google-play-store/.
14. http://company.nokia.com/sites/default/files/download/nokia-sustainability-report-2011-pdf.pdf.
15. https://www.androidpit.com/It-s-getting-serious-Android-market-hits-200-000-apps-mark.
16. https://www.bloomberg.com/news/articles/2011-06-02/stephen-elops-nokia-adventure.
17. 同上。 https://www.engadget.com/2011/02/08/nokia-ceo-stephen-elop-rallies-troops-in-brutally-honest-burnin/.

第七章

1. https://www.androidauthority.com/rise-androids-biggest-oem-samsung-story-284808/.

第八章

1. https://blogs.wsj.com/tech-europe/2011/02/09/full-text-nokia-ceo-stephen-elops-burning-platform-memo/.
2. 著者がスティーブン・エロップに話を聞いた。
3. http://esr.ibiblio.org/?p=2921.
4. https://www.engadget.com/2011/02/08/nokia-ceo-stephen-elop-rallies-troops-in-brutally-honest-burnin/.
5. http://esr.ibiblio.org/?p=2921.
6. http://money.cnn.com/2011/02/11/technology/nokia_microsoft/.
7. https://www.youtube.com/watch?v=UY8lDQu4Ins.
8. http://money.cnn.com/2011/02/11/technology/nokia_microsoft/.
9. http://www.businessinsider.com/nokia-ceo-elop-denies-being-trojan-horse-for-microsoft-2011-2.
10. http://money.cnn.com/2011/02/11/technology/nokia_microsoft/.
11. 同上。
12. http://www.silicon.co.uk/workspace/nokia-and-microsoft-two-turkeys-dont-make-an-eagle-20603?inf_by=5a299deb681db86e728b493a.
13. https://www.cbsnews.com/news/nokia-layoffs-the-result-of-weak-marketing/.
14. http://www.innoconnections.com/news/2011/nokia-started-negotiations-on-laying-off-1400-people-in-finland.html.
15. http://www.telegraph.co.uk/finance/newsbysector/mediatechnologyandtelecoms/telecoms/8850842/Has-Finlands-Nokia-town-connected-with-the-modern-world.html.
16. https://www.wsj.com/articles/SB10001424052702304563104576359743926525676.
17. http://www.hbs.edu/faculty/Pages/item.aspx?num=48539.
18. http://allthingsd.com/20110406/htc-climbs-past-nokia-in-market-cap/.
19. https://www.google.com/search?biw=1536&bih=714&tbm=isch&sa=1&ei=A6UgWt2JEZKpggeH9KnADg&q=android+top+global+platform+2011&oq=android+top+global+platform+2011&gs_l=psy-ab.3...48261.54825.0.56000.20.20.0.0.0.0.117.1698.17j3.20.0....0...1c.1.64.psy-ab..0.0.0....0.EA_whBCCdF8#imgrc=YZUMq8b2PueULM:.
20. https://www.theguardian.com/technology/2011/oct/26/nokia-launches-windows-phones-to-combat-apple-and-android.
21. https://www.reuters.com/article/us-nokia/nokia-proclaims-new-dawn-with-windows-phones-idUSTRE79P20T20111026.
22. ガートナーのカロリーナ・ミラネシの言葉。以下から引用。https://www.theguardian.com/technology/2011/oct/26/nokia-launches-windows-phones-to-combat-apple-and-android.
23. https://techcrunch.com/2012/12/31/nokias-long-drawn-out-decline/.
24. 同上。https://www.nokia.com/sites/default/files/files/request-nokia-in-2011-pdf_0.pdf.

第九章

1. http://www.zdnet.com/article/best-phone-of-ces-2012-nokia-lumia-900/.
2. 同上。
3. http://money.cnn.com/2012/04/27/technology/nokia-samsung/index.htm.
4. http://money.cnn.com/2012/04/11/technology/nokia/index.htm.

5. https://www.theguardian.com/technology/2012/apr/11/nokia-shares-slump-profit-warning.
6. http://www.businessinsider.com/apple-google-market-cap-chart-2013-10.
7. http://money.cnn.com/2012/04/11/technology/nokia/index.htm; https://finance.yahoo.com/quote/NOK/history?period1=1325653200&period2=1338523200&interval=1d&filter=history&frequency=1d.
8. https://www.reuters.com/article/us-nokia/nokia-suffers-second-cut-to-junk-as-sp-downgrades-idUSBRE83Q0W620120428.
9. https://www.tradingfloor.com/posts/analysts-revisions-nokia-punished-sandisk-trashed-amd-praised-1042215508.
10. https://finance.yahoo.com/quote/NOK/history?period1=1325653200&period2=1338523200&interval=1d&filter=history&frequency=1d.
11. https://gigaom.com/2012/01/19/why-kodaks-bankruptcy-should-scare-nokia/.
12. http://www.businessinsider.com/nokia-bankrupt-2012-4.
13. https://www.theguardian.com/technology/2011/may/31/nokia-shares-dive-profit-warning.
14. https://www.wsj.com/articles/SB10001424052702303822204577465771376539532.
15. https://finance.yahoo.com/quote/NOK/history?period1=1325653200&period2=1340078400&interval=1d&filter=history&frequency=1d.
16. https://www.wsj.com/articles/SB10001424052702303822204577465771376539532?mg=prod/accounts-wsj.

第一一章

1. https://www.microsoft.com/investor/reports/ar11/shareholder_letter/index.html.
2. https://finance.yahoo.com/quote/NOK/history?period1=1339732800&period2=1356930000&interval=1d&filter=history&frequency=1d.
3. https://techcrunch.com/2012/07/19/nokia-reports-q2-2012-results-e7-5-billion-in-net-sales-negative-eps-of-0-09/.
4. http://www.techradar.com/news/software/operating-systems/windows-8-release-date-and-price-all-the-latest-details-1088425.
5. https://www.engadget.com/2012/11/02/nokia-lumia-920-review/.
6. http://www.independent.co.uk/life-style/gadgets-and-tech/features/nokia-lumia-920-review-its-big-its-beautiful-and-probably-the-most-advanced-smartphone-on-the-market-8390384.html.
7. http://www.nytimes.com/2012/11/22/technology/personaltech/nokia-lumia-920-and-htc-windows-phone-8x-are-great-and-yet.html.
8. http://www.nytimes.com/2013/01/11/technology/nokia-sees-results-from-new-smartphone-line.html.
9. https://finance.yahoo.com/quote/NOK/history?period1=1355547600&period2=1359608400&interval=1d&filter=history&frequency=1d.
10. https://gigaom.com/2013/01/10/youd-better-sit-down-nokia-is-actually-doing-reasonably-well/.
11. http://www.nytimes.com/2013/01/11/technology/nokia-sees-results-from-new-smartphone-line.html.

第一二章

1. https://www.cnet.com/news/nokia-on-the-edge-inside-an-icons-fight-for-survival/.
2. https://www.statista.com/statistics/278305/daily-activations-of-android-devices/.
3. http://www.techradar.com/news/computing/pc/big-brash-and-bullish-how-ballmer-s-personality-kept-him-at-microsoft-s-helm-1176352.
4. http://fortune.com/2014/05/31/steve-ballmer-crazy/.
5. http://www.businessinsider.com/steve-ballmer-used-to-be-painfully-shy-2014-3.
6. https://www.youtube.com/watch?v=XMrhoOHNOrI.
7. https://www.cnbc.com/2016/03/28/microsoft-yahoo-talks-now-versus-last-time-around.html.

第一三章

1. https://www.theguardian.com/technology/2013/jul/14/nokia-elop-lumia-windows-phone.
2. https://www.theverge.com/2013/7/11/4514064/nokia-lumia-1020-hands-on.
3. https://www.cnet.com/products/nokia-lumia-1020/preview/.
4. T.O. Vuori and Q.N. Huy, "Board Influence on Top Managers' Strategy Formulation Process: Cognitive and Emotional Dynamics," *Academy of Management Annual Meeting*, 2017. 以下も参照。T.O. Vuori and Q.N. Huy, "Shaping Top Managers' Moods: Board Emotion Regulation in the Strategy Formulation Process," *Academy of Management Annual Meeting*, 2018.
5. 同上。
6. 同上。

第一四章

1. http://www.cellular-news.com/story/59313.php.
2. https://www.wsj.com/articles/SB10001424127887324436104578579173664529206.
3. http://community.comsoc.org/blogs/alanweissberger/infonetics-mobile-infrastructure-market-declines-while-mobile-m2m-spending-was.
4. http://www.wsj.com/articles/SB10001424127887324436104578579173664529206.
5. https://finance.yahoo.com/quote/NOK/history?period1=1372132800&period2=1373428800&interval=1d&filter=history&frequency=1d.
6. https://www.forbes.com/sites/rexsantus/2015/08/03/nokia-sells-here-to-german-automakers-for-3-billion/#6b45f6b66c47.
7. http://www.cnet.com/news/farewell-nokia-the-rise-and-fall-of-a-mobile-pioneer.
8. http://www.newyorker.com/business/currency/where-nokia-went-wrong.
9. http://www.nycareaweather.com/2013/07/july-19-2013-cooler-weather-returns-sunday/.

第一五章

1. https://www.pcworld.com/article/2455106/microsoft-lays-off-18000-including-a-third-of-nokia-in-largest-ever-job-cuts.html.
2. https://www.theverge.com/2013/7/18/4534124/nokia-q2-2013-financial-report.

3. https://news.microsoft.com/2013/08/23/microsoft-ceo-steve-ballmer-to-retire-within-12-months/.
4. https://www.youtube.com/watch?v=FU-a9uztdNw.
5. ノキアADR（米国預託証券）株価の終値は8月28日に3.90ドル、9月5日に5.49ドル。http://www.percent-change.com/index.php?y1=390&y2=549.
6. https://www.wsj.com/articles/nokias-stephen-elop-to-receive-about-255-million-1379601017.
7. http://www.bbc.com/news/business-31044810.
8. https://www.theregister.co.uk/2013/09/19/elop_exit_compensation_package/.
9. https://www.ft.com/content/f09bb478-237f-11e3-98a1-00144feab7de.
10. https://www.theguardian.com/technology/2013/sep/24/nokia-payoff-stephen-elop-microsoft; https://www.ft.com/content/f87caf30-250f-11e3-9b22-00144feab7de.
11. https://www.ft.com/content/f09bb478-237f-11e3-98a1-00144feab7de.
12. https://www.lowyat.net/2013/13430/could-the-nokia-board-have-been-behind-the-eventual-sale-of-nokias-devices-division-all-along/.
13. 同上。
14. https://www.theguardian.com/business/2013/nov/19/nokia-shareholders-approve-sale-microsoft.
15. https://www.nokia.com/sites/default/files/files/minutes-egm-2013.pdf.

第一六章

1. "Nokia: Rebirth of the Phoenix," IESE *Insight*, January 2017, http://www.ieseinsight.com/fichaMaterial.aspx?pk=135634&idi=2&origen=3&idioma=2.
2. https://www.theguardian.com/technology/2012/may/14/nokia-falls-back-on-patents.
3. https://www.wired.com/2013/05/internet-of-things-2/.
4. https://www.nature.com/scientificamerican/journal/v311/n5/full/scientificamerican1114-60.html.
5. http://fortune.com/2013/10/22/businesses-must-embrace-the-programmable-world-or-die/.
6. https://www.strategos.com/innovation-principles-part-1/;https://hbr.org/2013/05/what-a-good-moonshot-is-really-2.

第一七章

1. https://www.cnet.com/news/south-korea-regulators-finally-ok-microsoft-nokia-deal/.
2. https://www.nokia.com/sites/default/files/files/nokia_uk_ar14_full_1.pdf.
3. 同上。
4. https://www.hmdglobal.com/press/2017-01-08-nokia-6/.
5. http://nokiamob.net/2018/02/12/idc-hmd-shipped-59-2-million-feature-phones-in-2017/.

第一八章

1. https://www.reuters.com/article/us-nokia-alcatellucent/exclusive-nokia-weighs-alcatel-tie-up-after-microsoft-deal-sources-idUSBRE98O11G20130926?feedType=RSS&feedName=technologyNews.

2. https://www.theguardian.com/world/2014/jan/06/french-workers-bosses-hostage-goodyear-amiens.
3. https://www.wsj.com/articles/alcatel-lucent-starts-sending-the-right-signals-heard-on-the-street-1414691875.
4. https://www.statista.com/statistics/199359/market-share-of-wireless-carriers-in-the-us-by-subscriptions/.
5. 同上。
6. https://globenewswire.com/news-release/2017/08/09/1082529/0/en/Nokia-Bell-Labs-leads-project-to-develop-next-generation-5G-platform-as-a-service-for-5G-era.html.
7. https://www.ft.com/content/af18dae8-e332-11e4-9a82-00144feab7de.
8. https://www.ft.com/content/93c0fbca-edb6-11e4-90d2-00144feab7de.
9. https://www.ft.com/content/7608e1a6-1b51-11e5-8201-cbdb03d71480.
10. https://www.nokia.com/en_int/news/releases/2016/11/02/nokia-finalizes-its-acquisition-of-alcatel-lucent-ready-to-seize-global-connectivity-opportunities.

結論

1. http://blog.networks.nokia.com/innovation/2017/11/09/study-ai-machine-learning/

ＮＯＫＩＡ　復活の軌跡
2019年７月10日　初版印刷
2019年７月15日　初版発行
＊
著　者　リスト・シラスマ
訳　者　渡部典子
発行者　早　川　　浩
＊
印刷所　三松堂株式会社
製本所　大口製本印刷株式会社
＊
発行所　株式会社　早川書房
東京都千代田区神田多町２－２
電話　03-3252-3111（大代表）
振替　00160-3-47799
http://www.hayakawa-online.co.jp
定価はカバーに表示してあります
ISBN978-4-15-209872-6　C0034
Printed and bound in Japan
乱丁・落丁本は小社制作部宛お送り下さい。
送料小社負担にてお取りかえいたします。